普通高等教育"十三五"规划教材

材 料 力 学

（第二版）

田 健 主 编

邱国俊 李成植 副主编

吴敬东 主 审

中国石化出版社

内 容 提 要

本书为普通高等教育"十三五"规划教材。全书共 14 章，内容涵盖：绪论、轴向拉伸和压缩、剪切、扭转、平面图形的几何性质、弯曲内力、弯曲应力、弯曲变形、应力状态与强度理论、组合变形、能量法、超静定结构、压杆稳定、动载荷与交变应力。每章有习题，书末附有习题答案和型钢表。

本书以构件的强度、刚度、稳定性为主线形成新的课程体系，精简了教学内容；可作为高等工科院校机械、土建类各专业中等学时材料力学课程的教材，也可供其他专业和工程技术人员参考。

图书在版编目(CIP)数据

材料力学／田健主编 . —2 版 . —北京：中国
石化出版社，2019.3
普通高等教育"十三五"规划教材
ISBN 978-7-5114-5203-0

Ⅰ. ①材… Ⅱ. ①田… Ⅲ. ①材料力学-高等学校-
教材 Ⅳ. ①TB301

中国版本图书馆 CIP 数据核字(2019)第 007640 号

中国石化出版社出版发行
地址：北京市朝阳区吉市口路 9 号
邮编：100020 电话：(010)59964500
发行部电话：(010)59964526
http://www. sinopec-press. com
E-mail：press@ sinopec. com
北京柏力行彩印有限公司印刷
全国各地新华书店经销

*

710×1000 毫米 16 开本 18.5 印张 346 千字
2019 年 3 月第 2 版　2019 年 3 月第 1 次印刷
定价：38.00 元

第二版前言

本书自第一版出版以来已逾十年，经过多次重印。在广大师生教与学的使用过程中，因其深入浅出、简明扼要、内容完整并严谨，得到了广泛的好评。

这次改版，除对第一版作了局部改动外，基本上保留了第一版的内容和风格，只是在以下几方面进行了调整和完善：

(1) 修改了第一版书中的错误；

(2) 对相关叙述作了修改，使之更加科学严谨；

(3) 对书中的力学量和单位进一步规范；

(4) 对实验内容进行更新并对附录进行了修订，与新的国家标准保持一致；

(5) 增加了有工程背景的例题和习题，以利于提高学生分析问题和解决问题的能力。

参加本次修订工作的有邱国俊、李成植、李新、苏勇、金莹、梁峰、吴敬东、田健。本书由田健担任主编，吴敬东教授为本书主审。

鉴于编著者水平有限，真诚希望读者提出宝贵意见，使本书内容日臻完善，质量进一步提高。

第一版前言

为了适应当前材料力学的教学改革和学时减少的现状，根据多年的教学经验，并吸收有关教材的优点，我们编写了这本教材。本书以构件的强度、刚度、稳定性为主线形成新的课程体系，深入浅出，简明扼要。坚持"少而精"的原则，略去过时的和与当前材料力学教学要求不相符的内容。同时又注重教学内容的完整和严谨，突出内容的内在联系，并注意到深度层次的划分，以便在讲授时针对不同学时要求进行内容的取舍。

本教材力求基本概念、基本理论论述严谨，内容精练，层次分明，条理清晰。并参照现行材料力学教材中力学术语、符号的习惯表达行文，使符号和术语的表述更为规范。

本书第一章、第九章、第十章、第十一章、第十二章由田健编写，第十四章由吴敬东编写，第六章、第七章由邱国俊编写，第八章、第十三章由李成植编写，第四章、第五章由翁笠编写，第二章、第三章由李新编写。全书由田健负责组织并统编，吴敬东教授为本书主审。

由于编者水平有限，书中如有错误和不妥之处，恳请读者批评指正。

目　　录

第一章 绪 论

§1.1 材料力学的任务

　　各种机械、设备和工程结构都是由许多构件和零件组成的。当它们承受载荷或传递运动时，每个构件都必须能够正常安全地工作，以保证整个机械或结构的正常运转和安全。为此，首先要求各构件在一定的外力作用下不被破坏。例如提升重物的钢丝绳不允许被重物拉断，压力容器在规定的压力作用下不允许爆破等。有些构件在受外力后出现了永久变形，即外力撤出后出现了不可恢复的变形。如发生了永久变形的齿轮轮齿，即使轮齿没有折断，机器也不能正常运转。在一定的外力作用下，要求构件不发生断裂和不发生永久变形，这就是要求构件具有足够的强度。

　　但单纯地满足强度并不一定能保证构件的正常工作。例如，若齿轮轴变形过大，将造成齿轮和轴承的不均匀磨损，引起振动和噪声；机床主轴变形过大，将影响工件的加工精度。因此，在一定的外力作用下，要求构件不出现过大的弹性变形，这就是要求构件具有足够的刚度，即足够的抵抗变形的能力。

　　此外，还有一些构件在某种载荷作用下，可能失去它原有的平衡形式。例如受压的细长直杆，当压力增大到某一临界值时，会突然变弯，丧失了稳定性和工作能力。在一定的外力作用下，要求构件具有足够的保持原有平衡状态的能力，这就是要求构件具有足够的稳定性。

　　总之，为保证整个机械、设备或结构的正常工作，各构件须具有足够的承载能力，即满足以下要求：

　　（1）足够的强度；

　　（2）必要的刚度；

　　（3）足够的稳定性。

　　设计构件时，不但要满足强度、刚度、稳定性这三方面的要求，还必须尽可能地选用合适的材料和降低材料消耗以减少成本和减轻构件自重，而这两者之间又是矛盾的。因为前者往往要求多用材料、用优质材料，而后者要求少用材料、少用好材料，这是安全和经济之间的矛盾。材料力学的任务就是在满足强度、刚度和稳定性的前提下，为设计既经济又安全的构件，提供必要的理论基础和计算方法。

§1.2　变形固体的基本假设

制造结构构件或机器零件所用的材料，其物质结构和性质虽然多种多样，但都是固体，并且在外力作用下都会发生变形，故称为变形固体或可变形固体。在研究构件的强度、刚度和稳定性时，通常略去一些次要因素，把它们抽象为理想化的材料，并作如下假设。

一、均匀、连续假设

均匀是指材料的性质在各处都相同，连续是指构成材料的物质毫无空隙地充满了构件的整个体积。根据这一假设，由于均匀，如果从物体中取出无限小的微元，其力学性能可以代表整个物体的力学性能；由于连续，如果把某些力学量看作固体中点的坐标函数时，对这些量就可以进行坐标增量为无限小的极限分析。

二、各向同性假设

认为物体在各个方向上力学性质都相同。就金属的单一晶粒来说，并非各向同性，但金属构件包含数量极多的晶粒，且无规则地排列，因而物体在各个方向上的力学性能就接近相同了。常用的工程材料，如钢、铜、塑料、玻璃，都是各向同性材料。如材料在各个方向上的力学性能不同，则称为各向异性材料，如轧制钢材、木材、胶合板和某些人工合成材料等。

三、小变形假设

认为构件受力后所产生的变形远小于构件的原始尺寸。利用小变形假设，在研究构件平衡时可以忽略构件的变形，仍采用构件的原始尺寸进行计算，使问题得到简化。

§1.3　外力　内力　截面法　应力

一、外力

当研究某一构件时，可以设想把这一构件从周围物体中单独取出，并用力来代替周围物体对构件的作用。这些来自构件外部的力就是外力。按外力的作用方式可分为表面力和体积力。表面力是作用于物体表面的力，又可分细为分布力和集中力。体积力是连续分布于物体内部各点的力，如物体的自重和惯性力等。按载荷随时间的变化情况，外力又可被分成静载荷和动载荷。若载荷缓慢地由零增加到某一数值，以后保持不变，或变动很小，则为静载荷。若载荷随时间而变化，则为动载荷。载荷大小随时间作周期性变化的动载荷为交变载荷；载荷大小在短时间内发生很大变化，致使构件各部分产生明显加速度的是冲击载荷。

二、内力

内力是指构件内部各部分之间的相互作用力。构件在外力作用之前，内部各相邻质点之间已经存在着相互作用的力。材料力学中的内力，是指外力作用下上述相互作用力的变化量，即"附加内力"。这样的内力随外力的增加而加大，到达某一限度时就会引起构件破坏，因而它与构件的强度密切相关。

三、截面法

为了显示和计算构件的内力，通常采用截面法，它是材料力学中研究内力的基本方法。如欲求构件在外力作用下 $m-m$ 截面上的内力，可用一假想平面将构件在该处分成Ⅰ、Ⅱ两部分［图 1-1（a）］。任取其中一部分（如Ⅱ）作为研究对象，同时将Ⅰ对Ⅱ的作用，以内力来代替［图 1-1（b）］。由于构件原来处于平衡状态，故切开后各部分仍应维持平衡，最后根据研究对象的平衡条件可求得内力。

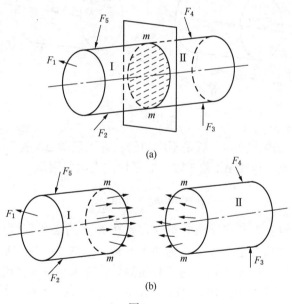

图 1-1

根据连续性假设，在 $m-m$ 截面上各点都有内力作用，所以内力是分布于截面上的一个分布力系。将这一分布内力系向截面上某点简化后，得到的主矢和主矩即为该截面的内力。

综上所述，用截面法求内力的步骤可以概括为：

（1）在欲求内力截面处，将构件假想切开；

（2）任意保留一部分，弃去部分对留下部分的作用以内力来代替；

（3）根据留下部分的平衡条件计算该截面的内力。

四、应力

为了说明上述分布内力系在截面内某点的强弱程度，我们引入内力集度，即应力的概念。

设在图 1-1 所示构件的 $m-m$ 截面上，围绕任一点 K 取微面积 ΔA［图 1-2（a）］，其上作用的内力设为 ΔF。ΔF 和 ΔA 的比值

$$p_m = \frac{\Delta F}{\Delta A} \tag{1-1}$$

是一个矢量，称为 ΔA 上的平均应力。

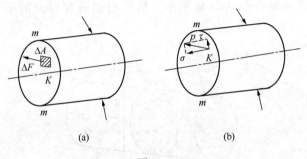

图 1-2

由于截面上的内力分布一般是不均匀的，为了消除 ΔA 的影响，以得到 K 点处的内力分布集度，应使 ΔA 趋于零，取平均应力的极限值

$$p = \min_{\Delta A \to 0} p_m = \lim_{\Delta A \to 0} \frac{\Delta F}{\Delta A} \tag{1-2}$$

p 即为 K 点的应力。它反映分布内力系在 K 点的强弱程度。p 是一个矢量，也称全应力。通常将全应力 p 分解为两个分量，如图 1-2（b）所示。与截面垂直的分量称为正应力，用 σ 表示；切于截面的分量称为切应力，用 τ 表示。应力的单位为 Pa（帕，帕斯卡）或 MPa，$1Pa = 1N/m^2$，$1MPa = 10^6 Pa = 1N/mm^2$。

§1.4　杆件变形的基本形式

实际构件有各种不同的形状。一般按其几何特征将其分为四类，即杆、板、壳和块体（图 1-3）。而材料力学主要研究长度远大于横截面尺寸的杆件。工程上常见的许多构件都可以简化为杆件，如梁、立柱、连杆、传动轴、丝杠等。

杆件的轴线为直线的是直杆，轴线为曲线的是曲杆。其中横截面的形状大小

不变的称为等截面杆，横截面变化的称为
变截面杆。

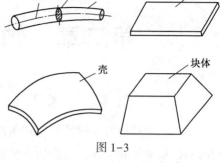

图 1-3

杆件的受力情况多种多样，因此杆件
的变形也有各种形式。但最基本的变形可
以归结为以下四种。

一、轴向拉伸或压缩

在一对等值、反向、作用力与杆轴向
重合的外力作用下，直杆的主要变形是长
度的伸长或缩短，这种变形形式称为轴向
拉伸［图 1-4(a)］或轴向压缩［图 1-4(b)］。起吊重物的刚索、内燃机的连杆等
都发生此类变形。

二、剪切

在一对相距很近的等值、反向横向力作用下，直杆的主要变形是横截面沿外
力作用方向发生相对错动，这种变形形式称为剪切［图 1-4(c)］。机械中常用的
连接件，如键、铆钉、螺钉等都发生此类变形。

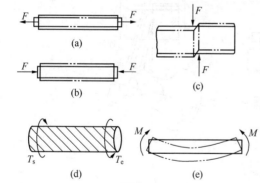

图 1-4

三、扭转

在一对等值、反向、作用面垂直
于杆轴线的外力偶作用下，直杆的主
要变形是任意两横截面绕轴线发生相
对转动，这种变形形式称为扭转［图
1-4(d)］。轴类零件主要发生此类
变形。

四、弯曲

在一对等值、反向、作用面位于
杆纵向平面内的外力偶作用下，直杆
的主要变形是任意两横截面绕垂直于杆轴线的轴发生相对转动，即杆在纵向平面
内发生弯曲，这种变形形式称为纯弯曲［图 1-4(e)］。梁在横向力作用下的变形
将是纯弯曲和剪切的组合，称为横力弯曲。桥式起重机的大梁、火车轮轴等主要
发生此类变形。

其他更复杂的变形形式可以看成是这几种基本变形的组合。在本书中，首先
将依次讨论各种基本变形的强度、刚度计算，然后再对同时存在两种以上基本变
形的组合情况进行研究。

第二章 轴向拉伸与压缩

§2.1 引　言

　　承受轴向拉伸或压缩的杆件在生产实践中经常遇到。例如，液压传动机构中的活塞杆在液压和工作阻力作用下受拉[图2-1(a)]，内燃机的连杆在燃气爆发冲程中受压[图2-1(b)]。此外，起重钢索在起吊重物时，拉床的拉刀在拉削工件时，都承受拉伸；千斤顶的螺杆在顶起重物时，则承受压缩。至于桁架中的杆件，则不是受拉便是受压。

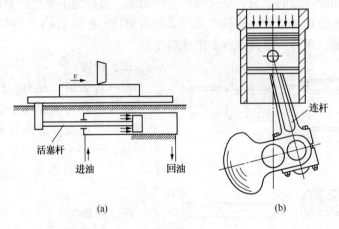

(a)　　　　　　　　　　　　　　(b)

图 2-1

　　受拉或受压的杆件从外形看各有差异，且加载方式也并不相同，但它们有共同的特点，表现在：作用于杆件上的外力合力的作用线与杆件轴线重合，杆件变形是沿轴线方向的伸长或缩短。所以，若把这些杆件的形状和受力情况进行简化，都可以简化成图2-2所示的受力简图。图中虚线表示变形后的形状。

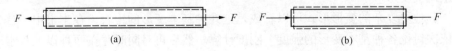

(a)　　　　　　　　　　　　　　(b)

图 2-2

§2.2　横截面上的内力和应力

一、横截面的内力

为了表示拉(压)杆横截面上的内力，沿横截面 $m-m$ 假想地把杆件分成两部分[图2-3(a)]。杆件左右两段在横截面 $m-m$ 上相互作用的内力是一个分布力系[图2-3(b)或图2-3(c)]，其合力为 F_N。由左段的平衡方程 $\Sigma F_x = 0$，得

$$F_N - F = 0$$
$$F_N = F$$

因为外力 F 的作用线与杆件轴线重合，内力的合力 F_N 的作用线也必然与杆件的轴线重合，所以 F_N 称为轴力。习惯上，把杆件受拉伸时的轴力规定为正，杆件受压缩时的轴力规定为负。

若沿杆件轴线作用的外力多于2个，则杆件各部分的横截面上，轴力不尽相同。这时我们一般采用轴力图表示轴力沿杆件轴线变化的情况。关于轴力图的绘制，下面举例给予说明。

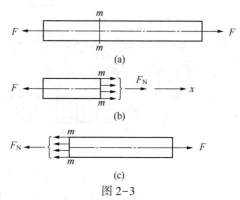

图 2-3

【例 2-1】　图 2-4(a)为一双压手铆机的示意图。作用于活塞杆上的力分别简化为 $F_1 = 2.62\text{kN}$，$F_2 = 1.3\text{kN}$，$F_3 = 1.32\text{kN}$，计算简图如图 2-4(b)所示。这里 F_2 和 F_3 分别是以压强 p_2 和 p_3 乘以作用面积得出的。试求活塞杆横截面1-1和截面2-2的轴力，并作活塞杆的轴力图。

【解】　使用截面法，沿截面 1-1 将活塞杆假想切开，分成两段，取出左段，并画出受力图[图2-4(c)]。用轴力 F_{N1} 表示右段对左段的作用，为了保持左段的平衡，F_{N1} 和 F_1 大小相等，方向相反，并且共线。故截面 1-1 左边的一段受压，F_{N1} 为负。由左段的平衡方程 $\Sigma F_x = 0$，得

$$F_1 - F_{N1} = 0$$

由此确定了轴力 F_{N1} 的数值为

$$F_{N1} = F_1 = 2.62\text{kN} \quad （压力）$$

同理，可以计算横截面 2-2 上的轴力 F_{N2}。由截面 2-2 左边一段[图2-4(d)]的平衡方程 $\Sigma F_x = 0$，得

$$F_1 - F_2 - F_{N2} = 0$$
$$F_{N2} = F_1 - F_2 = 1.32\text{kN} \quad （压力）$$

如研究截面 2-2 右边的一段杆[图2-4(e)]，由平衡方程 $\Sigma F_x = 0$，得

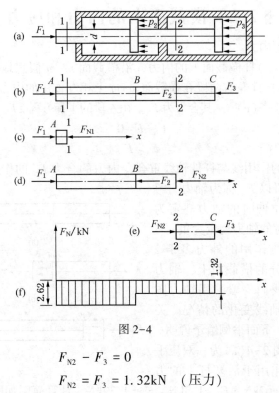

图 2-4

$$F_{N2} - F_3 = 0$$

$$F_{N2} = F_3 = 1.32 kN \quad （压力）$$

所得结果与前面相同，计算却比较简单。

若选取一个坐标系，其横坐标表示横截面的位置，纵坐标表示相应截面上的轴力，便可以用图线表示出沿活塞杆轴线轴力变化的情况［图 2-4(f)］。这种图线即为轴力图。在轴力图中，将拉力绘在 x 轴的上侧，压力绘在 x 轴的下侧。这样，轴力图不仅显示出杆件各段内的轴力大小，而且还可以表示出各段内的变形是拉伸还是压缩。

二、横截面的应力

只根据轴力并不能判断杆件是否有足够的强度。例如用同一材料制成粗细不同的两根杆，在相同的拉力下，两杆的轴力自然是相同的。但当拉力逐渐增大时，细杆必定先被拉断。这说明拉杆的强度不仅与轴力的大小有关，而且与横截面面积有关。所以必须用横截面上的应力(§1.3)来度量杆件的受力程度。

在拉(压)杆的横截面上，与轴力 F_N 对应的应力是正应力 σ。根据连续性假设，横截面上到处都存在着内力。为了求得 σ 的分布规律，应从研究杆件的变形入手。变形前，在等直杆的侧面上画垂直于杆轴的直线 ab 和 cd(图 2-5)。拉伸

8

变形后，发现 ab 和 cd 仍为直线，且仍然垂直
于轴线，只是分别平行地移至 $a'b'$ 和 $c'd'$。根
据这一现象，可以假设：变形前原为平面的横
截面，变形后仍保持为平面且仍垂直于轴线，
这就是平面假设。由此可以推断，拉杆所有纵
向纤维的伸长是相等的。由于材料是均匀的
（§1.2），即所有纵向纤维的力学性能相同。
由它们的变形相等和力学性能相同，可以推想

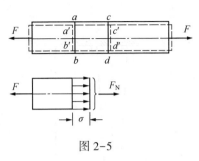

图 2-5

各纵向纤维的受力是一样的。所以，横截面上各点的正应力 σ 相等，即正应力均
匀分布于横截面上，σ 等于常量。于是得

$$\sigma = \frac{F_N}{A} \tag{2-1}$$

其中应力 σ 的单位为 Pa，即 $1\text{Pa} = 1\text{N/m}^2$，应力数值较大时可用 $\text{MPa}(1\text{MPa} = 10^6\text{Pa})$ 或 $\text{GPa}(1\text{GPa} = 10^9\text{Pa})$ 表示。公式（2-1）同样可用于 F_N 为压应力时的计
算，一般规定拉应力为正，压应力为负。

导出公式（2-1）时，要求外力合力与杆件轴线重合，这样才能保证各纵向纤
维变形相等，横截面上正应力均匀分布。若轴力沿轴线变化，可作出轴力图，再
由公式（2-1）求出不同截面上的应力。当截面的尺寸也沿轴线变化时（图 2-6），
只要变化缓慢，外力合力与轴线重合，公式（2-1）仍可使用。这时它写成

$$\sigma(x) = \frac{F_N(x)}{A(x)}$$

式中 $\sigma(x)$、$F_N(x)$ 和 $A(x)$ 表示这些量都是横截面位置（坐标 x）的函数。

若以集中力作用于杆件端截面上，则集中力作用点附近区域内的应力分布比
较复杂，公式（2-1）不能描述作用点附近的真实情况。这就引出，端截面上外力
作用方式不同，将对应力分布有多大影响的问题。实际上，在外力作用区域内，
外力分布方式有各种可能。例如在图 2-7（a）和图 2-7（b）中，钢索和拉伸试样上
的拉力作用方式就是不同的。不过，如用与外力系静力等效的合力来代替原力
系，则除在原力系作用区域内有明显差异外，在离外力作用区域略远处（例如距
离约等于截面尺寸处），上述代替的影响就非常微小，可以不计。这就是圣维南
原理，它已被实验所证实。根据这个原理，图 2-7（a）和图 2-7（b）所示杆件虽上
端外力的作用方式不同，但可用其合力代替，这就简化成相同的计算简图
[图 2-7（c）]。在距端截面略远处都用公式（2-1）计算应力。

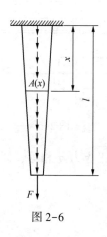

图 2-6

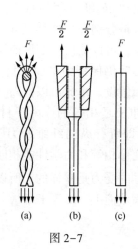

图 2-7

【例 2-2】 图 2-8(a)为一悬臂吊车的简图，斜杆 AB 为直径 $d=20\text{mm}$ 的钢杆，载荷 $W=15\text{kN}$。当 W 移到 A 点时，求斜杆 AB 横截面上的应力。

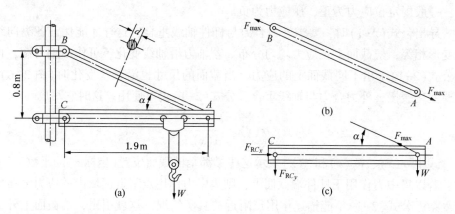

图 2-8

【解】 当载荷 W 移到 A 点时，斜杆 AB 受到的拉力最大，设其值为 $F_{\max}$。根据横梁 [图 2-8(c)] 的平衡方程 $\Sigma M_C = 0$，得

$$F_{\max}\sin\alpha \cdot \overline{AC} - W \cdot \overline{AC} = 0$$

$$F_{\max} = \frac{W}{\sin\alpha}$$

由三角形 ABC 求出

$$\sin\alpha = \frac{\overline{BC}}{\overline{AB}} = \frac{0.8}{\sqrt{(0.8)^2 + (1.9)^2}} = 0.388$$

故有

$$F_{max} = \frac{W}{\sin\alpha} = \frac{15}{0.388} = 38.7\text{kN}$$

斜杆 AB 的轴力

$$F_N = F_{max} = 38.7\text{kN}$$

由此求得 AB 杆横截面上的应力为

$$\sigma = \frac{F_N}{A} = \frac{38.7 \times 10^3}{\frac{\pi}{4}(20 \times 10^{-3})^2} = 123 \times 10^6\text{Pa} = 123\text{MPa}$$

§2.3　拉(压)杆的强度计算

通常我们把杆件在拉力作用下出现的塑性变形、断裂，受到压力作用时出现的压溃、压扁，这些现象统称为失效。这种失效主要是强度不足造成的，这一节主要讨论拉(压)杆件的强度问题。

脆性材料破坏时的应力是强度极限 σ_b，塑性材料破坏时的应力是屈服极限 σ_s，σ_b 和 σ_s 是由实验测得的，本章 §2.5 将对这些性能指标进行阐述。为保证构件有足够的强度，在载荷作用下构件的工作应力 σ，显然应低于其破坏时的极限应力。强度计算中，将极限应力除以大于 1 的因数，即得到材料的许用应力，用 $[\sigma]$ 来表示。

对塑性材料：

$$[\sigma] = \frac{\sigma_s}{n_s} \tag{2-2}$$

对脆性材料：

$$[\sigma] = \frac{\sigma_b}{n_b} \tag{2-3}$$

式中大于 1 的因数 n_s 或 n_b 称为安全因数。一般情况下，对塑性材料可取 $n_s = 1.2 \sim 2.5$；对脆性材料可取 $n_b = 2 \sim 3.5$，甚至取到 $3 \sim 9$。

把许用应力 $[\sigma]$ 作为构件工作应力的最高限度，即要求其工作应力 σ 不超过许用应力 $[\sigma]$。于是可得构件轴向拉伸或压缩时的强度条件为

$$\sigma = \frac{F_N}{A} \leqslant [\sigma] \tag{2-4}$$

根据以上条件，便可进行强度校核、截面设计和确定许可载荷等强度计算。

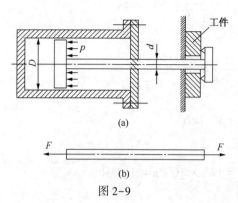

图 2-9

【例 2-3】 气动夹具如图 2-9(a)所示。已知汽缸内径 $D = 140\text{mm}$，缸内气压 $p = 0.6\text{MPa}$。活塞杆材料为 20 钢，$[\sigma] = 80\text{MPa}$。试设计活塞杆的直径 d。

【解】 活塞杆左端承受活塞上的气体压力，右端承受工件的反作用力，故为轴向拉伸[图 2-9(b)]。拉力 F 可由气体压强乘活塞的受压面积来求得。在尚未确定活塞杆的横截面面积之前，计算活塞的受压面积时，可暂将活塞杆横截面面积略去不计，这样是偏于安全的。故有

$$F = p \times \frac{\pi}{4}D^2 = (0.6 \times 10^6) \times \frac{\pi}{4}(140 \times 10^{-3})^2 = 9236\text{N} = 9.24\text{kN}$$

活塞杆的轴力为

$$F_N = F = 9.24\text{kN}$$

根据强度条件(2-4)式，活塞杆横截面面积应满足以下要求

$$A = \frac{\pi d^2}{4} \geqslant \frac{F_N}{[\sigma]} = \frac{9.24 \times 10^3}{80 \times 10^6} = 1.16 \times 10^{-4}\text{m}^2$$

由此求出

$$d \geqslant 0.012\text{m}$$

最后将活塞的直径取为 $d = 12\text{mm}$。

这样根据确定出的活塞杆的直径，应重新计算拉力 F，再校核活塞杆的强度。这些留给大家自己去处理。

【例 2-4】 如图 2-10 所示的三角架，$\alpha = 30°$，斜杆 AB 由两根 80mm×80mm×7mm 的等边角钢组成，水平杆 AC 由两根 10 号槽钢组成，材料均为 A3 钢，许用应力 $[\sigma] = 120\text{MPa}$。试求许可载荷 P。

【解】 (1) 受力分析

围绕 A 点将 AB、AC 两杆截开得分离体，如图 2-10(b)所示。假设 F_{N1} 为拉

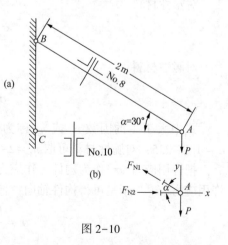

图 2-10

力，F_{N2}为压力，由平衡条件

$$\Sigma Y = 0, \quad F_{N1}\sin\alpha - P = 0$$

$$\Sigma X = 0, \quad F_{N2} - F_{N1}\cos\alpha = 0$$

将 $\alpha = 30°$ 带入方程，解得

$$F_{N1} = 2P$$

$$F_{N2} = F_{N1}\cos\alpha = 1.732P$$

（2）根据强度条件，计算许可轴力 F

由附录中的型钢表查得斜杆 AB 的横截面面积为 $A_1 = 10.86 \times 2 \text{cm}^2 = 21.7 \times 10^{-4}$ m^2，AC 杆的横截面面积为 $A_2 = 12.74 \times 2 \text{cm}^2 = 25.48 \times 10^{-4} \text{m}^2$，由公式（2-4）

$$\sigma = \frac{F_N}{A} \leqslant [\sigma]$$

有

$$F_{N1} \leqslant A_1 \times [\sigma] = 21.7 \times 10^{-4} \times 120 \times 10^6 \text{N} = 260\text{kN}$$

$$F_{N2} \leqslant A_2 \times [\sigma] = 25.48 \times 10^{-4} \times 120 \times 10^6 \text{N} = 306\text{kN}$$

（3）求许可载荷 P

$$P \leqslant \frac{F_{N1}}{2} = \frac{260}{2} = 130\text{kN}$$

$$P \leqslant \frac{F_{N2}}{1.732} = \frac{306}{1.732} = 176.5\text{kN}$$

为使斜杆 AB 和横杆 AC 都能安全工作，许可载荷应取 $P \leqslant 130\text{kN}$ 。

§2.4 拉(压)杆的变形 胡克定律

直杆在轴向拉力作用下，将引起轴向尺寸的增大和横向尺寸的缩小。反之，在轴向压力作用下，将引起轴向的缩短和横向的增大。

设等直杆的原长度为 l（图 2-11），横截面面积为 A。在轴向拉力 F 作用下，长度由 l 变为 l_1。杆件在轴线方向的伸长为

$$\Delta l = l_1 - l \tag{a}$$

将 Δl 除以 l 得杆件在轴线方向的线应变为

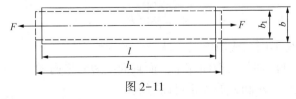

图 2-11

13

$$\varepsilon = \frac{\Delta l}{l} \tag{b}$$

此外，在杆件横截面上的应力为

$$\sigma = \frac{F_N}{A} = \frac{F}{A} \tag{c}$$

工程上使用的大多数材料，其应力与应变关系的初始阶段都是线弹性的，而在弹性范围内，应力与应变成正比，这就是胡克定律。可以写成

$$\sigma = E\varepsilon \tag{2-5}$$

式中 E 为材料的弹性模量，E 的值随材料的不同而不同。几种常用材料的 E 值已列入表2-1中。

表2-1　几种常用材料的 E 和 μ 的约值

材料名称	E/GPa	μ	材料名称	E/GPa	μ
碳　钢	196~216	0.24~0.28	铜及其合金	72.6~128	0.31~0.42
合金钢	186~206	0.25~0.30	铝合金	70	0.33
灰铸铁	78.5~157	0.23~0.27			

若把(b)和(c)两式代入公式(2-5)，可得

$$\Delta l = \frac{F_N l}{EA} = \frac{Fl}{EA} \tag{2-6}$$

这表示：在弹性范围内，杆件的伸长 Δl 与拉力 F 和杆件的原长度 l 成正比，与横截面面积成反比。这是胡克定律的另一种表达方式。以上结果同样可以用于轴向压缩的情况，只要把轴向拉力 F 改为压力，把伸长 Δl 改为缩短就可以了。

从公式(2-6)可以看出，对长度相同、受力相等的杆件，EA 越大则变形 Δl 越小，所以 EA 称为杆件的抗拉(或抗压)刚度。

若杆件变形的横向尺寸为 b，变形后为 b_1，则横向应变 ε' 为

$$\varepsilon' = \frac{\Delta b}{b} = \frac{b_1 - b}{b} \tag{d}$$

试验结果表明：当应力不超过比例极限时，横向应变 ε' 与轴向应变 ε 之比的绝对值是一个常数。即

$$\left| \frac{\varepsilon'}{\varepsilon} \right| = \mu \tag{2-7}$$

μ 称为横向变形因数或泊松比，是一个无量纲的量。

因为当杆件轴向伸长时横向缩小，而轴向缩短时横向增大，所以 ε' 和 ε 的符号是相反的。这样，ε' 和 ε 的关系可以写成

$$\varepsilon' = -\mu\varepsilon \qquad\qquad (2-8)$$

和弹性模量 E 一样，泊松比 μ 也是材料固有的弹性常数。表 2-1 中摘录了几种常用材料的 μ 值。

【例 2-5】　求图 2-12(a)所示阶梯形圆截面钢杆的轴向变形，已知钢的弹性模量 E 为 200GPa。

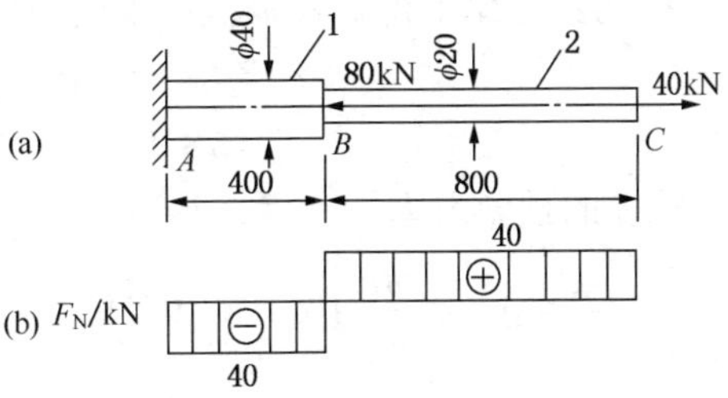

【解】　(1) 轴力计算

作杆的轴力图如图 2-12(b)所示，则

$$F_{N1} = -40\text{kN} \quad (\text{压})$$

$$F_{N2} = 40\text{kN} \quad (\text{拉})$$

图 2-12

(2) 各段变形计算

1、2 两段的轴力为 F_{N1}、F_{N2}，横截面面积为 A_1、A_2，长度为 l_1、l_2，变形计算应该分段进行。

对 AB 段进行计算

$$\Delta l_1 = \frac{F_{N1}l_1}{EA_1} = \frac{-40 \times 10^3 \times 400 \times 10^{-3}}{200 \times 10^9 \times \dfrac{\pi}{4} \times 40^2 \times 10^{-6}}$$

$$= -0.637 \times 10^{-4}\text{m} = -0.064\text{mm}$$

对 BC 段进行计算

$$\Delta l_2 = \frac{F_{N2}l_2}{EA_2} = \frac{40 \times 10^3 \times 800 \times 10^{-3}}{200 \times 10^9 \times \dfrac{\pi}{4} \times 20^2 \times 10^{-6}}$$

$$= 5.093 \times 10^{-4}\text{m} = 0.509\text{mm}$$

(3) 总的变形计算

$$\Delta l = \Delta l_1 + \Delta l_2 = -0.064 + 0.509 = 0.45\text{mm}$$

计算结果表明，AB 段缩短 0.064mm，BC 段伸长 0.509mm，钢杆的总的变形为伸长 0.45mm。

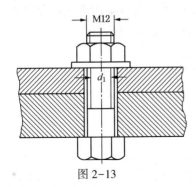

图 2-13

【例 2-6】　图 2-13 中的 M12 螺栓内径 $d_1 = 10.1\text{mm}$，拧紧后在计算长度 $l = 80\text{mm}$ 内产生的总伸长为 $\Delta l = 0.03\text{mm}$。钢的弹性模量 $E = 210\text{GPa}$。试计算螺栓内的应力和螺栓的预紧力。

【解】 拧紧后螺栓的应变为

$$\varepsilon = \frac{\Delta l}{l} = \frac{0.03}{80} = 0.000375$$

由胡克定律求得螺栓横截面上的拉应力为

$$\sigma = E\varepsilon = 210 \times 10^9 \times 0.000375$$
$$= 78.8 \times 10^6 \mathrm{Pa} = 78.8\mathrm{MPa}$$

螺栓的预紧力为

$$F = A\sigma = \frac{\pi}{4}(10.1 \times 10^{-3})^2 \times (78.8 \times 10^6) = 6310\mathrm{N} = 6.31\mathrm{kN}$$

§2.5 材料拉伸和压缩时的力学性能

材料的力学性能也称为机械性能，是指材料在外力作用下表现出的变形、破坏等方面的特性。它要由实验来测定。为了便于比较不同材料的试验结果，对试样的形状、加工精度、加载速度、试验环境等，都有统一规定的国家标准。一般情况取长为 l 的一段作为试验段(图 2-14)，称标距。对圆截面试样，标距 l 与直径 d 有两种比例，即

$$l = 5d, \; l = 10d \tag{a}$$

工程上常用的材料品种很多，下面以低碳钢和铸铁为例，介绍材料拉伸和压缩时的力学性能。

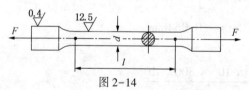

图 2-14

一、低碳钢拉伸时的力学性能

低碳钢是指含碳量在 0.3% 以下的碳素钢。这类钢材在工程中使用较广，在拉伸试验中表现出的力学性能也最为典型。

试样装在微机控制万能材料试验机上，根据试验需要可以采用力或位移等控制加载方式进行加载试验，将直径、标距等相关的数据输入到运行参数，为了消除尺寸的影响，输出曲线选择应力(σ)-应变(ε)曲线。

根据实验结果，如图 2-15 所示，低碳钢的力学性能大致如下：

（1）弹性阶段 拉伸的初始阶段，应力 σ 与应变 ε 成正比关系，σ-ε 曲线为直线 Oa，即

$$\sigma \propto \varepsilon \tag{b}$$

或者把它写成等式

$$\sigma = E\varepsilon$$

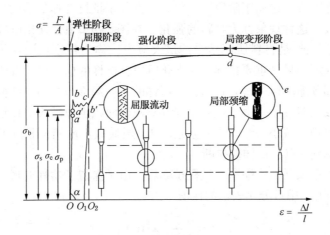

图 2-15

这就是上一节讲的胡克定律。弹性模量 E 的值此时正是直线 Oa 的斜率。直线部分的最高点 a 所对应的应力 σ_p 称为比例极限，这时材料是线弹性的。

超过比例极限后，从 a 点到 a' 点，σ 和 ε 之间的关系不再是直线，但解除拉力后变形仍可完全消失，这种变形称为弹性变形。a' 点所对应的应力 σ_e 称为弹性极限。实际上，在 σ-ε 曲线上，a 和 a' 两点非常接近，所以工程上对弹性极限和比例极限并不严格区分。

当应力大于弹性极限后，如再解除拉力，则试样变形的一部分消失，这就是上面提到的弹性变形。但还遗留下一部分不能消失的变形，这种变形称为塑性变形或残余变形。

（2）屈服阶段　当应力超过 a' 点增加到某一数值时，应变有非常明显的增加，而应力先是下降，然后作微小的波动，在 σ-ε 曲线上出现接近水平线的小锯齿形线段。这种应力基本保持不变而应变显著增加的现象，称为屈服或流动。在屈服阶段内的最高应力和最低应力分别称为上屈服极限和下屈服极限。上屈服极限的数值与试样的形状、加载速度等因素有关，一般是不稳定的。下屈服极限则比较稳定，能够反映材料的性能。通常就把下屈服极限称为屈服极限或屈服点，用 σ_s 表示。

表面磨光的试样屈服后，表面将出现与轴线大致成 45° 倾角的条纹。这是由于材料内部相对滑移形成的，称为滑移线。材料屈服表现为显著的塑性变形，而零件的塑性变形将影响机器的正常工作，所以屈服极限 σ_s 是衡量材料强度的重要指标。

（3）强化阶段　过屈服阶段后，材料又恢复了抵抗变形的能力，要使它继续变形必须加载。这种现象称为材料的强化。在图 2-15 中，强化阶段中的最高点 d 所对应的应力 σ_b 是材料所能承受的最大应力，称为强度极限或抗拉强度，它是衡量材料强度的另一重要指标。在强化阶段，试样的横向尺寸有明显的缩小。

（4）局部颈缩阶段　过 d 点后，在试样的某一局部范围内，横向尺寸突然急剧缩小，形成颈缩现象。由于在颈缩部分横截面面积迅速减小，使试样继续伸长所需的拉力也相应减小。在应力-应变图中，用横截面原始面积 A 算出的应力 σ 随之下降，降到 e 点，试样被拉断。

（5）伸长率和断面收缩率　试样拉断后，由于保留了塑性变形，试样长度由原来的 l 变为 l_1。用百分比表示的比值

$$\delta = \frac{l_1 - l}{l} \times 100\% \qquad (2-9)$$

称为伸长率。试样的塑性变形 $(l_1 - l)$ 越大，δ 也就越大。因此，伸长率是衡量材料塑性的指标。低碳钢的伸长率很高，其平均值约为 20%~30%，这说明低碳钢的塑性性能很好。

工程上通常按伸长率的大小把材料分成两大类，$\delta > 5\%$ 的材料称为塑性材料，如碳钢、黄铜、铝合金等；$\delta < 5\%$ 的材料称为脆性材料，如灰铸铁、玻璃、陶瓷等。

原始横截面面积为 A 的试样，拉断后颈缩处的最小截面面积变为 A_1，用百分比表示的比值

$$\Psi = \frac{A - A_1}{A} \times 100\% \qquad (2-10)$$

称为断面收缩率。Ψ 也是衡量材料塑性的指标。

（6）卸载定律及冷作硬化　如把试样拉到超过屈服极限的 b' 点（图 2-15），然后逐渐卸除拉力，应力和应变关系将沿着斜直线 $O_1 b'$ 近似回到 O_1 点。斜直线 $O_1 b'$ 近似地平行于 Oa。这说明：在卸载过程中，应力和应变按直线规律变化。这就是卸载定律。拉力完全卸除后，$\sigma - \varepsilon$ 应变图中，$O_1 O_2$ 表示消失的弹性变形，而 OO_1 表示不再消失的塑性变形。

卸载后，如在短期内再次加载，则应力和应变大致上沿卸载时的斜直线 $O_1 b'$ 变化。直到 b' 点后，又沿曲线 $b'de$ 变化。可见在再次加载时，直到 b' 点以前材料的变形是弹性的，过 b' 点后才开始塑性变形。比较图 2-15 中的 $Oaa'bcb'de$ 和 $O_1 b'de$ 两条曲线，可见在第二次加载时，其比例极限得到了提高，但塑性变形和伸长率却有所降低。这种现象称为冷作硬化。

二、其他塑性材料拉伸时的力学性能

工程上常用的塑性材料，除低碳钢外，还有中碳钢、高碳钢和合金钢、铝合金、青铜、黄铜等。图 2-16 中是几种塑性材料的 σ-ε 曲线。其中有些材料，如 Q345 钢，和低碳钢一样，有明显的弹性阶段、屈服阶段、强化阶段和局部颈缩阶段。有些材料，如黄铜 H62，没有屈服阶段，但其他阶段却很明显。还有些材料，如高碳钢 T10A，没有屈服阶段和局部颈缩阶段。

对没有明显屈服极限的材料，可以将产生 0.2% 塑性应变时的应力作为名义屈服极限，并用 $\sigma_{0.2}$ 来表示(图 2-17)。

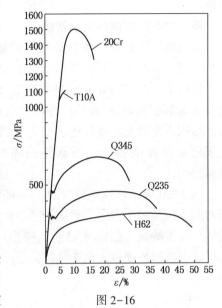

图 2-16

三、铸铁拉伸时的力学性能

灰口铸铁拉伸时的应力-应变关系是一段微弯曲线，如图 2-18 所示，没有明显的直线部分。它在较小的拉应力下就被拉断，没有屈服和颈缩现象，拉断前的应变很小，伸长率也很小。灰口铸铁是典型的脆性材料。

由于铸铁的 σ-ε 曲线图没有明显的直线部分，弹性模量 E 的数值随应力的大小而变。但在工程中铸铁的拉应力不能很高，而在较低的拉应力下，则可近似地认为服从胡克定律，并以其割线的斜率作为弹性模量。铸铁拉断时的最大应力

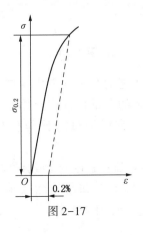

图 2-17

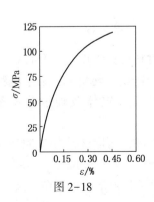

图 2-18

即为其强度极限。因为没有屈服现象，强度极限 σ_b 是衡量脆性材料强度的唯一指标。试验表明铸铁等脆性材料的抗拉强度很低，所以不宜作为抗拉零件的材料。

四、材料压缩时的力学性能

金属的压缩试样一般制成很短的圆柱，以免被压弯。圆柱高度约为直径的 1.5~3 倍。混凝土、石料等则制成立方形的试块。

低碳钢压缩时的 σ-ε 曲线如图 2-19 所示。试验表明：低碳钢压缩时的弹性模量 E 和屈服极限 σ_s 都与拉伸时大致相同。屈服阶段以后，试样越压越扁，横截面面积不断增大，试样抗压能力也继续提高，因而得不到压缩时的强度极限。由于可从拉伸试验测定低碳钢压缩时的主要性能，所以不一定要进行压缩试验。

图 2-20 表示铸铁压缩时的 σ-ε 曲线。试样仍然在较小的变形下破坏。破坏断面的法线与轴线方向大致成 45°~55° 的倾角，表明试样沿斜截面因相对错动而破坏。铸铁的抗压强度比它的抗拉强度高 4~5 倍。其他脆性材料，如混凝土、石料等，抗压强度也远高于抗拉强度。

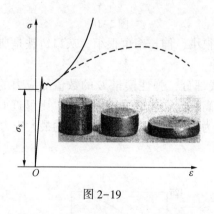

图 2-19

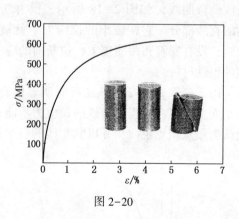

图 2-20

脆性材料抗拉强度低，塑性性能差，但抗压能力强，常常作为抗压构件的材料。由于铸铁坚硬耐磨，易于浇铸成形状复杂的零部件，广泛用于制造机床的床身、机座、缸体及轴承等零部件。因此，其压缩试验比拉伸试验更为重要。

综合来讲，衡量材料力学性能的指标主要有：比例极限 σ_P（或弹性极限 σ_e）、屈服极限 σ_s、强度极限 σ_b、弹性模量 E、伸长率 δ 和断端面收缩率 Ψ 等。表 2-2 列出了几种常用材料在常温、静载下的 σ_s、σ_b 和 δ 的数值。

表 2-2 几种常用材料的主要力学性能

材料名称	牌号	σ_s/MPa	σ_b/MPa	$\delta_5^{①}/\%$
普通碳素钢	Q235	216~235	373~461	25~27
	Q255	255~275	490~608	19~21
优质碳素结构钢	40	333	569	19
	45	353	598	16
普通低合金结构钢	Q345	274~343	471~510	19~21
	Q390	333~412	490~549	17~19
合金结构钢	20Cr	540	835	10
	40Cr	785	980	9
碳素铸钢	ZG270-500	270	500	18
可锻铸铁	KTZ450-06		450	6(δ_3)
球墨铸铁	QT450-10		450	10(δ)
灰铸铁	HT150			120~175

① δ_5 是指 $l=5d$ 的标准试样伸长率。

§2.6* 温度和时间对材料力学性能的影响

上一节讨论的材料力学性能，仅限于常温、静载荷条件下。工程实际中有些零件，例如汽轮机的叶片，长期在高温中运转；又如液态氢或液态氮的容器，则在低温下工作。材料在高温或低温下的力学性能显然与常温不同，且与作用时间的长短有关。本节简要介绍温度和时间对材料力学性能的影响。

一、短期静载下温度对材料力学性能的影响

为确定金属材料在高温下的性能，利用高温箱使试件处于一定的温度下进行短期静载拉伸试验，例如在 15~20min 内拉断的试验。如图 2-21 表示在高温短期静载下，低碳钢的 σ_s、σ_b、E、δ、Ψ 等随温度变化的情况。从图线可以看出：

（1）极限强度 σ_b 开始随温度增加，当温度在 250~300℃之间时 σ_b 最大，再升高温度时 σ_b 显著下降；

（2）屈服强度 σ_s 和弹性模量 E 随温度的增高而降低；

（3）代表材料塑性性质的伸长率 δ 和断面收缩率 Ψ 在 250~300℃时最低，此时试件呈现一定的脆性，以后 δ 和 Ψ 又随温度上升而增大。

二、高温、长期静载下材料的力学性能

在高温下，长期作用载荷将影响材料的力学性能。试验结果表明，如低于一定温度（例如对碳钢来说，温度在 300～350℃ 以下），虽长期作用载荷，材料的力学性能并无明显的变化。但如高于一定温度，且应力超过某一限度，则材料在这一固定应力和不变温度下，随着时间的增长，变形将缓慢加大，这种现象称为蠕变。蠕变变形是塑性变形，卸载后不再消失。在高温下工作的零件往往因蠕变而引起事故。例如汽轮机的叶片可能因蠕变发生过大的塑性变形，以致与轮壳相碰而打碎。

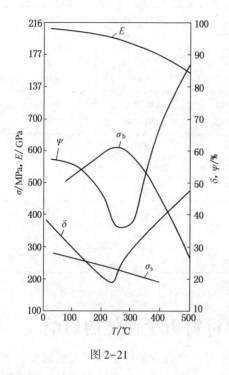

图 2-21

高温下工作的零件，在发生弹性变形后，如保持其变形总量不变，根据胡克定律，则零件内将保持一定的预紧力。随着时间的增长，因蠕变而逐渐发展的塑性变形将逐步地代替了原来的弹性变形，从而使零件内的预紧力逐渐降低，这种现象称为应力松弛。靠预紧力密封或连接的机器，往往因应力松弛而引起漏气或松脱。例如汽轮机转子与轴的紧密配合可能因松弛而松脱。对这类问题就需要考虑材料有关蠕变的性质，对连接件进行定期检查并拧紧。

§2.7 应力集中的概念

等截面直杆受轴向拉伸或压缩时，横截面上的应力是均匀分布的。由于实际需要，有些零件必须有切口、切槽、油孔、螺纹、轴肩等，以致在这些部位上截面尺寸发生突然变化。实际结果和理论分析表明，在零件尺寸突然改变处的横截面上，应力并不是均匀分布的，例如开有圆孔或切口的板条（图 2-22 ）受拉时，在圆孔或切口附近的局部区域内，应力将剧烈增加，但在离开圆孔或切口稍远处，应力就迅速降低而趋于均匀。这种因杆件外形突然变化，而引起局部应力急剧增大的现象，称为应力集中。

设发生应力集中的截面上的最大应力为 σ_{max}，同一截面上的平均应力为 σ，

则比值

$$K = \frac{\sigma_{max}}{\sigma} \qquad (2-11)$$

称为理论应力集中因数。它反映了应力集中的程度，是一个大于 1 的因数。实验结果表明：截面尺寸改变得越急剧、角越尖、孔越小，应力集中的程度越严重。因此，零件上应尽可能地避免带尖角的孔槽，在阶梯轴的轴肩处要用圆弧过渡，而且应尽量使圆弧半径大一些。

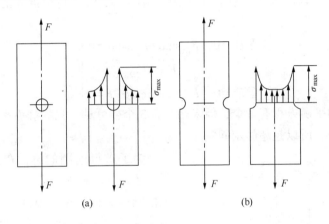

图 2-22

各种材料对应力集中的敏感程度并不相同，塑性材料有屈服阶段，当局部的最大应力 σ_{max} 达到屈服极限 σ_s 时，该处的材料变形可以继续增长，而应力却不再加大，如外力继续增加，增加的力就由截面上尚未屈服的材料来承担，使截面上其他点的应力相继增大到屈服极限，如图 2-23 所示。这就使截面上的应力趋于均匀，从而限制了最大应力 σ_{max} 的数值。因此，用塑性材料制成的零件在静载作用下，可以不考虑应力集中的影响。脆性材料没有屈服阶段，当载荷增加时，应力集中处的最大应力 σ_{max} 一直领先，首先达到强度极限 σ_b，该处将首先产生裂纹。所以对于脆性材料制成的零件，应力集中的危害性显得严重。这样，即使在静载下，也应考虑应力集中对零件承载能力的削弱。至于灰铸铁，其内部的不均匀性和缺陷往往是产生应力集中的主要因素，而零件外形改变所引起的应力集中就可能成为次要因素，对零件的承载不一定造成明显的影响。

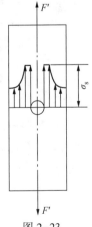

图 2-23

当零件受周期性变化的应力或受冲击载荷作用时，不论是塑性材料还是脆性材料，应力集中对零件的强度都有严重的影响，往往是零件破坏的根源。

§2.8　拉伸、压缩超静定问题

在前面讨论的问题中，杆件的轴力可由静力平衡方程求出，这类问题称为静定问题。但有时，杆件的全部轴力并不能由静力平衡方程求出，这就是超静定问题。以图2-24(a)所示三杆桁架为例，由图2-24(b)得节点 A 的静力平衡方程为

$$\left.\begin{array}{l} \sum F_x = 0, \quad F_{N1}\sin\alpha - F_{N2}\sin\alpha = 0 \\ \qquad\qquad F_{N1} = F_{N2} \\ \sum F_y = 0, \quad F_{N3} + 2F_{N1}\cos\alpha - F = 0 \end{array}\right\} \qquad (a)$$

这里静力平衡方程有2个，但未知力有3个，可见，只凭静力平衡方程不能求得全部轴力，所以是超静定问题。

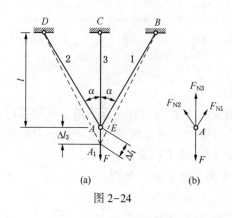

(a)

图 2-24

为了求得问题的解，在静力方程之外，还须寻求补充方程。设1、2两杆的抗拉刚度相同，桁架变形是对称的，节点 A 垂直地移动到 A_1，位移 $\overline{AA_1}$ 也就是杆3的伸长 Δl_3。以 B 点为圆心，以杆1的原长 $\dfrac{l}{\cos\alpha}$ 为半径作圆弧，圆弧以外的线段即为杆1的伸长 Δl_1。由于变形很小，可用垂直于 A_1B 的直线 AE 代替上述弧线，且仍可认为 $\angle AA_1B = \alpha$。于是

$$\Delta l_1 = \Delta l_3 \cos\alpha \qquad (b)$$

这是1、2、3三根杆件的变形必须满足的关系，只有满足了这一关系，它们才可能在变形后仍然在节点 A_1 联系在一起，三杆的变形才是相互协调的，所以，这种几何关系称为变形协调方程。

若1、2两杆的抗拉刚度为 $E_1 A_1$，杆3的抗拉刚度为 $E_3 A_3$，由胡克定律

$$\Delta l_1 = \frac{F_{N1} l}{E_1 A_1 \cos\alpha}, \quad \Delta l_3 = \frac{F_{N3} l}{E_3 A_3} \qquad (c)$$

这种表示变形与轴力关系的式子可称为物理方程，将其代入(b)式，得

$$\frac{F_{N1}l}{E_1A_1\cos\alpha} = \frac{F_{N3}l}{E_3A_3}\cos\alpha \tag{d}$$

这是在静力平衡方程之外得到的补充方程。由(a)、(d)两式容易解出

$$F_{N1} = F_{N2} = \frac{F\cos^2\alpha}{2\cos^3\alpha + \frac{E_3A_3}{E_1A_1}}, \quad F_{N3} = \frac{F}{1 + 2\frac{E_1A_1}{E_3A_3}\cos^3\alpha}$$

以上例子表明，超静定问题是综合了静力平衡方程、变形协调方程(几何方程)和物理方程等三方面的关系求解的。

【例 2-7】　在图 2-25 所示结构中，设横梁 AB 的变形可以省略，1、2 两杆的横截面面积相等，材料相同。试求 1、2 两杆的内力。

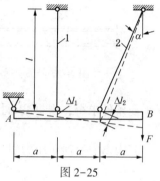

【解】　设 1、2 两杆的轴力分别为 F_{N1} 和 F_{N2}。由 AB 杆的平衡方程 $\sum M_A = 0$，得

$$3Fa - F_{N2}a\cos\alpha - F_{N1}a = 0 \tag{e}$$

由于横梁 AB 是刚性杆，结构变形后，它仍然为直杆，由图中看出，1、2 两杆的伸长 Δl_1 和 Δl_2 应该满足以下关系

$$\frac{\Delta l_2}{\cos\alpha} = 2\Delta l_1 \tag{f}$$

图 2-25

这就是变形协调方程。

由胡克定律

$$\Delta l_1 = \frac{F_{N1}l}{EA}, \quad \Delta l_2 = \frac{F_{N2}l}{EA\cos\alpha}$$

代入(f)式得

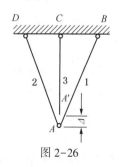

图 2-26

$$\frac{F_{N2}l}{EA\cos^2\alpha} = 2\frac{F_{N1}l}{EA} \tag{g}$$

由(e)和(g)两式解出

$$F_{N1} = \frac{3F}{4\cos^3\alpha + 1}, \quad F_{N2} = \frac{6F\cos^2\alpha}{4\cos^3\alpha + 1}$$

超静定结构的另一重要特性是，温度的变化以及制造误差也会在超静定结构中产生应力，这些应力分别称为"温度应力"与"装配应力"。仍以前面介绍过的三杆桁架为例，

25

如在制造过程中，3 杆长度比规定长度短 Δ(图 2-26)，装配时为了将三根杆联结于一点，必须将 3 杆预先拉长一段距离。由于各杆的变化相互约束，联结后，3杆内便产生拉应力，而 1、2 杆内便产生压应力。这类问题的解题方法和过程与前面有相似之处，也是通过平衡方程、几何方程和物理方程，从而求解出 1、2、3 杆的内力与 Δ 的关系(步骤从略)。

超静定结构中的温度应力是由于热膨胀受到约束而引起的。当温度改变时，静定结构中的构件能自由伸缩，但在超静定结构中，构件的变形受到限制，使构件产生应力。例如图 2-27(a)所示的两端固定的管道，安装时的温度设为 T，温差为 $\Delta T = T - T_0$(称为温升)。若材料的线膨胀系数为 α，则温升引起的长度的自由膨胀量为 Δl_T ($\Delta l_T = \alpha \Delta T$)。但两端固定约束限制了这种膨胀，因而在管道中产生轴向压力 F，这一压力无法

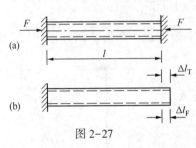

图 2-27

靠平衡条件求得，根据变形协调条件有

$$\Delta l_T = \Delta l_F$$

其中 Δl_F 为轴向压力引起的变形量

$$\Delta l_F = \frac{Fl}{EA}$$

于是有

$$\alpha l \Delta T = \frac{Fl}{EA}$$

由此解得

$$F = \alpha \Delta T E A$$

$$\sigma = \alpha \Delta T E$$

例如对于钢管，$E = 200\text{GPa}$，$\alpha = 125 \times 10^{-7}/\text{℃}$，当温度升高 $\Delta T = 30\text{℃}$ 时，温度应力 $\sigma = 75\text{MPa}$。可以看出，当温升较大时，温度应力不容忽视。

为避免出现过高的温度应力，蒸汽管道中有时设置"温度膨胀节"(图 2-28)，铁轨在两段接头之间预留一定量的缝隙等，使热膨胀所受的限制尽量小些。

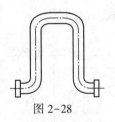

图 2-28

习　题

2-1　试求图示各杆 1-1、2-2、3-3 截面上的轴力，并作轴力图。

2-2　作用于图示零件上的拉力 $F = 38\text{kN}$，试问零件内最大拉应力发生于哪

个截面上？并求其值。

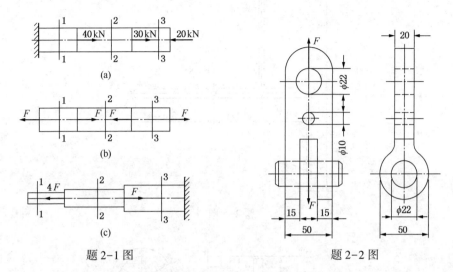

题 2-1 图　　　　　　　　　　题 2-2 图

2-3　在题 2-1 图(c)中，若 1-1、2-2、3-3 三个横截面的直径分别是：$d_1 = 15mm$，$d_2 = 20mm$，$d_3 = 24mm$，$F = 8kN$，试用图线表示横截面上的应力沿轴线的变化情况。

2-4　在图示结构中，若钢拉杆 BC 的横截面直径为 10mm，试求拉杆内的应力。设由 BC 连接的 1 和 2 两部分均为刚体。

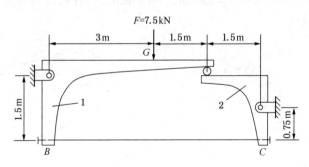

题 2-4 图

2-5　图示结构中，1、2 两杆的横截面直径分别为 10mm 和 20mm，试求两杆内的应力。设两根横梁皆为刚体。

2-6　油缸盖与缸体采用 6 个螺栓连接。已知油缸内径 $D = 350mm$，油压 $p = 1MPa$。若螺栓材料的许用应力 $[\sigma] = 40MPa$，求螺栓的内径。

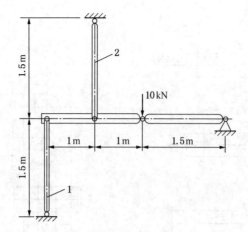

题 2-5 图

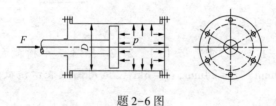

题 2-6 图

2-7 汽车离合器踏板如图所示。已知踏扳受到压力 $F_1=400$N 作用，拉杆 1 的直径 $D=9$mm，杠杆臂长 $L=330$mm，$l=56$mm，拉杆的许用应力 $[\sigma]=50$MPa，校核拉杆 1 的强度。

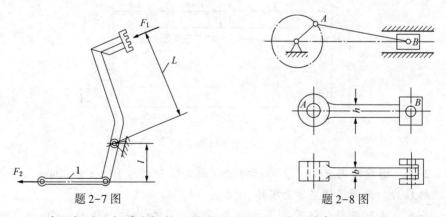

题 2-7 图　　　　　　　　题 2-8 图

2-8 冷镦机的曲柄滑块机构如图所示。镦压工件时连杆接近水平位置，承受的镦压力 $F=1100$kN。连杆是矩形截面，高度 h 与宽度 b 之比为 $h:b=1.4:1$。材料为 45 钢，许用应力 $[\sigma]=58\text{MPa}$，试确定截面尺寸 h 和 b。

2-9 图示双杠杆夹紧机构，需产生一对 20kN 的夹紧力，试求水平杆 AB 及二斜杆 BC 和 BD 的横截面直径。已知：该三杆的材料相同，$[\sigma]=100\text{MPa}$，$\alpha=30°$。

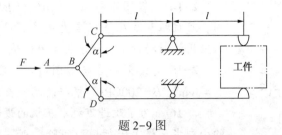

题 2-9 图

2-10 卧式拉床的油缸内径 $D=186\text{mm}$，活塞杆直径 $d_1=65\text{mm}$，材料为 20Cr 并经过热处理，$[\sigma]_{\text{杆}}=130\text{MPa}$。缸盖由 6 个 M20 的螺栓与缸体连接，M20 螺栓的内径 $d=17.3\text{mm}$，材料为 35 钢，经热处理后 $[\sigma]_{\text{螺}}=100\text{MPa}$。试按活塞杆和螺栓的强度确定最大油压 p。

2-11 在图示简易吊车中，BC 为钢杆，AB 为木杆。木杆 AB 的横截面面积 $A_1=100\text{cm}^2$，许用应力 $[\sigma]_1=7\text{MPa}$；钢杆 BC 的横截面面积 $A_2=6\text{cm}^2$，许用应力 $[\sigma]_2=160\text{MPa}$。试求许可吊重 F。

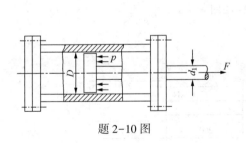

题 2-10 图

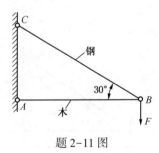

题 2-11 图

2-12 某拉伸试验机的结构示意图如图所示。设试验机的 CD 杆与试样 AB 材料同为低碳钢，其 $\sigma_p=200\text{MPa}$，$\sigma_s=240\text{MPa}$，$\sigma_b=400\text{MPa}$，试验机最大拉力为 100kN。

（1）这一试验机做拉断试验时，试样直径最大可达多大？

（2）若设计时取试验机的安全因数 $n=2$，则 CD 杆的横截面面积是多少？

（3）若试样直径 $d=10\text{mm}$，今欲测弹性模量 E，则所加载荷最大不能超过多少？

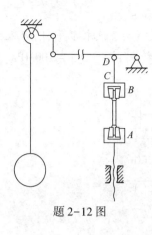

题 2-12 图

2-13 某铣床工作台进给油缸如图所示,缸内工作油压 $p=2$MPa,油缸内径 $D=75$mm,活塞杆直径 $d=18$mm。已知活塞杆材料的许用应力 $[\sigma]=50$MPa,试校核活塞杆的强度。

2-14 在图示杆系中,BC 和 BD 两杆的材料相同,且抗拉和抗压许用应力相等,同为 $[\sigma]$。为使杆系使用的材料最省,试求夹角 θ 的值。

2-15 变截面直杆如图所示。已知:$A_1=8$cm^2,$A_2=4$cm^2,$E=200$GPa。求杆的总伸长 Δl。

2-16 为了改进万吨水压机的设计,在四根立柱的小型水压机上进行模型实验,测得立柱的轴向总伸长 $\Delta l=0.4$mm。立柱直径 $d=80$mm,长度 $l=1350$mm。材料的 $E=210$GPa。问每一立柱受到的轴向力有多大?水压机的中心载荷 F 等于多少?

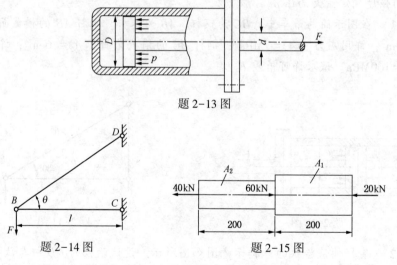

题 2-13 图

题 2-14 图

题 2-15 图

2-17 设 CG 为刚体(即 CG 的弯曲变形可以省略),BC 为铜杆,DG 为刚杆,两杆的横截面分别为 A_1 和 A_2,弹性模量分别为 E_1 和 E_2。如要求 CG 始终保持水平位置,试求 x。

2-18 木制短柱的四角用四个 40mm×40mm×4mm 的等边角钢加固。已知角钢许用应力 $[\sigma]_{钢}=160$MPa,$E_{钢}=200$GPa;木材许用应力 $[\sigma]_{木}=12$MPa,$E_{木}=10$GPa。试求许可载荷 F。

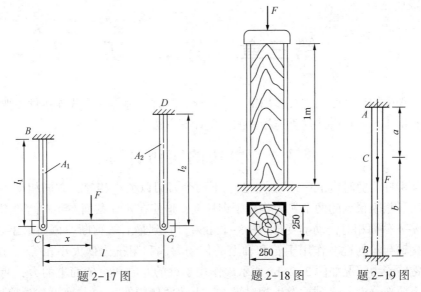

题 2-17 图　　　　题 2-18 图　　　　题 2-19 图

2-19　在两端固定的杆件的截面 *C* 上，沿轴线作用 *F* 力。试求两端的反力。

2-20　两根材料不同但截面尺寸相同的杆件，同时固定连接于两端的刚性板上，且 $E_1 > E_2$。若使两根杆都为均匀拉伸，试求拉力 *F* 的偏心距 *e*。

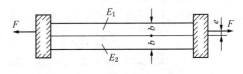

题 2-20 图

2-21　在图示结构中，假设 *AC* 梁为刚杆，杆1、2、3 的截面面积相等，材料相同。试求三杆的轴力。

2-22　刚杆 *AB* 悬挂于 1、2 两杆上，1 杆的截面面积为 60mm^2，2 杆为 120mm^2，且两杆的材料相同。若 *F*=6kN，试求两杆的轴力及支座 *A* 的反力。

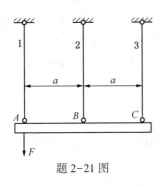

题 2-21 图

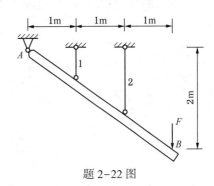

题 2-22 图

第三章 剪 切

工程中构件之间的连接多用销钉、螺栓、铆钉、键等，这些连接件主要承受剪切和挤压。本章讲述这类连接件的强度计算方法。

§3.1 剪切的实用计算

某钢杆受剪时[图 3-1(a)]，上、下两个刀刃以大小相等、方向相反、垂直于轴线且相距很近的两个 F 力作用于钢杆上，迫使在 $n-n$ 截面左、右的两部分发生沿 $n-n$ 截面相对错动的变形[图 3-1(b)]，直到最后被剪断。再如图 3-2(a)中连接轴与轮的键，作用于轮和轴上的传动力偶和阻抗力偶大小相等，方向相反，键的受力情况如图 3-2(b)所示。作用于键的左右两个侧面上的力，使键的上、下两部分沿 $n-n$ 截面发生相对错动。上述两例中的 $n-n$ 截面可称为剪切面。可见剪切的特点是：作用于构件某一截面两侧的力，大小相等，方向相反，且相互平行，使构件的两部分沿这一截面(剪切面)发生相对错动的变形。

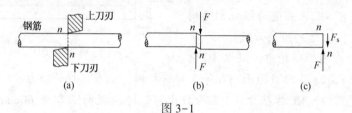

图 3-1

讨论剪切的内力和应力时，沿剪切面 $n-n$ 将受剪构件分成两部分，并以其中一部分为研究对象，如图 3-1(c)或图 3-2(c)所示。$n-n$ 截面上的内力 F_s 与截面相切，称为剪力。由平衡方程容易求得

$$F_S = F \tag{a}$$

实用计算中，假设在剪切面上剪切应力是均匀分布的。若以 A 表示剪切面面积，则切应力是

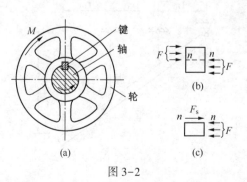

图 3-2

32

$$\tau = \frac{F_S}{A} \qquad\qquad (3-1)$$

τ 与剪切面相切，称为切应力。

在一些连接件的剪切面上，应力的实际情况比较复杂，切应力并非均匀分布，且还有正应力。所以，由式(3-1)算出的只是剪切面上的"平均切应力"，是一个名义切应力。为了消除这一缺陷，在用实验的方式建立强度条件时，应使试样受力尽可能地接近实际连接件的情况，求得试样失效时的极限载荷。再用式(3-1)由极限载荷求出相应的名义极限应力，除以安全因数 n，得许用切应力 $[\tau]$，从而建立强度条件

$$\tau = \frac{F_S}{A} \leqslant [\tau] \qquad\qquad (3-2)$$

根据以上条件，便可进行强度计算。

【例 3-1】　电瓶车挂钩由插销连接[图 3-3(a)]。插销材料为 20 钢，$[\tau] = 30\text{MPa}$，直径 $d = 20\text{mm}$。挂钩及被连接的板件的厚度分别为 $\delta = 8\text{mm}$ 和 $1.5\delta = 12\text{mm}$。牵引力 $F = 15\text{kN}$。试校核插销的剪切强度。

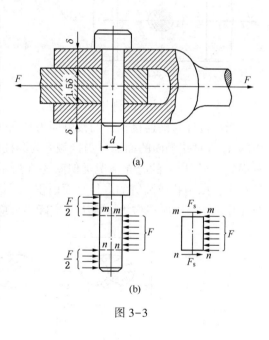

【解】　插销受力如图 3-3(b)所示。根据受力情况，插销中段相对于上、下两段，沿 m-m 和 n-n 两个面向左错动。所以有两个剪切面，称为双剪切。由平衡方程容易求出

图 3-3

$$F_S = \frac{F}{2}$$

插销横截面上的切应力为

$$\tau = \frac{F_S}{A} = \frac{15 \times 10^3}{2 \times \frac{\pi}{4}(20 \times 10^{-3})^2} = 23.9 \times 10^6 \text{Pa} < [\tau]$$

故插销满足强度要求。

§3.2 挤压的实用计算

在外力作用下，连接件和被连接的构件之间，必将在接触面上相互压紧，这种现象称为挤压。例如，在铆钉连接中，铆钉和钢板就相互压紧，这就可能把铆钉或钢板的铆钉孔压成局部塑性变形。图 3-4 就是铆钉孔被压成长圆孔的情况，

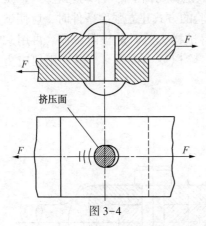

当然，铆钉也可能被压成扁圆柱，所以应该进行挤压强度计算。在挤压面上，应力分布一般也比较复杂。实用计算中，也是假设在挤压面上应力分布均匀。以 F 表示挤压面上传递的力，A_{bs} 表示计算挤压面积，于是挤压应力为

挤压面

图 3-4

$$\sigma_{bs} = \frac{F}{A_{bs}}$$

相应的强度条件是

$$\sigma_{bs} = \frac{F}{A_{bs}} \leqslant [\sigma_{bs}]$$

式中 $[\sigma_{bs}]$ 为材料的许用挤压应力。

当连接件与被连接构件的接触面为平面时，如图 3-2 中的键连接，以上公式中的 A_{bs} 就是接触面的面积。当接触面为圆柱面时（如销钉、铆钉等与钉孔间的接触面），挤压应力的分布情况类似图 3-5 所示，最大应力在圆柱面的中点。实用计算中，以圆孔或圆钉的直径平面面积 δd [即图 3-5(b) 中画的阴影线部分面积] 除挤压力 F，则所得应力大致上与实际最大应力接近。

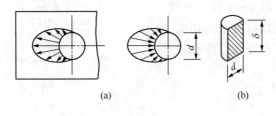

(a)   (b)

图 3-5

【例 3-2】 在例 3-1 中，若挤压许用应力为 $[\sigma_{bs}] = 100\text{MPa}$，试校核挤压强度。

【解】 从图 3-3(b) 看出，插销的上段和下段受到来自左方的挤压力 F 作用，中段受到来自右方的挤压力 F 作用。中段的直径面面积为 $1.5\delta d$，小于上段

和下段的直径面面积之和 $2\delta d$，故应校核中段的挤压强度。挤压应力为

$$\sigma_{bs} = \frac{F}{A_{bs}} = \frac{F}{1.5\delta d} = \frac{15 \times 10^3}{1.5(8 \times 10^{-3})(20 \times 10^{-3})}$$

$$= 62.5 \times 10^6 \text{Pa} = 62.5 \text{MPa} < [\sigma_{bs}]$$

故满足挤压强度要求。

【例 3-3】 图 3-6 表示齿轮用平键与轴连接。已知轴的直径 $d=70$mm，键的尺寸为 $b×h×l=20$mm×12mm×100mm，传递的扭转力偶矩 $M_e = 2$kN·m，键的许用应力 $[\tau] = 60$MPa，$[\sigma_{bs}] = 100$MPa。试校核键的强度。

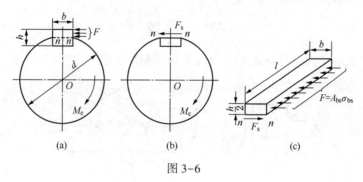

图 3-6

【解】 （1）校核键的剪切强度

将平键沿 $n-n$ 截面分成两部分，并把 $n-n$ 以下部分和轴作为一个整体考虑 [图 3-6(b)]。因为假设在 $n-n$ 截面上切应力均匀分布，故 $n-n$ 截面上的剪力 F_s 为

$$F_s = A\tau = bl\tau$$

对轴心取矩，由平衡方程 $\sum M_o = 0$，得

$$F_s \cdot \frac{d}{2} = bl\tau \cdot \frac{d}{2} = M_e$$

故有

$$\tau = \frac{2M_e}{bld} = \frac{2 \times 2000}{20 \times 100 \times 70 \times 10^{-9}} = 28.6 \times 10^6 \text{Pa} = 28.6 \text{MPa} < [\tau]$$

可见平键满足剪切强度条件。

（2）校核键的挤压强度

考虑键在 $n-n$ 截面以上部分的平衡 [图 3-6(c)]，在 $n-n$ 截面上的剪力 $F_s = bl\tau$，右侧面上的挤压力为

$$F = A_{bs}\sigma_{bs} = \frac{h}{2}l\sigma_{bs}$$

投影于水平方向，由平衡方程得

$$F_S = F, \quad bl\tau = \frac{h}{2}l\sigma_{bs}$$

由此求得

$$\sigma_{bs} = \frac{2b\tau}{h} = \frac{2(20 \times 10^{-3}) \times (28.6 \times 10^6)}{12 \times 10^{-3}}$$

$$= 95.3 \times 10^6 \text{Pa} = 95.3\text{MPa} < [\sigma_{bs}]$$

故平键也满足挤压强度的要求。

习　　　题

3-1　试确定图示连接或接头中的剪切面和挤压面。

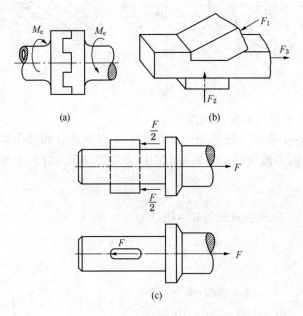

(a)　　　　　　　(b)

(c)

题 3-1 图

　3-2　　试校核图示连接销钉的剪切强度。已知 $F = 100$kN，销钉的直径 $d = 30$mm，材料的许用切应力 $[\tau] = 60$MPa。若强度不够，应改用多大直径的销钉？

　3-3　　测定材料剪切强度的剪切器的示意图如图所示。设圆试样的直径 $d = 15$mm，当压力 $F = 31.5$kN 时，试样被剪断，试求材料的名义剪切极限应力。若取剪切许用应力为 $[\tau] = 80$MPa，试问安全因数等于多大？

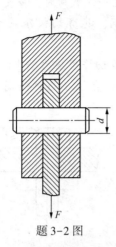

题 3-2 图

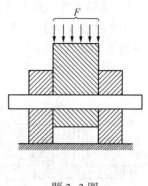

题 3-3 图

3-4　一螺栓将拉杆与厚为 8mm 的两块盖板相连接。各零件材料相同，许用应力均为 $[\sigma]=80\text{MPa}$，$[\tau]=60\text{MPa}$，$[\sigma_{\text{bs}}]=160\text{MPa}$。若拉杆的厚度 $\delta=15\text{mm}$，拉力 $F=120\text{kN}$，试设计螺栓直径 d 及拉杆宽度 b。

3-5　在厚度 $\delta=5\text{mm}$ 的钢板上，冲出一个形状如图所示的孔，钢板剪断时的剪切极限应力 $\tau_{\text{u}}=300\text{MPa}$，求冲床所需的冲力 F。

3-6　可倾式压力机为防止过载采用了压环式保险器。当过载时，保险器先被剪断，以保护其他主要零件。设环式保险

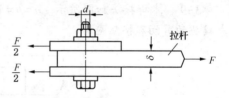

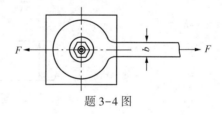

题 3-4 图

器以剪切的形式破坏，且剪切的高度 $\delta=20\text{mm}$，材料的剪切极限应力 $\tau_{\text{u}}=200\text{MPa}$，压力机的最大许可压力 $F=630\text{kN}$，试确定保险器剪切部分的直径 D。

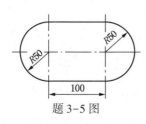

题 3-5 图

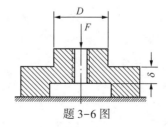

题 3-6 图

3-7 车床的传动光杆装有安全联轴器，当超过一定载荷时，安全销即被剪断。已知安全销的平均直径为 5mm，材料为 45 钢，其剪切极限应力为 $\tau_u = 370\text{MPa}$。求安全联轴器所能传递的力偶矩 M_e。

3-8 图示螺钉在拉力 F 作用下。已知材料的剪切许用应力 $[\tau]$ 和拉伸许用应力 $[\sigma]$ 之间的关系约为：$[\tau] = 0.6[\sigma]$。试求螺钉直径 d 与钉头高度的合理比值。

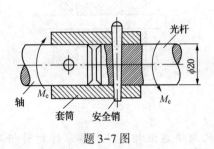

题 3-7 图

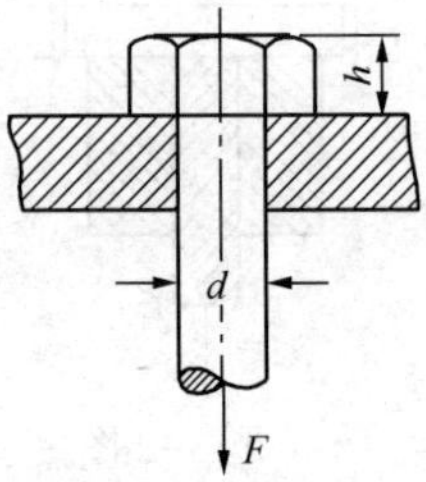

题 3-8 图

3-9 木榫接头如图所示。$a = b = 12\text{cm}$，$h = 35\text{cm}$，$c = 4.5\text{cm}$，$F = 40\text{kN}$。试求接头的剪切和挤压应力。

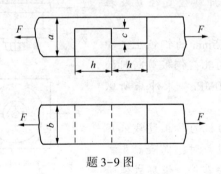

题 3-9 图

第四章 扭 转

§4.1 引 言

扭转是杆件的又一种基本变形形式。在工程实际中有许多构件，其主要变形是扭转变形。例如，攻丝时(图4-1)，要在丝锥的手柄两端加上大小相等、方向相反的力，这两个力在垂直于丝锥轴线的平面内构成一个力偶，使丝锥转动。丝锥下端工件的阻力则形成转向相反的力偶，阻碍丝锥的转动。丝锥在这一对力偶的作用下将发生扭转变形。搅拌器主轴(图4-2)、汽车转向轴、车床的光杠等都是杆件受到扭转的实例。

对主要发生扭转变形的杆件，工程上统称为轴。

本章以研究圆截面等直杆的扭转问题为主，这也是机械工程中最常见的情况。对非圆截面杆件的扭转问题，则只作一些概括性的介绍。

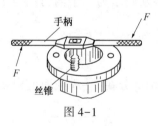

图 4-1

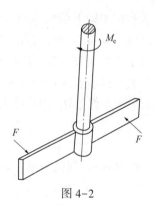

图 4-2

§4.2 外力偶矩和扭矩

在研究圆轴扭转的应力和变形之前，先讨论作用于轴上的外力偶矩及横截面上的内力。

作用于轴上的外力偶矩往往不是直接给出的，给出的通常是轴所传送的功率和轴的转速。例如在图4-3所示的情况下，由电动机的转速和功率，可以求出传动轴AB的转速和功率。如通过皮带轮传给AB轴的功率为P千瓦(kW)，因$1kW = 1000N \cdot m/s$，所以输入P就相当于在每秒钟内输入功

$$W = P \times 1000 \quad (N \cdot m) \tag{a}$$

39

电动机是通过皮带轮以力偶矩 M_e 作用于 AB 轴上的，若 AB 轴的转速为每分钟 n 转，则力偶矩 M_e 在每秒内完成的功应为

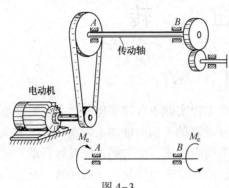

$$W = 2\pi \times \frac{n}{60} \times M_e \quad (\text{N} \cdot \text{m}) \quad (\text{b})$$

因为 M_e 所完成的功也就是经皮带轮给 AB 轴输入的功，所以(a)、(b)两式应该相等，这样得出计算外力偶矩 M_e 的公式为

$$M_e = 9549 \frac{P}{n} \quad (\text{N} \cdot \text{m}) \quad (4-1)$$

图 4-3

用完全相同的方法，可以求得当功率为 P 马力(1 马力 $=735.5\text{N} \cdot \text{m/s}$)时，外力偶矩 M_e 的计算公式为

$$M_e = 7024 \frac{P}{n} \quad (\text{N} \cdot \text{m}) \qquad (4-2)$$

在作用于轴上的所有外力偶矩都求出后，即可用截面法研究横截面上的内力。现以图 4-4(a)所示的圆轴为例，假想地将圆轴沿 $m-m$ 截面分成两部分，并取部分 I 作为研究对象[图 4-4(b)]。由于整个轴是平衡的，所以部分 I 也处于平衡状态。这就要求截面 $m-m$ 上的内力系必须归结为一个内力偶矩 T，且由部分 I 的平衡条件 $\sum M_x = 0$，可求出

$$T - M_e = 0$$

$$T = M_e$$

T 称为 $m-m$ 截面上的扭矩，它是 I 、II 两部分在 $m-m$ 截面上相互作用的分布内力系的合力偶矩。

如果取部分 II 作为研究对象[图 4-4 (c)]，仍然可以求得 $T = M_e$ 的结果。其方向则与用部分 I 求出的扭矩相反。为了使无论用部分 I 还是用部分 II 求出的同一截面上的扭矩，不但数值相等，而且符号相同，把扭矩 T 的符号规定如下：若按右手螺旋法则把 T 表示为矢量，当矢量方向与截面的外法线的方向一致时，T 为正；反之，为负。根据这一规则，在图 4-4 中，$m-m$ 截面上的扭矩

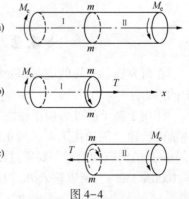

图 4-4

无论就部分Ⅰ还是Ⅱ来说，都是正值。

若作用于轴上的外力偶矩多于两个，也和拉伸(压缩)问题中画轴力图类似，往往用图线来表示各横截面上的扭矩沿轴线的变化情况。图中以横轴表示横截面的位置，纵轴表示相应截面上的扭矩值，这种图线称为扭矩图。下面我们用例题说明扭矩的计算和扭矩图的绘制。

【例4-1】　传动轴如图4-5(a)所示，皮带轮A用皮带直接与原动机连接，皮带轮B、C与工作机连接。已知皮带轮A传递给B、C两轮的功率为44kW，皮带轮B传递给工作机的功率为25kW。轴的转速为n=150r/min。试计算轴1-1和2-2截面上的扭矩。

【解】　因皮带轮A与原动机连接，故它是主动轮，轴的旋转方向应与轮A上的外力偶矩m_A的转向一致。皮带轮B及C通过轴从轮A获得功率，它们是从动轮。作用在轮B及轮C上的外力偶矩m_B及m_C的转向，则与轴的旋转方向相反。如将各轮与轴脱离，则轴的受力情况如图4-5(b)所示。

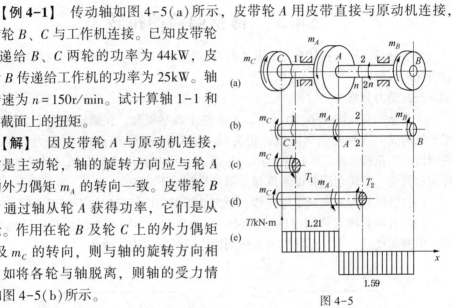

图 4-5

因为轴以等速转动，原动机给与轮A的功率，应等于轮B和轮C传给工作机的功率之和。由此可知轮C应传递的功率为44-25=19kW。

按公式(4-1)计算作用在轮A、B及C上的外力偶矩

$$m_A = 9.549 \times 44/150 = 2.8 \text{kN} \cdot \text{m}$$
$$m_B = 9.549 \times 25/150 = 1.59 \text{kN} \cdot \text{m}$$
$$m_C = 9.549 \times 19/150 = 1.21 \text{kN} \cdot \text{m}$$

应用截面法，在轮A、C之间假想将轴沿1-1截面切开，考虑其左段轴的平衡[图4-5(c)]，由静力平衡条件

$$\sum M_x = 0, \quad -m_C + T_1 = 0$$

得
$$T_1 = m_C = 1.21 \text{kN} \cdot \text{m}$$

在轮A、B之间假想将轴沿2-2截面切开，考虑其左段轴的平衡[图4-5(d)]，由静力平衡条件

$$\sum M_x = 0, \quad m_A - m_C - T_2 = 0$$

得 $\qquad T_2 = m_A - m_C = 1.59\text{kN} \cdot \text{m}$

根据右手螺旋法则：扭矩 T_1 为正号，扭矩 T_2 为负号。

根据上述结果绘制扭矩图，如图 4-5(e)所示。由图可见，危险截面在轴的 AB 段内，最大扭矩 $T_{\max} = T_2 = 1.59\text{kN} \cdot \text{m}$。

§4.3　薄壁圆筒的扭转

为了分析圆轴的扭转变形，从而计算其应力与变形，首先对薄壁圆筒受扭转的情况进行研究。

一、受力分析

一薄壁圆筒如图 4-6(a)所示。为了便于观察研究，在圆筒表面上划两条互相平行的纵向线和两条周向线，相交得一矩形。在圆筒上加一对外力偶矩 M_e，使圆筒产生扭转变形[图 4-6(b)]，并用 φ 表示左右两端截面相对转过的角度，称为扭转角。扭转角用弧度来度量。可观察到以下现象：

(1) 各纵向线都变成了螺旋线，原来的矩形变成了近似的平行四边形。

(2) 各周向线均绕圆筒轴线转过一定的角度，不同的周向线转过的角度不同，但圆周线的大小、形状以及各圆周线之间的距离均未改变。

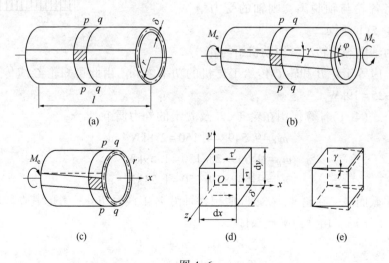

图 4-6

为了对上述现象进行分析，用截面法将圆筒沿 q-q 横截面切开，如图

4-6(c)所示。当圆筒受到扭转时，截面上各点沿周向移动。这说明在薄壁圆筒横截面上有剪力作用，且切应力沿各点圆周的切线方向。各点的切应力对截面形心的力矩合成为一个合力偶矩，以平衡圆筒的外力偶矩 M_e。由于筒壁很薄，这些切应力在壁厚 δ 方向可假定为均匀分布。如果用 r 表示圆筒的平均半径，则有

$$M_e = 2\pi r\delta \cdot \tau \cdot r$$

$$\tau = \frac{M_e}{2\pi r^2 \delta}$$

因为周向线的大小、形状以及周向线之间的距离均未改变，所以圆筒的纵向和周向没有线应变，沿纵向和周向没有正应力，沿径向也不可能有切应力。

二、切应力互等定理

如从圆筒壁上取出表面尺寸为 dx、dy，厚度为壁厚 δ 的微小六面体，如图 4-6(d)所示。由于圆筒处于平衡状态，微小六面体也处于平衡状态。前已述及该微小六面体的右侧面上有切应力 τ，则由静力平衡条件可知：在左侧面上也一定有切应力 τ 作用，并与右侧面上的切应力大小相等，方向相反。

为了平衡微小六面体左右两侧面上的切应力所形成的力偶矩，在六面体的上、下表面也必然有切应力作用，都用 τ' 表示，并且两者大小相等，方向相反。由静力平衡条件 $\sum M_z = 0$，有

$$(\tau dy\delta)dx - (\tau' dx\delta)dy = 0$$

得

$$\tau = \tau' \tag{4-3}$$

这说明：在相互垂直的两平面上，切应力必成对存在，且数值相等，两者都垂直于两个平面的交线，方向则共同指向或共同背离这一交线。切应力之间的这种关系称为切应力互等定理。这种在互相垂直的平面上只有切应力作用的受力情况称为纯剪切[图4-6(d)]。

三、切应变、剪切胡克定律

单元体在纯剪切的应力状态下，相对的两个侧面发生微小的相互错动，使原来互相垂直的两个棱边的夹角改变了一个微量 γ，如图4-6(e)所示。显然 γ 是由切应力 τ 引起的。于是就将单元体中直角的改变量 γ 称为切应变。从图 4-6(b)中可以看出

$$\gamma = \frac{r\varphi}{l}$$

与拉伸实验类似，可以取薄壁圆筒作试件进行纯剪切实验，以研究切应力与切应变之间的关系。实验结果表明，当切应力不超过材料的剪切比例极限时，切应力与切应变成正比。这就是剪切胡克定律，可以写成

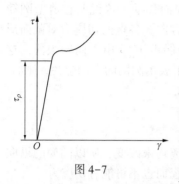

图 4-7

$$\tau = G\gamma \qquad (4-4)$$

式中 G 为比例常数，称为材料的切变模量(剪切弹性模量)，它是材料的弹性常数之一。因 γ 没有量纲，G 的量纲与 τ 相同，单位是 Pa。钢材的 G 值约为 80GPa。图 4-7 是薄壁圆筒纯剪切试验所得到的应力应变曲线。显然，G 的几何含义是曲线中直线部分的斜率。

至此，已经引用了三个弹性常数，即弹性模量 E、泊松比 μ 和切变模量 G。对各向同性材料可以证明，三个弹性常数之间存在下列关系

$$G = \frac{E}{2(1+\mu)} \qquad (4-5)$$

§4.4 圆轴扭转时的应力 强度计算

圆轴扭转时，在已知横截面上的内力(扭矩)后，还应进一步研究横截面上的应力分布规律，以便求出最大应力。解决这一问题，要从三方面考虑。首先，由杆件的变形分析找出应变的变化规律，也就是研究圆轴扭转时的变形几何关系。其次，由应变规律找出应力的分布规律，也就是建立应力和应变间的物理关系。最后，根据内力(扭矩)和应力之间的静力关系，求出应力的计算公式。以下我们就从上述三方面进行讨论。

一、变形几何关系

为了观察圆轴的扭转变形，和薄壁圆筒的扭转相似，在圆轴表面上作任意两条互相平行的纵向线和圆周线，如图 4-8(a) 所示。在两端的扭转力偶作用下，可以发现：各圆周线绕轴线相对地旋转了一个角度，但大小、形状和相邻两圆周线之间的距离不变。此外，在小变形的情况下，各纵向线仍近似地是一条直线，只是倾斜了一个微小的角度[图 4-8(b)]。

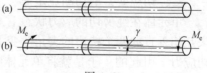

图 4-8

根据上述观察到的现象，经过推理，得出关于圆轴扭转的基本假设：圆轴扭转变形前的平面横截面，变形后仍保持为平面，其形状和大小不变，半径仍保持为直线，且相邻两截面间的距离不变。这就是圆轴扭转的平面假设。按照这一假设，在扭转变形中，圆轴的横截面就像刚性平面一样，绕轴线旋转了一个角度。以平面假设为基础导出的应力和变形的计算公式，符合试验结果，并被弹性理论

的解所证实。

为了研究切应变的分布规律，从轴中取出长为 dx 的微段进行分析，并将其放大为图 4-9(a)。若截面 b-b 对 a-a 的相对转角为 dφ，根据平面假设，横截面 b-b 相对于 a-a 像刚性平面一样，绕轴线旋转一个 dφ 角。任意半径 O_2D 也转了一个 dφ 角到达 O_2D'。于是杆表面上的纵向线 AD 倾斜了一个角度 γ，这就是圆截面外边缘上 A 点处的切应变。经过半径 O_2D 上任意点 G 的纵向线 EG 也倾斜了一个角度 $γ_ρ$，它就是横截面半径上任意点 E 处的切应变。显然，上述切应变都发生在垂直于半径的平面内。设 G 点到轴线的距离为 ρ，由图 4-9(a)中的几何关系，可得距离圆心为 ρ 处的切应变为

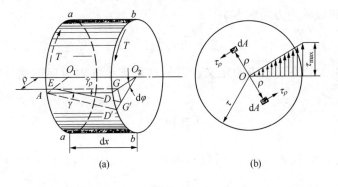

(a)　　　　　　　　　(b)

图 4-9

$$\gamma_\rho = \rho \frac{\mathrm{d}\varphi}{\mathrm{d}x} \qquad (\mathrm{a})$$

上式中 $\dfrac{\mathrm{d}\varphi}{\mathrm{d}x}$ 为扭转角 φ 沿轴线 x 的变化率，对某一个给定的截面来说，它是一个常量。故(a)式表明：横截面上任意点的切应变 $γ_ρ$，与该点到圆心的距离 ρ 成正比。因而，距圆心等距离的所有点处的切应变都相等。这就是切应变的变化规律。

二、物理关系

上面已经求出横截面上任意点处的切应变由(a)式表示。根据胡克定律，横截面上距圆心为 ρ 的任意点处的切应力 $τ_ρ$，与该点处的切应变 $γ_ρ$ 成正比，即

$$\tau_\rho = G\gamma_\rho$$

以(a)式代入上式，有

$$\tau_\rho = G_\rho \frac{\mathrm{d}\varphi}{\mathrm{d}x} \qquad (4-6)$$

上式表明：横截面上任意点处的切应力 τ_ρ，与该点到圆心的距离 ρ 成正比。因而，距圆心等距离的所有点处的切应力都相等。又因为 γ_ρ 发生在垂直于半径的平面内，所以 τ_ρ 也与半径垂直。沿半径切应力的分布规律如图 4-9(b) 所示。

这里虽然已经求得了表示切应力分布规律的公式(4-6)，但因式中 $\dfrac{\mathrm{d}\varphi}{\mathrm{d}x}$ 尚未求出，所以仍然无法用它计算切应力，这就要用静力关系来解决。

三、静力关系

于横截面内取微分面积 $\mathrm{d}A$[图 4-9(b)]。可以认为，在 $\mathrm{d}A$ 内任一点到圆心的距离皆为 ρ，故各点的切应力都相等，且都垂直于通过该点的半径。这样，$\mathrm{d}A$ 上的内力系最后归结为一个微力偶矩：$\rho\tau_\rho\mathrm{d}A$。通过积分可以求出整个横截面上的内力系所组成的内力偶矩为

$$\int_A \rho\tau_\rho\mathrm{d}A$$

回想 §4.2 中关于扭矩的定义，可见这里求出的内力偶矩就是截面上的扭矩，即

$$T = \int_A \rho\tau_\rho\mathrm{d}A \tag{b}$$

把公式(4-6)代入(b)式，并注意到在某一给定的横截面上积分时，$\dfrac{\mathrm{d}\varphi}{\mathrm{d}x}$ 为常量，于是

$$T = \int_A \rho\tau_\rho\mathrm{d}A = \int_A \rho \cdot G_\rho\frac{\mathrm{d}\varphi}{\mathrm{d}x}\mathrm{d}A = G\frac{\mathrm{d}\varphi}{\mathrm{d}x}\int_A \rho^2\mathrm{d}A \tag{c}$$

用 I_p 表示上式中的积分，即

$$I_\mathrm{p} = \int_A \rho^2\mathrm{d}A \tag{d}$$

I_p 只与横截面的尺寸有关，称为横截面对圆心的极惯性矩。引用这一记号后，(c)式可以写成

$$T = GI_\mathrm{p}\frac{\mathrm{d}\varphi}{\mathrm{d}x} \tag{4-7}$$

从公式(4-6)和公式(4-7)中消去 $\dfrac{\mathrm{d}\varphi}{\mathrm{d}x}$ 即可求得

$$\tau_\rho = \frac{T\rho}{I_\mathrm{p}} \tag{4-8}$$

由以上公式，可以计算横截面上距圆心为 ρ 的任意点处的切应力。

显然，在圆截面的外边缘上，ρ 有最大值 R，这时得切应力的最大值

$$\tau_{max} = \frac{TR}{I_p} \qquad (4-9)$$

把上式写成

$$\tau_{max} = \frac{T}{I_p/R} \qquad (e)$$

并引用记号

$$W_t = \frac{I_p}{R}$$

W_t 称为抗扭截面系数(抗扭截面模量)，于是可把(e)式写为

$$\tau_{max} = \frac{T}{W_t} \qquad (4-10)$$

前面各公式是以平面假设为基础导出的，并使用了胡克定律。试验结果表明，只有对横截面不变的圆轴，平面假设才是正确的。因此，这些公式只适用于等直圆杆在线弹性范围以内的情况。但当圆形横截面沿轴线变化缓慢时，例如小锥度的圆锥形杆，也可以近似地用以上公式计算。

现在我们来计算公式(4-8)和公式(4-10)中的极惯性矩 I_p 和抗扭截面系数 W_t。在实心圆轴的情况下[图4-10(a)]，以 $dA = 2\pi\rho d\rho$ 代入(d)式，得

$$I_p = \int_A \rho^2 dA = 2\pi \int_0^{d/2} \rho^3 d\rho = \frac{\pi d^4}{32} \qquad (4-11)$$

式中 d 为圆截面的直径。由此求出其抗扭截面系数为

$$W_t = \frac{I_p}{R} = \frac{\pi d^4/32}{d/2} = \frac{\pi d^3}{16} \qquad (4-12)$$

在空心圆轴的情况下[图4-10(b)]，设其内、外径分别为 d 和 D，比值 $\alpha = d/D$。因为横截面上的空心部分没有内力，所以(d)式中的定积分也不应包括空心部分，于是有

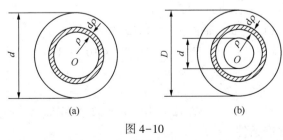

(a)　　　　　　　　　(b)

图4-10

$$I_p = \int_A \rho^2 dA = 2\pi \int_{\frac{d}{2}}^{\frac{D}{2}} \rho^3 d\rho = \frac{\pi}{32}(D^4 - d^4)$$

$$= \frac{\pi D^4}{32}(1 - \alpha^4) \qquad (4-13)$$

其抗扭截面系数为

$$W_t = \frac{I_p}{D/2} = \frac{\pi}{16D}(D^4 - d^4) = \frac{\pi D^3}{16}(1 - \alpha^4) \qquad (4-14)$$

圆轴扭转时，内部各点均处于纯剪切应力状态。其强度条件应该是最大工作应力 τ_{max} 不超过材料的许用切应力 $[\tau]$，即

$$\tau_{max} \leq [\tau] \qquad (4-15)$$

从轴的受力情况或由扭矩图上可以确定最大扭矩 T_{max}，最大切应力就发生于最大扭矩所在截面的外边缘上。由公式(4-10)，可以把强度条件写成

$$\tau_{max} = \frac{T_{max}}{W_t} \leq [\tau] \qquad (4-16)$$

在阶梯轴的情况下，因为 W_t 不是常量，τ_{max} 不一定发生于最大扭矩 T_{max} 所在的截面上。这就要综合考虑扭矩 T 和抗扭截面模量 W_t 两者的变化情况来确定最大切应力。

在静载荷的情况下，扭转许用切应力 $[\tau]$ 与许用拉应力 $[\sigma]$ 之间有如下的关系：

塑性材料　　　$[\tau] = (0.5 \sim 0.6)[\sigma]$

脆性材料　　　$[\tau] = (0.8 \sim 1)[\sigma]$

轴类零件由于考虑到振动、冲击等因素，所取许用切应力一般比静载荷下的许用切应力还要低。

【例 4-2】 钢制实心圆轴，两端受 20kN·m 的外力偶矩作用，轴直径 $D = 140mm$，材料的许用切应力 $[\tau] = 50MPa$，试校核轴的强度。若在保证强度不变的前提下，将此轴换成空心比为 0.8 的空心圆轴，试确定轴的外径与内径。

【解】 （1）校核实心轴的强度

轴上扭矩 $T = 20kN·m$。轴的最大切应力为

$$\tau_{max} = \frac{T}{W_t} = \frac{T}{\frac{\pi}{16}D^3} = \frac{20 \times 10^3 \times 16}{3.14 \times 0.14^3}$$

$$= 37.12 \times 16^6 Pa = 37.12MPa < [\tau]$$

所以轴满足强度条件。

（2）确定空心轴的直径

因空心比为 0.8，如轴的外径为 D'，则内径 $d = 0.8D'$。要求它与原来的实心轴强度相同，即两者的最大切应力相同，$\tau'_{max} = \tau_{max} = 37.12\text{MPa}$。

$$\tau'_{max} = \frac{T}{W'_t} = \frac{T}{\frac{\pi D'^3}{16}(1 - \alpha^4)}$$

故　$D' = \sqrt[3]{\frac{16T}{\pi\tau'_{max}(1 - \alpha^4)}} = \sqrt[3]{\frac{16 \times 20 \times 10^3}{\pi \times 37.12 \times 10^6 \times (1 - 0.8^4)}} = 0.169\text{m}$

$$d = 0.8D' = 0.8 \times 0.169\text{mm} = 0.135\text{mm}$$

因此可换用外径为 169mm、内径为 135mm 的空心轴。

（3）比较经济性

实心轴横截面面积为

$$A = \frac{\pi D^2}{4} = \frac{\pi \times 140^2}{4}$$

空心轴的横截面面积为

$$A' = \frac{\pi}{4}(D'^2 - d^2) = \frac{\pi}{4}(169^2 - 135^2)$$

在两轴长度相等、材料相同的情况下，两轴重量之比等于横截面面积之比。

$$\frac{G'}{G} = \frac{A'}{A} = 0.52$$

由此可见，在载荷相同的条件下，空心轴的重量只为实心轴的 0.52 倍。其减轻重量、节约材料的效果是非常明显的。这是因为横截面上的切应力沿半径按线性规律分布，中心附近的应力很小，材料没有充分发挥作用。若把轴心附近的材料向边缘移置，使其成为空心轴，就会增大 I_p 和 W_t，提高了轴的承载能力。所以，飞机、轮船、汽车等运输机械的某些轴，常采用空心轴以减轻轴的重量。当然，也不可能无限制地增加空心轴的内径，减小轴壁的厚度，这样会导致轴体失稳等许多问题。而对一些直径较小的长轴，如加工成空心轴，则因加工工艺复杂，反而会增加成本，并不经济。例如车床的光杆一般就采用实心轴。

§4.5　圆轴扭转时的变形　刚度计算

等直圆轴的扭转变形，是用两个横截面绕轴线的相对扭转角来度量的，亦即扭转角。由公式(4-7)得

$$\mathrm{d}\varphi = \frac{T}{GI_p}\mathrm{d}x \tag{a}$$

$d\varphi$ 表示相距为 dx 的两个横截面之间的相对转角[图 4-9(a)]，沿轴线 x 积分，即可求得相距为 l 的两个横截面之间的相对转角为

$$\varphi = \int_l d\varphi = \int_0^l \frac{T}{GI_p} dx \qquad (b)$$

若在两截面之间扭矩的值不变，则(b)式中 $\frac{T}{GI_p}$ 为常量。这时(b)式转化为

$$\varphi = \frac{Tl}{GI_p} \qquad (4-17)$$

式中 GI_p 称为圆轴的抗扭刚度，φ 就是长为 l 的等直圆轴的扭转角。

若在两截面之间 T 的值发生变化，或者轴为阶梯轴，I_p 并非常量，则应分段计算各段的扭转角，然后按代数相加，得到

$$\varphi = \sum_{i=1}^n \frac{T_i l_i}{GI_{pi}} \qquad (4-18)$$

轴类零件除应满足强度要求外，一般还不应有过大的扭转变形。例如车床的丝杆若扭转角过大，会影响车刀进给，从而降低加工精度。发动机的凸轮轴扭转角过大，会影响气阀开关时间。磨床的传动轴如扭角过大，将引起扭转振动，影响工件的精度和光洁度。所以，轴还应该满足刚度要求。为了做到这一点，通常用单位长度的扭转角

$$\theta = \frac{d\varphi}{dx} = \frac{T}{GI_p} \qquad (4-19)$$

来表示扭转变形的程度，θ 的单位为 rad/m。并规定轴上单位长度扭转角的最大值 θ_{max} 不得超过规定的允许值 $[\theta]$。于是扭转的刚度条件可以写成

$$\theta_{max} = \frac{T_{max}}{GI_p} \leqslant [\theta] \quad (rad/m) \qquad (4-20)$$

或

$$\theta_{max} = \frac{T_{max}}{GI_p} \times \frac{180}{\pi} \leqslant [\theta] \quad (°/m) \qquad (4-21)$$

$[\theta]$ 的数值根据机器的要求和轴的工作条件来确定，可从有关手册中查到。下面列举几个参考数据：

精密机器的轴　　　$[\theta] = (0.25° \sim 0.5°)/m$
一般传动轴　　　　$[\theta] = (0.5° \sim 1.0°)/m$
精度要求不高的轴　$[\theta] = (1.0° \sim 2.5°)/m$

应用刚度条件，与强度条件一样，可以解决轴的扭转刚度校核、截面设计、确定许用载荷等三方面的问题。

【例 4-3】　一传动轴为实心等直圆轴，转速 $n = 300r/min$，主动轮的输入功

率为 $P_1 = 500\text{kW}$，三个从动轮的输出功率分别为 $P_2 = 150\text{kW}$、$P_3 = 150\text{kW}$ 和 $P_4 = 200\text{kW}$。轴直径 $d = 110\text{mm}$，各轮之间的距离均为 $l = 2\text{m}$，如图4-11(a)所示。材料的 $[\tau] = 40\text{MPa}$，$G = 80\text{GPa}$，$[\theta] = 0.5°/\text{m}$。试校核轴的强度和刚度，并计算轴两端截面的相对扭转角。

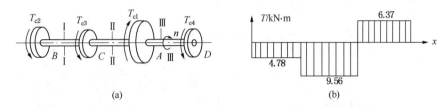

图4-11

【解】　(1) 作轴的扭矩图

首先按公式(4-1)计算轴上的各外力偶矩

$$T_{e1} = 9.55 \times 500/300 = 15.9\text{kN} \cdot \text{m}$$
$$T_{e2} = 9.55 \times 150/300 = 4.78\text{kN} \cdot \text{m}$$
$$T_{e3} = 9.55 \times 150/300 = 4.78\text{kN} \cdot \text{m}$$
$$T_{e4} = 9.55 \times 200/300 = 6.37\text{kN} \cdot \text{m}$$

作扭矩图[图4-11(b)]，其中最大扭矩的绝对值为

$$|T|_{\max} = 9.56\text{kN} \cdot \text{m}$$

最大扭矩发生在轴的 CA 段内，因此该段轴内的各横截面为轴的危险截面。

(2) 轴的强度校核

轴上最大切应力为

$$\tau_{\max} = \frac{|T|_{\max}}{W_t} = \frac{|T|_{\max}}{\dfrac{\pi}{16}D^3} = \frac{9.56 \times 10^3 \times 16}{3.14 \times 0.11^3}$$

$$= 36.6 \times 10^6 \text{Pa} = 36.6\text{MPa} < [\tau]$$

所以轴的强度足够。

(3) 轴的刚度校核

$$\theta_{\max} = \frac{|T|_{\max}}{GI_p} \times \frac{180}{\pi} = \frac{9.56 \times 10^3 \times 32}{80 \times 10^9 \times 3.14 \times 0.11^4} \times \frac{180}{\pi}$$

$$= 0.48°/\text{m} < [\theta]$$

所以轴的刚度足够。

（4）计算轴的相对扭转角

由公式（4–14），得到轴两端截面的相对扭转角为

$$\varphi_{BD} = \varphi_{BC} + \varphi_{CA} + \varphi_{AD}$$

$$= \left[\frac{T_{BC}l}{GI_p} + \frac{T_{CA}l}{GI_p} + \frac{T_{AD}l}{GI_p} \right] \times \frac{180}{\pi}$$

$$= \left[T_{BC} + T_{CA} + T_{AD} \right] \times \frac{l}{GI_p} \times \frac{180}{\pi}$$

$$= \left[-4.78 - 9.56 + 6.73 \right] \times \frac{10^3 \times 2 \times 32}{80 \times 10^9 \times \pi \times 0.11^4} \times \frac{180}{\pi}$$

$$= -0.79°$$

【例4–4】 钢制实心圆轴上传递的扭矩为 $T = 30kN \cdot m$，材料的许用切应力 $[\tau] = 60MPa$，切变模量 $G = 80GPa$，许用单位长度扭转角 $[\theta] = 0.5°/m$。试设计轴的直径。

【解】 （1）按强度条件设计轴径

$$\tau_{max} = \frac{T}{W_t} = \frac{T}{\frac{\pi}{16}D^3} \leqslant [\tau]$$

所以

$$d \geqslant \sqrt[3]{\frac{16T}{\pi[\tau]}} = \sqrt[3]{\frac{16 \times 30 \times 10^3}{\pi \times 60 \times 10^6}} = 0.137m = 137mm$$

（2）按刚度条件设计轴径

$$\theta = \frac{T}{GI_p} \times \frac{180}{\pi} = \frac{32T}{G \cdot \pi d^4} \times \frac{180}{\pi} \leqslant [\theta]$$

所以

$$d \geqslant \sqrt[4]{\frac{32 \times 180 \times T}{G\pi^2[\theta]}} = \sqrt[4]{\frac{32 \times 180 \times 30 \times 10^3}{80 \times 10^9 \times \pi^2 \times 0.5}} = 0.145m = 145mm$$

由此可知该轴的直径由刚度条件控制，可取为145mm。

§4.6 非圆截面杆扭转简介

前几节中，基于平面假设，导出了圆轴扭转时的应力和变形公式。但有些受扭杆件的横截面并非圆形，例如农业机械中有时采用方截面的传动轴，承受扭转的内燃机曲轴的曲柄也为矩形截面等。实验观测表明，非圆截面杆扭转时，其横截面不再保持平面而发生翘曲，因此圆轴扭转时的刚性平面假设在此不再成立，

圆轴扭转时的应力、变形公式也不再适用。本节只简要介绍矩形截面杆自由扭转时最大切应力和变形的计算公式。

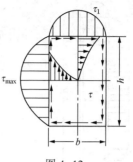

图 4-12

所谓自由扭转是指扭转时杆件横截面的翘曲不受限制的情况。这时杆中各横截面的翘曲程度相同，纵向纤维无变形，因此杆中没有正应力，只有切应力。

一、扭转切应力

由切应力互等定理可知，横截面周边各点处的切应力一定沿着周边的切线方向，而在截面的角点处，切应力为零。这样，周边各点处的切应力形成沿周边切线方向的剪力流，如图 4-12 所示。

由于沿周边的切应力的大小是变化的，因而切应变的大小也不是常数。所以发生翘曲是不难理解的。

最大切应力发生于矩形截面长边的中点处，其值为

$$\tau_{\max} = \frac{T}{\alpha h b^2} \tag{4-22}$$

式中 h 和 b 分别为矩形的长、短边的长度，α 是一个与比值 h/b 有关的系数，可查表 4-1。短边中点的切应力 τ_1 是短边上的最大切应力，可按以下公式计算

$$\tau_1 = \nu \tau_{\max} \tag{4-23}$$

式中 $\tau_{\max}$ 是长边中点的最大切应力，系数 ν 与比值 h/b 有关，可查表 4-1。

二、变形的计算

杆件两端相对扭角的计算公式为

$$\varphi = \frac{Tl}{G\beta h b^3} = \frac{Tl}{GI_t} \tag{4-24}$$

式中 GI_t 称为矩形截面杆件的抗扭刚度；系数 β 也是与比值 h/b 有关的系数，可查表 4-1。

表 4-1　矩形截面杆扭转时的系数 α、β 和 ν

h/b	1.0	1.5	2.0	3.0	4.0	6.0	8.0	10.0	∞
α	0.208	0.231	0.246	0.267	0.282	0.299	0.307	0.313	0.333
β	0.141	0.196	0.229	0.263	0.281	0.299	0.307	0.313	0.333
ν	1.000	0.859	0.796	0.753	0.745	0.743	0.743	0.743	0.743

三、狭长矩形截面的切应力

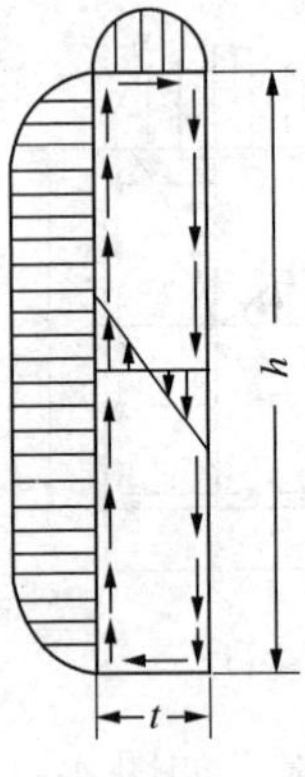

当 $h/b>10$ 时，截面成为狭长矩形。这时，$\alpha=\beta\approx\dfrac{1}{3}$。如以 t 代表狭长矩形的短边，则公式(4-22)和公式(4-24)变为

$$\left.\begin{aligned} \tau_{\max} &= \frac{T}{\frac{1}{3}ht^2} \\[2ex] \varphi &= \frac{Tl}{G\cdot\frac{1}{3}ht^3} \end{aligned}\right\} \qquad (4-25)$$

图 4-13

在狭长矩形上，扭转切应力的分布如图 4-13 所示，截面长边上各点的切应力基本相等。

习　题

4-1 用截面法求图示各杆在截面 1-1、2-2、3-3 上的扭矩，并表示出扭矩的转向。

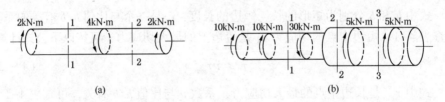

(a)   (b)

题 4-1 图

4-2 作图示各杆的扭矩图。

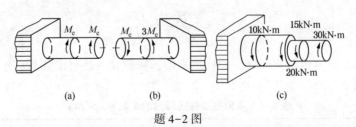

(a)   (b)   (c)

题 4-2 图

4-3 T 为圆杆横截面上的扭矩，试画出截面上与 T 对应的切应力分布图。

4-4 直径 $D=5\text{cm}$ 的圆轴，受到扭矩 $T=2.15\text{kN}\cdot\text{m}$ 的作用，试求在距离轴心 1cm 处的切应力，并求圆轴在该截面上的最大切应力。

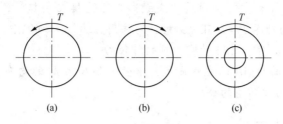

题 4-3 图

4-5 发电量为 15000kW 的水轮机主轴为一空心轴。外径 $D=550\text{mm}$，内径 $d=300\text{mm}$，正常转速 $n=250\text{r/min}$，材料的许用切应力 $[\tau]=50\text{MPa}$。试校核水轮机主轴的强度。

4-6 图示 AB 轴的转速 $n=120\text{r/min}$，从 B 轮输入功率 $P=44.13\text{kW}$，此功率的一半通过锥形齿轮传给垂直轴 Ⅱ，另一半由水平轴 Ⅰ 输出。已知 $D_1=60\text{cm}$，$D_2=24\text{cm}$，$d_1=10\text{cm}$，$d_2=8\text{cm}$，$d_3=6\text{cm}$，$[\tau]=20\text{MPa}$，试对各轴进行强度校核。

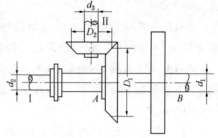

题 4-6 图

4-7 阶梯形圆轴直径分别为 $d_1=4\text{cm}$，$d_2=7\text{cm}$，轴上装有三个皮带轮如图所示。已知由轮 3 输入的功率为 $P_3=30\text{kW}$，轮 1 输出的功率为 $P_1=13\text{kW}$，轴作匀速转动，转速 $n=200\text{r/min}$，材料的剪切许用应力 $[\tau]=60\text{MPa}$，$G=80\text{GPa}$，许用扭转角 $[\theta]=2°/\text{m}$。试校核轴的强度和刚度。

4-8 传动轴直径 $d=100\text{mm}$，$a=0.5\text{m}$。材料的 $G=80\text{GPa}$。求：(1)最大切应力 $\tau_{\max}$ 和所在位置；(2)A、D 两截面间的扭转角。

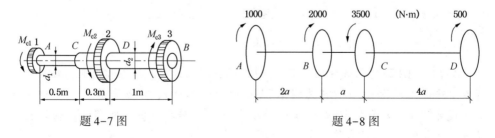

题 4-7 图　　　　　　　　　　　题 4-8 图

4-9 机床变速箱第 Ⅱ 轴所传递的功率为 $P=5.5\text{kW}$，转速 $n=\text{r/min}$，材料为 45 钢，$[\tau]=40\text{MPa}$，试按强度条件初步设计轴的直径。

4-10 实心轴和空心轴通过牙嵌式离合器连接在一起。已知轴的转速 $n=100\text{r/min}$，传递的功率 $P=7.5\text{kW}$，材料的许用应力 $[\tau]=40\text{MPa}$。试选择实心轴径 d_1 和内外径比 $d_2/D_2=1/2$ 的空心轴的外径 D_2。

4-11 圆截面杆 AB 的左端固定，承受一集度为 M 的均布力偶矩作用。试导出计算截面 B 的扭转角的公式。

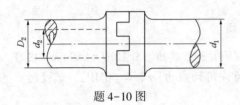

题 4-10 图

题 4-11 图

4-12 若桥式起重机的传动轴传递的力偶矩为 $M=1.08\text{kN}\cdot\text{m}$，材料的许用应力为 $[\tau]=40\text{MPa}$，$G=80\text{GPa}$，同时规定 $[\theta]=0.50°/\text{m}$，试设计轴的直径。

4-13 传动轴的转速为 $n=500\text{r/min}$，主动轮 1 输入功率 $P_1=368\text{kW}$，从动轮 2、3 分别输出功率 $P_2=147\text{kW}$、$P_3=221\text{kW}$。已知 $[\tau]=70\text{MPa}$，$G=80\text{GPa}$，$[\theta]=1°/\text{m}$。

(1) 试确定 AB 段的直径 d_1 和 BC 段的直径 d_2。

(2) 若 AB 和 BC 两段轴选用同一直径，试确定直径 d。

(3) 主动轮和从动轮应如何安排才比较合理？

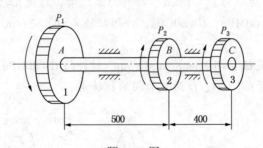

题 4-13 图

4-14 AB 轴的两端分别与 DE 和 BC 两杆刚性连接。F 力作用前，轴及两杆皆在水平面内。设 BC 和 DE 为刚体（即弯曲变形不计），D 点和 E 点的两根弹簧的刚度皆为 k。安置于 AB 轴两端的轴承允许轴的转动，但不能移动。轴的直径为 d，长为 l。试求 F 力作用点的位移。

4-15 有一矩形截面的钢杆，其横截面尺寸为 $100\text{mm}\times50\text{mm}$。长度 $l=2\text{m}$。在杆的两端作用着一对力偶矩。若材料的 $[\tau]=100\text{MPa}$，$G=80\text{GPa}$，$[\theta]=2°/\text{m}$。

试求作用于杆件两端的力偶矩的许可值。

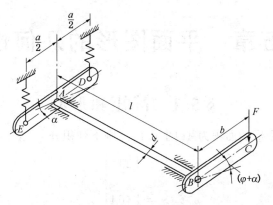

题 4-14 图

第五章 平面图形的几何性质

§5.1 静矩和形心

设任意平面图形的面积为 A（图 5-1），则下列积分

$$\left. \begin{array}{l} S_y = \int_A z\mathrm{d}A \\[2mm] S_z = \int_A y\mathrm{d}A \end{array} \right\} \tag{5-1}$$

分别称为图形对 y、z 轴的静矩。

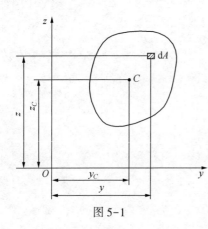

图 5-1

静矩与所选坐标有关，其值可能为正，也可能为负或为零，其量纲为长度的三次方。与静力学中的均质薄板的重心坐标公式相似，平面图形的形心坐标与静矩的关系为

$$\left. \begin{array}{l} y_C = \dfrac{S_z}{A} \\[3mm] z_C = \dfrac{S_y}{A} \end{array} \right\} \tag{5-2}$$

其中 y_C、z_C 是形心 C 的坐标。公式（5-2）表明，如某坐标轴过形心，则图形对该轴的静矩为零；反之，若图形对某轴的静矩等于零，则该轴必然过图形的形心。显然，若图形具有对称轴时，则形心必在对称轴上。

如一个平面图形由若干个简单图形所组成，则可把该图形划分成几个简单图形。整个图形对某一轴的静矩，等于各简单图形对同轴静矩的代数和。其形心坐标 y_C、z_C 可按下式计算：

$$y_C = \dfrac{\sum\limits_{i=1}^{n} A_i y_{Ci}}{\sum\limits_{i=1}^{n} A_i}, \quad z_C = \dfrac{\sum\limits_{i=1}^{n} A_i z_{Ci}}{\sum\limits_{i=1}^{n} A_i} \tag{5-3}$$

式中 $\sum\limits_{i=1}^{n} A_i y_{Ci}$、$\sum\limits_{i=1}^{n} A_i z_{Ci}$ 分别代表各简单图形对 z、y 轴静矩的代数和，$\sum\limits_{i=1}^{n} A_i$ 代表各简单图形的面积和，n 为简单图形的个数。

58

【例 5-1】 试确定图 5-2 所示图形形心 C 的位置。

【解】 把图形看作是由两个矩形 I 和 II 组成的，选取坐标系如图所示。每一矩形的面积和形心位置分别为

矩形 I　　　　$A_1 = 120 \times 10 = 1200\text{mm}^2$

　　　　　　　$y_{C1} = 10/2 = 5\text{mm}$

　　　　　　　$z_{C1} = 120/2 = 60\text{mm}$

矩形 II　　　　$A_2 = 80 \times 10 = 800\text{mm}^2$

　　　　　　　$y_{C2} = 10 + 80/2 = 50\text{mm}$

　　　　　　　$z_{C2} = 10/2 = 5\text{mm}$

应用公式(5-3)，可求整个图形形心 C 的坐标为

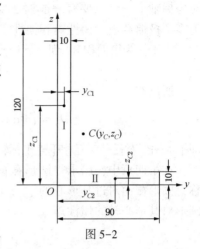

图 5-2

$$y_C = \frac{A_1 y_{C1} + A_2 y_{C2}}{A_1 + A_2} = 23\text{mm}$$

$$z_C = \frac{A_1 z_{C1} + A_2 z_{C2}}{A_1 + A_2} = 38\text{mm}$$

§5.2　极惯性矩　惯性矩　惯性积　惯性半径

任意平面图形如图 5-3 所示，其面积为 A。下面的积分分别为极惯性矩、惯性矩和惯性积的表达式

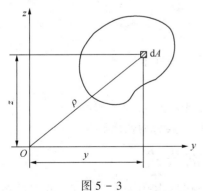

图 5-3

$$\left.\begin{aligned} I_{\text{p}} &= \int_A \rho^2 \mathrm{d}A \\ I_y &= \int_A z^2 \mathrm{d}A \\ I_z &= \int_A y^2 \mathrm{d}A \\ I_{yz} &= \int_A yz \mathrm{d}A \end{aligned}\right\} \qquad (5-4)$$

其中 I_{p} 为图形对坐标原点 O 的极惯性矩；I_y、I_z 分别为图形对 y、z 轴的惯性矩，它们的值永远为正；I_{yz} 为图形对 y、z 轴的惯性积，其值可能为正，也可能为负或为零。

对坐标轴 y、z，只要有一根轴是图形的对称轴，则该图形对这对坐标轴的惯性积为零。极惯性矩、惯性矩和惯性积的量纲均为长度的四次方。

由于 ρ 为微面积 $\mathrm{d}A$ 到坐标原点 O 的距离，因而 ρ 与直角坐标 y、z 的关系为

$$\rho^2 = z^2 + y^2$$

所以有

$$I_p = \int_A \rho^2 \mathrm{d}A = \int_A (z^2 + y^2)\mathrm{d}A = I_y + I_z \tag{5-5}$$

即平面图形对任一对互相垂直坐标轴的惯性矩之和，等于它对坐标原点的极惯性矩。

在第四章中，已求得圆形截面对其形心 O 的极惯性矩 $I_p = \pi D^4/32$。由于对称，圆形截面对过其形心的 y、z 轴，必然有 $I_y = I_z$。再由公式(5-5)，即可求出圆形对其形心轴的惯性矩

$$I_y = I_z = \frac{\pi D^4}{64} \tag{5-6}$$

如一个平面图形由若干个简单图形所组成，则可把该图形划分成几个简单图形，算出每一简单图形对某轴的惯性矩，然后相加，则得到整个图形对同一坐标轴的惯性矩，即

$$I_y = \sum_{i=1}^{n}(I_y)_i, \quad I_z = \sum_{i=1}^{n}(I_z)_i \tag{5-7}$$

例如，对于外、内径分别为 D 和 d 的空心圆，可以看作是直径为 D 的实心圆减去直径为 d 的圆，由公式(5-6)、公式(5-7)可得

$$I_y = I_z = \frac{\pi D^4}{64} - \frac{\pi d^4}{64} = \frac{\pi}{64}(D^4 - d^4)$$

利用惯性矩的定义，我们还能很容易地求出宽度为 b、高度为 h 的矩形截面对过其形心的水平坐标轴 y 的惯性矩为

$$I_y = \frac{bh^3}{12}$$

在力学计算中，有时还用到惯性半径的概念。惯性半径定义为

$$i_y = \sqrt{\frac{I_y}{A}}, \quad i_z = \sqrt{\frac{I_z}{A}} \tag{5-8}$$

其中 i_y、i_z 分别是图形对 y、z 轴的惯性半径，其量纲就是长度。

§5.3　平行移轴公式

平行移轴公式反映图形对两对互相平行坐标轴(其中一对过形心)的惯性矩(或惯性积)之间的关系。如图 5-4 所示，C 为图形的形心，y_C 和 z_C 是通过形心

的坐标轴，y 和 z 轴分别与它们平行，间距分别为 a 和 b。由于

$$y = y_C + b, \ z = z_C + a$$

利用图形对形心轴的静矩等于零的条件可证明

$$\left. \begin{array}{c} I_y = I_{y_C} + a^2 A \\[2mm] I_z = I_{z_C} + b^2 A \\[2mm] I_{yz} = I_{y_C z_C} + abA \end{array} \right\} \qquad (5-9)$$

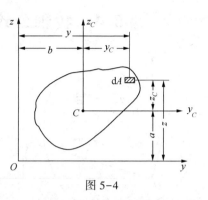

图 5-4

其中 A 为图形的面积。此式即为惯性矩和惯性积的平行移轴公式。现说明几点：

（1）因为 a^2、b^2 和 A 皆为正值，所以图形对过形心轴的惯性矩总是小于对与形心轴平行的其他轴的惯性矩。

（2）在使用惯性积的平行移轴公式时，要注意乘积 ab 的正负号。

（3）应用上述平行移轴公式时必须注意 y_C 及 z_C 轴通过截面的形心。

【例 5-2】　试计算图 5-5 所示图形对其形心轴 y_C 的惯性矩 I_{y_C}。

【解】　把图形看作是由两个矩形 Ⅰ 和 Ⅱ 组成的，图形的形心必然在对称轴上。为了确定 z_C，取通过矩形 Ⅱ 的形心且平行于底边的参考轴 y。

应用公式（5-3），可求出整个图形形心 C 的坐标为

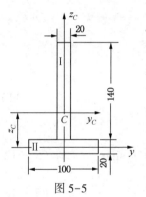

图 5-5

$$z_C = \frac{A_1 z_{C1} + A_2 z_{C2}}{A_1 + A_2} = \frac{0.14 \times 0.02 \times 0.08 + 0}{0.14 \times 0.02 + 0.1 \times 0.02} = 0.0467 \mathrm{m}$$

形心位置确定后，再用平行移轴公式（5-9），分别计算出矩形 Ⅰ 和 Ⅱ 对 y_C 的惯性矩：

$$I_{y_C}^1 = \frac{1}{12} \times 0.02 \times 0.14^3 + (0.08 - 0.0467)^2 \times 0.02 \times 0.14 = 7.69 \times 10^{-6} \mathrm{m}^4$$

$$I_{y_C}^2 = \frac{1}{12} \times 0.1 \times 0.02^3 + 0.0467^2 \times 0.1 \times 0.02 = 4.43 \times 10^{-6} \mathrm{m}^4$$

整个图形对 y_C 的惯性矩为

$$I_{y_C} = I_{y_C}^1 + I_{y_C}^2 = (7.69 + 4.43) \times 10^{-6} \mathrm{m}^4 = 12.12 \times 10^{-6} \mathrm{m}^4$$

§5.4 转轴公式 主惯性轴 主惯性矩

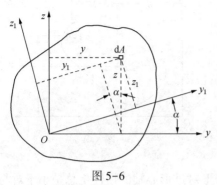

图 5-6

当坐标轴绕原点旋转时，平面图形的惯性矩、惯性积也随之变化。如图 5-6 所示，将坐标轴 y、z 绕 O 点旋转 α 角，且以逆时针转向为正，旋转后新的坐标轴为 y_1、z_1。则在新、旧两坐标系中的坐标转换关系为

$$\left.\begin{array}{l} y_1 = y\cos\alpha + z\sin\alpha \\ z_1 = z\cos\alpha - y\sin\alpha \end{array}\right\} \quad (5-10)$$

由惯性矩的定义可知，在新、旧坐标系中，惯性矩 I_{y1} 和 I_y 之间的关系为

$$\begin{aligned} I_{y_1} &= \int_A z_1^2 \mathrm{d}A = \int_A (z\cos\alpha - y\sin\alpha)^2 \mathrm{d}A \\ &= \cos^2\alpha \int_A z^2 \mathrm{d}A + \sin^2\alpha \int_A y^2 \mathrm{d}A - 2\sin\alpha \cdot \cos\alpha \int_A yz\mathrm{d}A \\ &= I_y\cos^2\alpha + I_z\sin^2\alpha - I_{yz}\sin2\alpha \\ &= \frac{1}{2}(I_y + I_z) + \frac{1}{2}(I_y - I_z)\cos2\alpha - I_{yz}\sin2\alpha \quad (5-11) \end{aligned}$$

同理可得

$$I_{z_1} = \frac{1}{2}(I_y + I_z) - \frac{1}{2}(I_y - I_z)\cos2\alpha + I_{yz}\sin\alpha \quad (5-12)$$

$$I_{y_1z_1} = \frac{1}{2}(I_y - I_z)\sin2\alpha + I_{yz}\cos2\alpha \quad (5-13)$$

以上三式称为转轴公式。从中可以看出，I_{y_1}、I_{z_1}、$I_{y_1z_1}$ 随 α 角的变化而变化，它们都是 α 的函数。并且有

$$I_{y_1} + I_{z_1} = I_y + I_z$$

这表明平面图形对一对互相垂直坐标轴的惯性矩之和总是保持不变。

为了求取对通过同一点各坐标轴的惯性矩的极值，可利用惯性矩 I_{y_1}（或 I_{z_1}）对 α 的一阶导数等于零的条件（设此时的 $\alpha = \alpha_0$），结果得到

$$\frac{I_y - I_z}{2}\sin2\alpha_0 + I_{yz}\cos2\alpha_0 = 0$$

所以

$$\mathrm{tg}2\alpha_0 = \frac{-2I_{yz}}{I_y - I_z} \quad (5-14)$$

由公式(5-14)可以求出相差90°的两个 α_0 ，从而确定了一对坐标轴 y_0 和 z_0 。图形对 y_0 和 z_0 的惯性矩，一个为极大值，一个为极小值。对照(5-13)式的惯性积转轴公式可见，对于惯性积等于零的坐标轴，惯性矩达到极值。因此我们称惯性积等于零的坐标轴为主轴(即 y_0 、 z_0 轴)，而对主轴的惯性矩称为主惯性矩(相应地用 I_{y0} 、 I_{z0} 表示)。显然，主惯性矩就是惯性矩的极值。而通过形心的主轴称为形心主惯性轴或形心主轴，将形心主惯性轴的惯性矩称为形心主惯性矩或形心主矩。

计算对主轴的惯性矩时，可由公式(5-14)求出 α_0 的数值后，再带入转轴公式(5-11)和公式(5-12)，最后得到

$$
\left.
\begin{aligned}
I_{max} = I_{y_0} = \frac{1}{2}(I_y + I_z) + \frac{1}{2}\sqrt{(I_y - I_z)^2 + 4I_{yz}^2} \\[2mm]
I_{min} = I_{z_0} = \frac{1}{2}(I_y + I_z) - \frac{1}{2}\sqrt{(I_y - I_z)^2 + 4I_{yz}^2}
\end{aligned}
\right\}
\qquad (5-15)
$$

注意 α_0 是主轴 y_0 与 y 轴(或主轴 z_0 与 z 轴)的夹角。

应当指出，对许多问题，用公式(5-14)求出 α_0 之后，可根据惯性矩的定义，直观地判断对哪根轴的惯性矩为极大值(或极小值)。

习　　题

5-1　确定下列图形形心的位置。

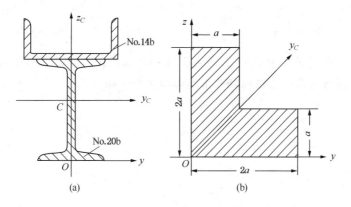

题 5-1 图

5-2　计算半圆形对形心轴 y_C 的惯性矩。

5-3 试求图示图形对 y、z 轴的惯性矩和惯性积。

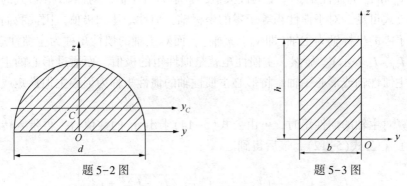

题 5-2 图   题 5-3 图

5-4 试确定图示图形的形心主惯性轴的位置，并求形心主惯性矩。

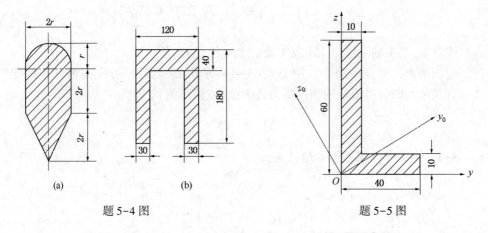

题 5-4 图   题 5-5 图

5-5 试求图示图形过 O 点的主惯性轴的位置，并计算主惯性矩 I_{y_0} 和 I_{z_0}。然后确定该图形的形心主惯性轴并求其形心主惯性矩。

第六章 弯曲内力

§6.1 引 言

一、弯曲的概念

弯曲：杆受到外力或外力偶矩的作用时，轴线由直线变成了曲线，这种变形称为弯曲。

梁：以弯曲变形为主的构件通常称为梁。

二、工程实例

在工程实际中，存在大量的受弯构件。例如，图6-1所示火车轮轴，图6-2所示桥式起重机的大梁，以及图6-3所示摇臂钻床的悬臂杆等都是受弯杆件的实例。

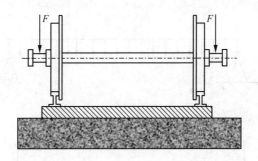

图 6-1

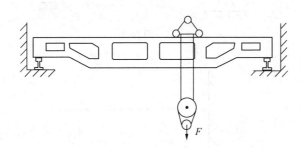

图 6-2

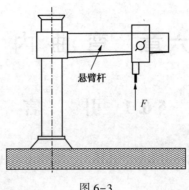

图 6-3

三、梁的基本形式

我们把一端为固定铰支座、另一端为可动铰支座的梁称为简支梁(图 6-4)，把杆件的一端或两端伸到支座外的梁称为外伸梁(图 6-5)，把一端固定另一端自由的梁称为悬臂梁(图 6-6)。

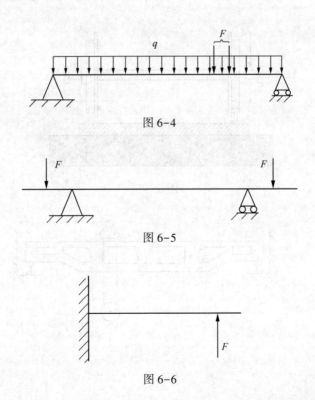

图 6-4

图 6-5

图 6-6

§6.2 剪力和弯矩

工程中常用的梁，其横截面一般都有一个对称轴(图 6-7)，因而梁就有一个通过轴线的纵向对称平面，如图 6-8 所示。当所有的横向力和外力偶矩都作用在此纵向对称平面内时，梁的轴线也将在该纵向对称平面内弯曲成一条平面曲线。梁变形后的轴线所在平面与外力所在平面相重合的这种弯曲称为平面弯曲，它是工程中最常见也是最基本的弯曲问题。

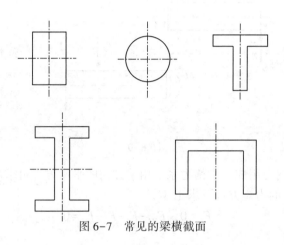

图 6-7　常见的梁横截面

本章以平面弯曲为主，研究梁结构的内力(剪力和弯矩)。根据平衡方程，可以求得梁在载荷作用下的支座反力，于是作用于梁上的外力皆为已知量，下一步就可以研究各横截面上的内力了。

现以图 6-9 所示的简支梁为例来说明求解梁横截面上内力的方法。F_1、F_2 和 F_3 为作用于梁上的外载荷，F_{RA} 和 F_{RB} 为支座反力。当研究任一横截面 $m-m$ 上的内力时，可假想地沿截面 $m-m$ 将梁截开，任选一段梁为研究对象，如左段。

由于整个梁处于平衡状态，故梁的左段仍应处于平衡状态。作用于左段上的力，除外力 F_1、F_2 和 F_{RA} 外，在截面 $m-m$ 上还有右段对它作用的内力(F_S 和 M)。

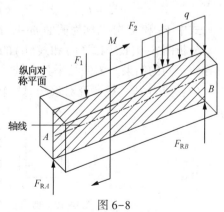

图 6-8

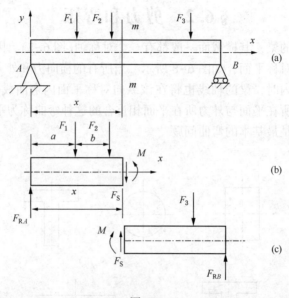

图 6-9

所有外力和内力组成一平衡力系。由 y 方向的平衡方程可求出 F_S。由对截面 m-m 的形心 O 点的力矩方程可求出 M。

$$\sum F_y = 0, \quad F_\mathrm{RA} - F_1 - F_2 - F_\mathrm{S} = 0$$

解得

$$F_\mathrm{S} = F_\mathrm{RA} - F_1 - F_2 \tag{a}$$

$$\sum M_o = 0, \quad M - F_\mathrm{RA} \times x + F_1 \times (x-a) + F_2 \times (x-b) = 0$$

解得

$$M = F_\mathrm{RA} \times x - F_1 \times (x - a) - F_2 \times (x - b) \tag{b}$$

式中 F_S 和 M 分别称为截面 m-m 的剪力和弯矩。

分析图 6-9(b) 与式(a)和式(b)的结果可知，内力 F_S 和 M 的假设方向不同可导致不同的结果。为使结果具有统一性，需对内力 F_S 和 M 的正负进行规定：

(1) 剪力 F_S 绕研究对象顺时针转为正剪力，反之为负剪力，如图 6-10 所示。

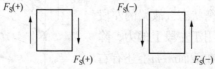

图 6-10 剪力正负规定(左上右下为正)

（2）弯矩 M 　使微段梁产生上弯趋势的为正弯矩，反之为负弯矩，如图 6-11 所示。

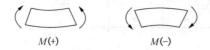

$M(+)$　　　　　$M(-)$

图 6-11　弯矩正负规定（上弯为正）

剪力和弯矩的求解除了可以用平衡方程外，还可以用以下方法求出：截面 $m-m$ 上的剪力等于所保留段上所有横向外力的代数和，外力与内力方向相反时为正，相同时为负。例如：（a）式中，外力 F_{RA} 与内力 F_S 方向相反为正，外力 F_1 和 F_2 与内力 F_S 方向相同为负；（b）式中，外力 F_{RA} 向截面形心 O 点取矩的方向与内力弯矩 M 的方向相反为正，外力 F_1 和 F_2 分别向形心 O 点取矩的方向与内力 M 的方向相同为负。

【例 6-1】　图 6-12（a）所示系统中，$q=10kN/m$，$a=200mm$。试求截面 C 的剪力和截面 D 的弯矩。

【解】　（1）求 A 点和 B 点的支座反力

由静力平衡方程

$$\sum M_A=0，F_{RB}\times 3a-q\times 2a\times 2a=0$$

$$F_{RB}=\frac{4}{3}qa=\frac{4}{3}\times 10\times 10^3\times 200\times 10^{-3}=2666.7N$$

$$\sum F_y=0，F_{RA}+F_{RB}-q\times 2a=0$$

$$F_{RA}=q\times 2a-F_{RB}=1333.3N$$

（2）求截面 C 的剪力

从左面无限接近于截面 C，用截面 1-1［图 6-12（b）］把 AB 梁截成两个部分，取左段部分进行分析。设定截面的内力正向［见图 6-12（c）］，求得剪力 F_{SC} 为

$$F_{SC}=F_{RA}=1333.3N$$

同时可求得弯矩 $M_C=F_{RA}\times a=266.66N\cdot m$。

（3）求截面 D 的弯矩

在 D 处取 2-2 截面［图 6-12（b）］把 AB 梁截成两个部分，取右段部分进行分析。设定截面的内力正向［图 6-12（d）］，求得弯矩 M_D 和剪力 F_{SD} 分别为

$$M_D=F_{RB}\times a-q\times \alpha\times \frac{1}{2}a=333.34N\cdot m$$

$$F_{SD}=-F_{RB}+q\times a=-666.7N$$

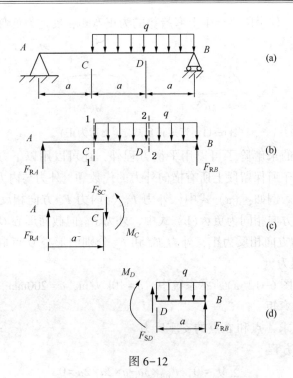

图 6-12

§6.3 剪力图和弯矩图

从上节例题可以看出，在一般情况下，梁横截面上的剪力和弯矩是随横截面位置而变化的。若沿梁轴方向选取坐标 x 表示横截面的位置，则梁各横截面上的剪力和弯矩可以表示为 x 的函数，即

$$\left.\begin{array}{l} F_S = F_S(x) \\ M = M(x) \end{array}\right\} \tag{6-1}$$

这两个函数表达式，分别称为梁的剪力方程和弯矩方程。

为能一目了然地看出梁的各横截面上的剪力和弯矩随截面位置而变化的情况，可仿照轴力图和扭矩图的作法，绘出剪力图和弯矩图。绘图时，以 x 为横坐标，表示各横截面的位置，以 F_S 或 M 为纵坐标，表示相应横截面上的剪力值或弯矩值。下面举例说明建立剪力方程和弯矩方程以及绘制剪力图和弯矩图的方法。注意要给出剪力和弯矩绝对值的最大值。

【例6-2】 图 6-13(a)所示简支梁，在 C 点处受集中力 F 的作用，试列出此梁的剪力方程和弯矩方程，并作出剪力图和弯矩图。

【解】 （1）求支座反力

由静力平衡方程

$$\sum M_A = 0, \quad F_{RB} \times l - F \times a = 0$$

$$\sum F_y = 0, \quad F_{RB} + F_{RB} - F = 0$$

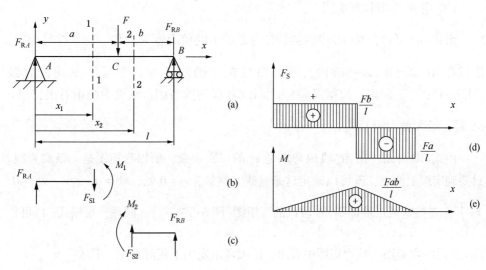

图 6-13

求得支反力为

$$F_{RA} = \frac{Fb}{l}, \quad F_{RB} = \frac{Fa}{l}$$

（2）建立剪力方程和弯矩方程

以梁的左端为坐标原点，建立坐标系[图 6-13（a）]。

① 在 AC 段用 1-1 截面截开 AB 梁，保留左段[图 6-13（b）]。假定内力为正向。求解剪力方程和弯矩方程分别为

$$F_{S1} = F_{RA} = \frac{Fb}{l} \quad (0 < x_1 < a) \tag{a}$$

$$M_1 = F_{RA} \times x_1 = \frac{Fb}{l} x_1 \quad (0 \leqslant x_1 \leqslant \alpha) \tag{b}$$

② 在 CB 段用 2-2 截面截开 AB 梁，保留右段[图 6-13（c）]。假定内力为正向。求解剪力方程和弯矩方程分别为

$$F_{S2} = -F_{RB} = -\frac{Fa}{l} \quad (a < x_2 < l) \tag{c}$$

$$M_2 = F_{RB} \times (l - x_2) = \frac{Fa}{l}(l - x_2) \quad (a \leqslant x_2 \leqslant l) \tag{d}$$

（3）作剪力图和弯矩图

由式（a）可知，在 AC 段内梁的任意截面上的剪力皆为常数 $\frac{Fb}{l}$，且符号为正，所以在 AC 段（$0 < x_1 < a$）内，剪力图是在 x 轴的上方且平行于 x 轴的直线 [图 6-13（d）]。同理，根据式（c）可作出 CB 段的剪力图。从剪力图中看出，当 a > b 时，最大剪力为 $|F_S|_{max} = \frac{Fa}{l}$。

由式（b）可知，在 AC 段内弯矩是 x_1 的一次函数，所以弯矩图是一条斜直线。只要确定线上两点，就可以确定这条直线。例如，$x_1 = 0$ 处，$M_1 = 0$；$x_1 = a$ 处，$M_1 = \frac{Fab}{l}$。连接这两点就得到 AC 段内的弯矩图 [图 6-13（e）]。同理，根据式（d）可作出 CB 段的弯矩图。从弯矩图中看出，最大弯矩发生于截面 C 上，且 $M_{max} = \frac{Fab}{l}$。

【例 6-3】 在均布载荷作用下的悬臂梁如图 6-14（a）所示。试作出梁的剪力图和弯矩图。

【解】 （1）求反力

由静力平衡方程 $\sum M_A = 0$ 和 $\sum F_y = 0$，求得

$$M_A = \frac{ql^2}{2}, \ F_{RA} = ql$$

（2）建立剪力方程和弯矩方程

以梁的左端为坐标原点，建立坐标系如图 6-14（a）。在 AB 段用一截面，截面距坐标原点距离为 x，截开 AB 梁，保留左段，可求出剪力方程和弯矩方程分别为

$$F_S(x) = F_{RA} - q \cdot x = q(l - x) \tag{a}$$

$$M(x) = F_{RA} \cdot x - q\frac{x^2}{2} - M_A = -q(l - x) \cdot \frac{(l - x)}{2}$$

$$= -\frac{q(l - x)^2}{2} \tag{b}$$

需注意的是，如保留右段，因其右段不包含反力，所以可不必先求出反力，

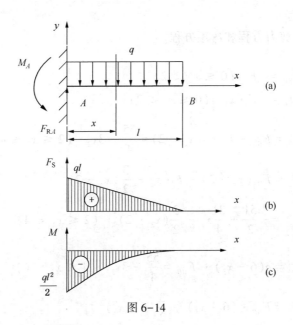

图 6-14

而直接求出剪力 $F_S(x)$ 和弯矩 $M(x)$。

（3）作剪力图和弯矩图

式（a）表明，剪力图是一条斜直线，只要确定线上两点，就可以确定这条直线，如图 6-14（b）所示。式（b）表明，弯矩图是一抛物线，最少用三点才能画出这条曲线。例如

$$x = 0, \ M(0) = -\frac{ql^2}{2}; \ x = \frac{l}{2}, \ M\left(\frac{l}{2}\right) = -\frac{1}{8}ql^2; \ x = l, \ M(l) = 0$$

最后绘出弯矩图如图 6-14（c）所示。

【例 6-4】　在图 6-15（a）中，外伸梁上作用有均布载荷的集度为 $q = 3\mathrm{kN/m}$，集中力 $F = 5\mathrm{kN}$，集中力偶 $m = 3\mathrm{kN \cdot m}$。试列出剪力方程和弯矩方程，并绘制剪力图和弯矩图。

【解】　（1）求反力

由静力平衡方程 $\sum M_A = 0$ 和 $\sum F_y = 0$，求得

$$F_{RA} = \frac{51}{4}\mathrm{kN}, \ F_{RB} = \frac{17}{4}\mathrm{kN}$$

（2）建立剪力方程和弯矩方程

梁应分为三段，CA、AD、DB 段。CA 段用 1-1 截面、AD 段用 2-2 截面、

DB 段用 3–3 截面。

列出每段的剪力方程和弯矩方程。

CA 段：

$$F_{S1} = -F \quad (0 \leqslant x_1 < 2) \tag{a}$$

$$M_1 = -F \cdot x_1 \quad (0 \leqslant x_1 \leqslant 2) \tag{b}$$

AD 段：

$$F_{S2} = F_{RA} - F - q(x_2 - 2) = \frac{55}{4} - 3x_2 \quad (2 \leqslant x_2 \leqslant 4) \tag{c}$$

$$M_2 = F_{RA}(x_2 - 2) - F \cdot x_2 - \frac{3}{2}(x_2 - 2)^2$$

$$= -\frac{51}{2} + \frac{31}{4}x_2 - \frac{3}{2}(x_2 - 2)^2 \quad (2 \leqslant x_2 < 4) \tag{d}$$

DB 段：

$$F_{S3} = q(6 - x_3) - F_{RB} = \frac{55}{4} - 3x_3 \quad (4 \leqslant x_3 \leqslant 6) \tag{e}$$

$$M_3 = F_{RB} \cdot (6 - x_3) - \frac{3}{2}(6 - x_3)^2$$

$$= \frac{17}{4}(6 - x_3) - \frac{3}{2}(6 - x_3)^2 \quad (4 < x_3 \leqslant 6) \tag{f}$$

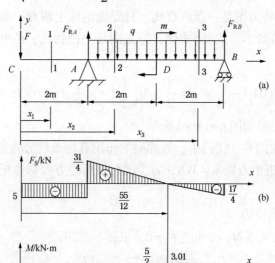

图 6–15

(3) 作剪力图和弯矩图

由式(a)、(c)、(e)作出剪力图[图 6-15(b)]。由式(b)、(d)、(f)作出弯矩图[图 6-15(c)]。图 6-15(c)中，在 DB 段，弯矩图有极值。根据极值条件

$\dfrac{\mathrm{d}M_3}{\mathrm{d}x_3}=0$ 得 $x_3=\dfrac{55}{12}$，代入 M_3 中求得 $M_3(\dfrac{55}{12})=3.01\mathrm{kN}\cdot\mathrm{m}$。

从图中可得

$$|F_\mathrm{S}|_{\max}=\frac{51}{4}\mathrm{kN},\quad |M|_{\max}=10\mathrm{kN}\cdot\mathrm{m}$$

从前面例题中可以看到剪力图和弯矩图上会出现突变。从表面上看，在集中力和集中力偶作用处的横截面上，剪力和弯矩似乎无确定值。但事实并非如此，因为集中力实际上是作用在梁上很短的范围内的分布力的简化，若将此分布力看作是在长为 Δx 范围内均匀分布的[图 6-13(a)中的 F 用图 6-16(a)中 $F=q\cdot\Delta x$ 表示]，则在此段梁上实际的剪力图应由 $\dfrac{Fb}{l}$ 连续变化到 $-\dfrac{Fa}{l}$ 的，呈一斜直线[图 6-16(b)]。当 $\Delta x\to0$ 时，斜直线将趋于垂直，故剪力图出现突变[图 6-16(c)]。

在集中力偶作用处，弯矩图的突变也同此理。

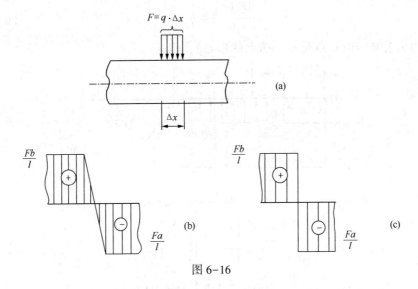

图 6-16

§6.4 载荷集度、剪力和弯矩间的关系

在例题 6-3 中，悬臂梁 AB 在均布载荷 q 作用下，梁的弯矩方程

$M(x) = -\dfrac{q(l-x)^2}{2}$，梁的剪力方程 $F_S(x) = q(l-x)$，它们都是 x 的函数，如果将弯

矩方程对 x 求导数，即 $\dfrac{dM}{dx} = q(l-x)$，显然式子右边就是梁的剪力方程，如果将剪

力方程对 x 求导数，即 $\dfrac{dF_S}{dx} = -q$，其结果就是作用在梁上的分布载荷集度。

事实上这些关系在直梁中是普遍存在的，下面就从普遍情况来推导这种关系。

先选取坐标原点在左端，x 轴向右为正。假设梁上作用有任意分布载荷 [图 6-17(a)]，其集度 $q = q(x)$。规定 q 向上为正。若用垂直于梁轴且相距为 dx 的两截面 $m-m$ 和 $n-n$ 假想地从梁中截出一微段，作为研究的对象。由于 dx 非常小，因此可以把微段 dx 上分布载荷 $q(x)$ 视为均布载荷。设在 $m-m$ 截面上的内力为 $F_S(x)$ 和 $M(x)$，$n-n$ 截面上的内力为 $F_S(x) + dF_S(x)$ 和 $M(x) + dM(x)$，根据微段的静力平衡条件 $\sum F_y = 0$，有

$$F_S(x) + q(x) \cdot dx - [F_S(x) + dF_S(x)] = 0$$

从而得到

$$\frac{dF_S(x)}{dx} = q(x) \qquad (6-2)$$

再由 $\sum M_C = 0$（C 点是 $n-n$ 截面的形心），得

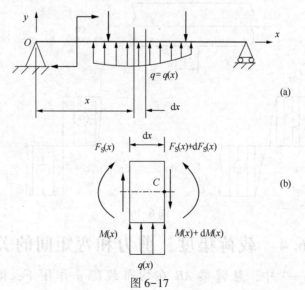

图 6-17

$$\left[\, M(x) + \mathrm{d}M(x)\,\right] - M(x) - F_\mathrm{S}(x) \cdot \mathrm{d}x - q(x) \cdot \mathrm{d}x \cdot \frac{\mathrm{d}x}{2} = 0$$

略去高阶微量后得

$$\frac{\mathrm{d}M(x)}{\mathrm{d}x} = F_\mathrm{S}(x) \qquad\qquad (6-3)$$

将(6-3)式两边对 x 求导, 得

$$\frac{\mathrm{d}^2 M(x)}{\mathrm{d}x^2} = \frac{\mathrm{d}F_\mathrm{S}(x)}{\mathrm{d}x} = q(x) \qquad\qquad (6-4)$$

以上三式表明了直梁的 $q(x)$、$F_\mathrm{S}(x)$ 和 $M(x)$ 之间的导数关系。

根据这些关系, 可以看出梁内力图的一些特点:

(1) 当 $q(x)=0$ 时, $F_\mathrm{S}(x)$ 为常量, 剪力图为水平线, $M(x)$ 为 x 的一次函数, 弯矩图为斜直线。

当 $F_\mathrm{S}(x)>0$ 时, M 图的斜率为正;

当 $F_\mathrm{S}(x)<0$ 时, M 图的斜率为负;

当 $F_\mathrm{S}(x)=0$ 时, M 图的斜率为零。

(2) 当 $q(x)=$ 常量时, $F_\mathrm{S}(x)$ 为 x 的一次函数, 剪力图为斜直线, $M(x)$ 为 x 的二次函数, 弯矩图为二次抛物线。

若载荷集度向上作用, 即 $q>0$, 则 $F_\mathrm{S}(x)$ 图的斜率为正, 弯矩图为向下凸的抛物线(∪)。

若载荷集度向下作用, 即 $q<0$, 则 $F_\mathrm{S}(x)$ 图曲斜率为负, 弯矩图为向上凸的抛物线(∩)。

(3) 在集中力作用处, 剪力图有突变, 突变的方向与外力方向一致, 突变值等于集中力的大小, 在弯矩图上该处切线斜率发生改变, 出现折角。

(4) 在集中力偶作用处, 弯矩图有突变, 突变值等于集中力偶矩的大小。剪力图无影响。

(5) 在载荷集度不为零时, 若某截面处 $F_\mathrm{S}(x)$ 等于零, 则该截面处弯矩有极值。最大弯矩值 $|M|_\mathrm{max}$ 不但可能发生在剪力等于零的截面上, 也有可能发生在集中力或集中力偶作用处。

(6) 利用导数关系式(6-2)和式(6-3), 经过积分可得

$$F_\mathrm{S}(x_2) - F_\mathrm{S}(x_1) = \int_{x_1}^{x_2} q(x)\,\mathrm{d}x \qquad\qquad (6-5)$$

$$M(x_2) - M(x_1) = \int_{x_1}^{x_2} F_\mathrm{S}(x)\,\mathrm{d}x \qquad\qquad (6-6)$$

由此可知：

（1）剪力图上任意两截面上剪力值之差，等于相应两截面间载荷图的面积。

（2）弯矩图上任意两截面上弯矩值之差，等于相应两截面间的剪力图面积。

熟悉上面的这些关系，对绘制和校核梁的剪力图和弯矩图都会有很大帮助。下面举例说明公式（6-5）和公式（6-6）在绘制剪力图和弯矩图时的应用。

【例6-5】 外伸梁如图6-18（a）所示，已知 $F=20kN$，$M_e=160kN \cdot m$，$q=20kN/m$，试作梁的剪力图和弯矩图。

【解】 （1）求支反力

$$F_{RD}=72kN，\quad F_{RB}=148kN$$

（2）画剪力图

自左至右依次画出：

① A 点：F_S 图向下突变，其大小、方向与 F 力相同。

② AB 段：$q(x)<0$，$F_S(x)$ 图为斜直线（＼）。

$$F_{SA}=-20kN$$

$$F_{SB左}=F_{SA}+q(x) \cdot l_{AB}=[-20+(-20)\times2]kN=-60kN$$

③ B 点：F_S 图向上突变，其大小、方向均与 F_{RB} 力相同。

④ BC 段：$q(x)<0$，$F_S(x)$ 图为斜直线（＼）。

$$F_{SB右}=F_{SB左}+F_{RB}=-60+148=88 \ kN$$

$$F_{SC}=F_{SB右}+q(x) \cdot l_{BC}=[88+(-20)\times8]kN=-72kN$$

由 F_S 图算得在 $x=6.4m$ 处，$F_S=0$。

⑤ C 点：有集中力偶，对 F_S 图无影响。

⑥ CD 段：$q(x)=0$，F_S 图为水平线。

$$F_{SD}=F_{SC}=-72kN$$

⑦ D 点：F_S 图向上突变至零。

得 F_S 图如图6-18（b）所示。

（3）画弯矩图

① A 点：无集中力偶，M 图无突变，从零开始。

② AB 段：$q(x)<0$，M 图为上凸曲线（∩）。

$$M_A=0$$

$$M_B=M_A+F_S \ 在 \ AB \ 间图的面积$$

$$=\{0+\frac{1}{2}[(-20)+(-60)]\times2\}kN \cdot m=-80kN \cdot m$$

③ B 点：无集中力偶，M 图在 B 点不能突变。

④ BC 段：$q(x)<0$，M 图为上凸曲线（⌒），并得知，在 E 点 $x=6.4\text{m}$ 处，M 图有极值。

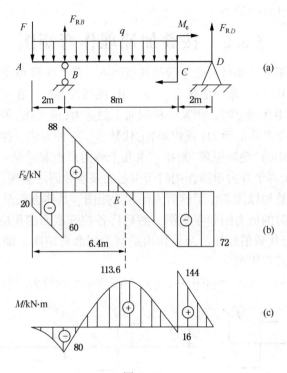

图 6-18

$M_E = M_B + F_S$ 在 BE 间图的面积

$$= \left[-80 + \frac{1}{2}(88\times4.4)\right]\text{kN}\cdot\text{m} = 113.6\text{kN}\cdot\text{m}$$

$M_{C左} = M_E + F_S$ 在 EC 间图的面积

$$= \left[113.6 + \frac{1}{2}(-72)\times(8-4.4)\right]\text{kN}\cdot\text{m}$$

$$= -16\text{kN}\cdot\text{m}$$

⑤ C 点：有集中力偶，M 图有突变，突变值等于集中力偶矩。

$$M_{C右} = M_{C左} + M_e$$

$$= (-16+160)\text{kN}\cdot\text{m} = 144\text{kN}\cdot\text{m}$$

⑥ CD 段　$q(x)=0$，$F_S<0$，M 图为斜直线。

$$M_D = M_{C右} + F_S \quad \text{在 } CD \text{ 间图的面积}$$
$$= 144-72\times2=0$$

M 图如图 6-18(c)所示。

§6.5　按叠加原理作弯矩图

梁在载荷作用下，如材料处于线弹性范围内，且产生微小变形时，梁上的剪力 $F_S(x)$ 和弯矩 $M(x)$，都将是载荷 q、F、M_e 的线性函数。在这种情况下，当若干个载荷同时作用在梁上时，则某一横截面上的剪力(或弯矩)等于各个载荷单独作用时在此截面上产生的剪力(或弯矩)的代数和。这种方法，称作叠加法。而力学分析中普遍运用的"叠加原理"是指，由几个外力所引起的某一参数(内力、应力、变形)，等于每个外力单独作用时所引起的该参数值之总和。

我们可以按叠加原理来作梁的剪力图和弯矩图。具体方法是：先分别作出各个载荷单独作用时的剪力图和弯矩图，然后将各控制截面的相应的纵坐标(剪力值或弯矩值)进行代数值相加，最后作出的剪力图和弯矩图，即为所有载荷作用下的总剪力图和总弯矩图。

【例 6-6】　用叠加法绘制图 6-19(a)左图所示梁的剪力图和弯矩图。

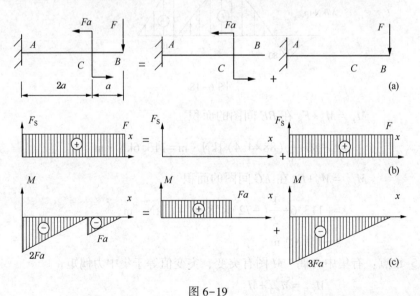

图 6-19

【解】　(1) 先将梁上载荷分成集中力 F 和集中力偶 Fa 载荷两项，分别作用于梁上，见图 6-19(a)的中、右两图。

(2) 分别作图 6-19(a)的中、右两图的剪力图和弯矩图，分别见图 6-19(b)和 6-19(c)的中、右两图。

(3) 先把图 6-19(b)的中、右两图图形求和，就得到总剪力图，见图 6-19(b)中左图。再把图 6-19(c)的中、右两图图形求和，就得到总弯矩图，见图 6-19(c)中左图。

由图可知

$$| F_S |_{max} = F, \quad | M |_{max} = 2Fa$$

§6.6 平面刚架和曲杆的弯曲内力

一、平面刚架

刚架是将若干个杆件通过刚结点连接而成的结构，所谓刚结点是指各个杆件在此结点上连成一整体，各杆的杆端之间既不能互相转动，也不能互相移动。因此，当杆件发生弯曲变形时，在刚结点处各杆之间的夹角仍保持不变。

求刚架的内力，仍需采用截面法。一般情况下，刚架横截面上的内力有轴力、剪力和弯矩。一般弯矩图画在受压一侧。剪力图和轴力图可画在杆的任意一侧，但需注明正负号。

【例 6-7】 试作图 6-20(a)所示刚架的内力图。

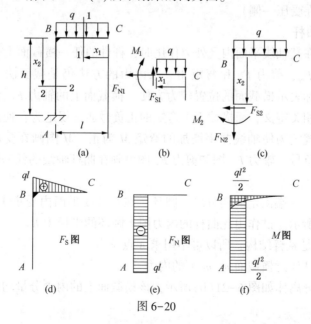

图 6-20

【解】 由于 C 端为自由端，用截面截开结构后，可取包括自由端的部分结构来研究，故不必求反力。

（1）分段列内力方程

BC 段：BC 段用 1-1 截面，假设内力方向如图 6-20（b）所示，内力方程为

$$\left.\begin{array}{l} F_{N1}(x_1) = 0 \\ F_{S1}(x_1) = qx_1 \\ M_1(x_1) = -\dfrac{qx_1^2}{2} \end{array}\right\} \quad (0 \leqslant x_1 \leqslant l)$$

AB 段：AB 段用 2-2 截面，假设内力方向如图 6-20（c）所示，内力方程为

$$\left.\begin{array}{l} F_{N2}(x_2) = -ql \\ F_{S2}(x_2) = 0 \\ M_2(x_2) = -\dfrac{ql^2}{2} \end{array}\right\} \quad (0 \leqslant x_2 \leqslant h)$$

（2）画内力图

F_N 图：BC 段轴力为零，AB 段轴力为常量（受压），如图 6-20（e）所示。

F_S 图：BC 段剪力为斜直线，AB 段剪力为零，如图 6-20（d）所示。

M 图：BC 段弯矩为二次抛曲线，AB 段弯矩为常量，如图 6-20（f）所示（注意：弯矩图画在受压一侧）。

二、平面曲杆

平面曲杆在其轴线平面内受外力作用时，杆件的任一横截面上一般有三个内力分量：轴力 F_N、剪力 F_S 和弯矩 M。求内力的方法仍是截面法。对于环状曲杆，采用极坐标表示横截面的位置较为方便。横截面上的轴力 F_N、剪力 F_S 正负号规定同以前相关定义，而横截面上弯矩的正负号通常规定为：使曲杆外侧受拉的弯矩为正或规定为使轴线曲率增加的弯矩 M 为正。M 图画在受压侧，不用在图中注明正、负号。轴力 F_N 图和剪力 F_S 图可画在曲杆轴线的任一侧，但应注明正、负号。

【例 6-8】 一端固定的四分之一圆环，在其轴线平面内受集中荷载 F 作用，如图 6-21（a）所示。试作出此曲杆的内力图。圆环的半径为 R。

【解】 因是悬臂结构，所以可不用求 A 点反力。

（1）求曲杆任意横截面 m-m 上的内力

为此，取分离体如图 6-21（b）所示，该横截面上的内力分量均设为正值。由平衡方程

$$\sum F_n = 0, \quad \sum F_t = 0, \quad \sum M_c = 0$$

可求得该横截面上的轴力、剪力和弯矩分别为

$$F_N = -F\sin\theta \quad \left(0 \leqslant \theta \leqslant \frac{\pi}{2}\right)$$

$$F_S = F\cos\theta \quad \left(0 \leqslant \theta \leqslant \frac{\pi}{2}\right)$$

$$M = FR\sin\theta \quad \left(0 \leqslant \theta \leqslant \frac{\pi}{2}\right)$$

（2）作内力图

以曲杆的轴线为基线，在各横截面相应的曲杆轴线的法线上，分别标出这些内力值，连接这些点的光滑曲线，即分别为轴力图[图 6-21(c)]、剪力图[图 6-21(d)]和弯矩图[图 6-21(e)]。

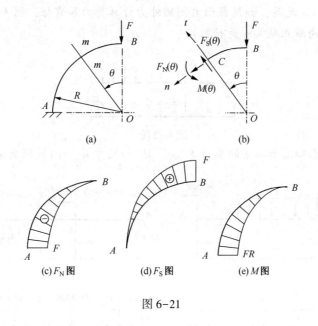

图 6-21

习　题

6-1　试求图示各梁中截面 1-1、2-2、3-3 上的剪力和弯矩，这些截面无限接近于截面 C 或截面 D。设 F、q、a 均为已知。

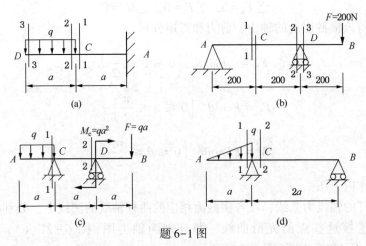

题 6-1 图

6-2 对图示简支梁的 $m-m$ 截面，如用截面左侧的外力计算剪力和弯矩，则 F_S 和 M 便与 q 无关；如用截面右侧的外力计算剪力和弯矩，则 F_S 和 M 又与 F 无关。这样的论断正确吗？为什么？

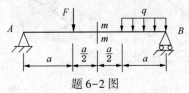

题 6-2 图

6-3 设已知图示各梁的载荷 F、q、M_e 和尺寸 a。（1）列出梁的剪力方程

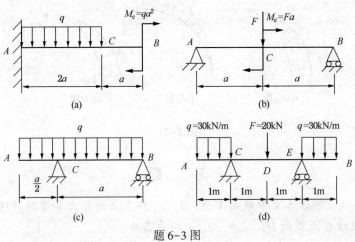

题 6-3 图

和弯矩方程；（2）作剪力图和弯矩图；（3）确定 $|F_S|_{max}$ 及 $|M|_{max}$。

6-4 作图示系统的剪力图和弯矩图。

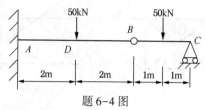

题6-4图

6-5 作图示刚架的弯矩图。

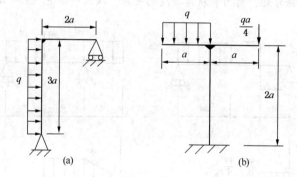

题6-5图

6-6 试作图示各梁的剪力图和弯矩图，求出最大剪力和最大弯矩。

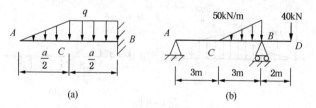

题6-6图

6-7 设梁的剪力图如图所示，试作弯矩图和载荷图。已知梁上没有集中力偶。

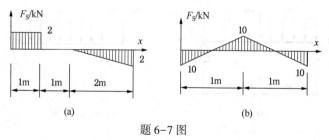

题6-7图

6-8 已知梁的弯矩图如图所示，试作剪力图和载荷图。

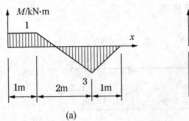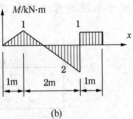

（a）　　　　　　　　　　　（b）

题 6-8 图

6-9 试根据弯矩、剪力和载荷集度的关系，改正所示 F_S 图和 M 图中的错误。

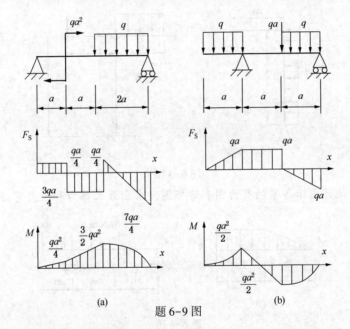

（a）　　　　　题 6-9 图　　　　　（b）

6-10 用叠加法绘出下列各梁的弯矩图。

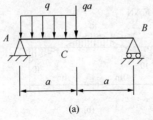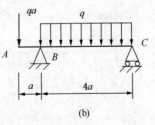

（a）　　　　　　　　　　　（b）

题 6-10 图

第七章　弯曲应力

§7.1　纯　弯　曲

通过前一章的学习，我们已经掌握了梁内力的计算。但为了进行梁的强度设计，仅仅知道内力是不够的，必须进一步研究内力在横截面上的分布规律。在梁的横截面上，只有切向内力元素 $\tau \cdot dA$ 才能组成剪力 F_S，而法向内力元素 $\sigma \cdot dA$ 则能组成弯矩 M。因此当梁的横截面上同时有弯矩和剪力时，也就同时有正应力 σ 和切应力 τ。

在本章中，首先研究等直梁在平面弯曲时，横截面上的正应力的分布规律及其强度计算，然后再研究切应力分布规律及其强度计算。

平面弯曲时，如果梁的横截面上只有弯矩而没有剪力，这种弯曲称为纯弯曲；如果梁横截面上既有弯矩，又有剪力，则这种弯曲称为横力弯曲。如图 7-1 所示的梁，CD 段是纯弯曲，而 AC 段和 DB 段则是横力弯曲。显然，在纯弯曲时，梁的横截面上只有正应力，而横力弯曲时，梁横截面上既有正应力，又有切应力。

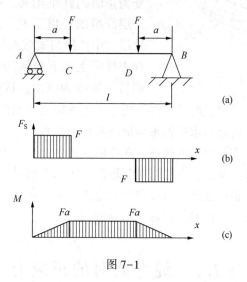

图 7-1

纯弯曲容易在材料试验机上实现，并用以观察变形规律。在变形前的杆件侧

面上作纵向线 aa 和 bb，并作与它们垂直的横向线 mm 和 nn [图 7-2(a)]，然后使杆件发生纯弯曲变形。变形后纵向线 aa 和 bb 弯成弧线 [图 7-2(b)]，但横向直线 mm 和 nn 仍保持为直线，它们相对旋转一个角度后，仍然垂直于弧线 $\overset{\frown}{aa}$ 和 $\overset{\frown}{bb}$。根据这样的实验结果，可以假设，变形前原为平面的梁的横截面变形后仍保持为平面，且仍然垂直于变形后梁轴线。这就是弯曲变形的平面假设。

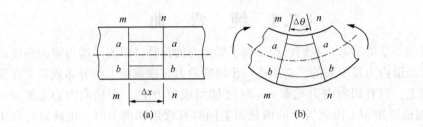

图 7-2

设想梁是由平行于轴线的众多纤维所组成。发生弯曲变形后，例如发生图 7-3 所示凸向下的弯曲，必然要引起靠近底面的纤维伸长，靠近顶面的纤维缩短。因为横截面仍保持为平面，所以沿截面高度方向，应由底面的纤维伸长连续地逐渐变为顶面的纤维缩短，这样，中间必定有一层纤维的长度不变。这一层纤维称为中性层。中性层与横截面的交线称为中性轴。在中性层上、下两侧的纤维，如一侧伸长则另一侧必为缩短。这就形成横截面绕中

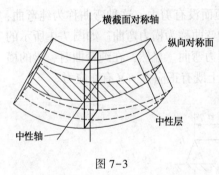

图 7-3

性轴的轻微转动。由于梁上的载荷都作用于梁的纵向对称面内，梁的整体变形应对称于纵向对称面，这就要求中性轴与纵向对称面垂直。

以上对弯曲变形作了概括的描述。在弯曲变形中，还认为各纵向纤维之间并无相互作用的正应力。至此，对纯弯曲变形提出了两个假设，即平面假设和纵向纤维互不挤压假设。根据这两个假设得出的理论结果，在长期工程实践中，符合实际情况，经得住实际的检验。而且，在纯弯曲情况下，与弹性理论的结果也是一致的。

§7.2　纯弯曲时的正应力

设在梁的纵向对称面内，作用有大小相等、方向相反的力偶，构成纯弯曲。

这时梁的横截面上只有弯矩，因而只有与弯矩有关的正应力。梁纯弯曲时的正应力分析与分析扭转时的切应力有相似之处，也是从综合考虑几何、物理和静力关系等三个方面入手研究的。

一、变形的几何关系

弯曲变形前和变形后的梁段分别表示于图 7-4(a) 和(b) 中。以梁横截面的对称轴为 y 轴，且向下为正[图 7-4(c)]。以中性轴为 z 轴，但中性轴的位置尚待确定。在中性轴尚未确定之前，x 轴只能暂时认为是通过原点的横截面法线。根据平面假设，变形前相距为 dx 的两个横截面，变形后各自绕中性轴相对旋转了一个角度 $d\theta$，并仍保持为平面。这就使得距中性层为 y 的纤维 bb 的长度变为

$$\overset{\frown}{b'b'} = (\rho + y)\,d\theta$$

这里 ρ 为中性层的曲率半径。纤维 bb 的原长度为 dx，且 $\overline{bb} = dx = \overline{OO}$。因为变形前、后中性层内纤维 OO 的长度不变，故有

$$\overline{bb} = dx = \overline{OO} = \overline{O'O'} = \rho \cdot d\theta$$

根据 §2.4 关于应变的定义，求得纤维 bb 的应变为

$$\varepsilon = \frac{(\rho + y)\,d\theta - \rho \cdot d\theta}{\rho \cdot d\theta} = \frac{y}{\rho} \tag{a}$$

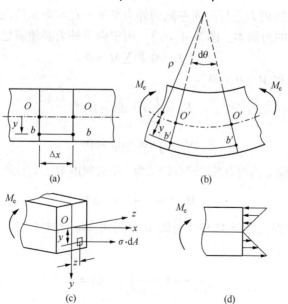

(a)　　　　　　　(b)

(c)　　　　　　　(d)

图 7-4

可见，纵向纤维的应变与它到中性层的距离成正比。

二、物理方面

因为纵向纤维之间无正应力，每一纤维都是单向拉伸或压缩。当应力小于比例极限时，由胡克定律知

$$\sigma = E\varepsilon$$

将(a)式代入上式，得

$$\sigma = E\frac{y}{\rho} \tag{b}$$

这表明，任意纵向纤维的正应力与它到中性层的距离成正比。在横截面上，任意点的正应力与该点到中性层的距离成正比。亦即沿截面高度，正应力按直线规律变化，如图 7-4(d)所示。

三、静力学方面

横截面上的微内力 $\sigma \cdot \mathrm{d}A$ 组成垂直于横截面的空间平行力系[在图 7-4(c)中，只画出力系中的一个微内力 $\sigma \cdot \mathrm{d}A$]。这一力系只可能简化成三个内力分量，即平行于 x 轴的轴力 F_{N}，对 y 轴和 z 轴的力偶矩 M_y 和 M_z。它们分别是

$$F_{\mathrm{N}} = \int_A \sigma \cdot \mathrm{d}A, \ M_y = \int_A z\sigma \cdot \mathrm{d}A, \ M_z = \int_A y\sigma \cdot \mathrm{d}A$$

在横截面上的内力应与截面左侧的外力平衡。在纯弯曲情况下，截面左侧的外力只有对 z 轴的力偶 M_e[图 7-4(c)]。由于内、外力必须满足平衡方程

$$\sum F_x = 0 \text{ 和 } \sum M_y = 0$$

故有 $F_{\mathrm{N}} = 0$ 和 $M_y = 0$，即

$$F_{\mathrm{N}} = \int_A \sigma \cdot \mathrm{d}A = 0 \tag{c}$$

$$M_y = \int_A z\sigma \cdot \mathrm{d}A = 0 \tag{d}$$

这样，横截面上的内力系最终只归结为一个力偶矩 M_z，它也就是弯矩 M，即

$$M_z = M = \int_A y\sigma \cdot \mathrm{d}A \tag{e}$$

根据平衡方程，弯矩 M 与外力偶 M_e 大小相等，方向相反。

将(b)式代入(c)式，得

$$\int_A \sigma \cdot \mathrm{d}A = \frac{E}{\rho}\int_A y \cdot \mathrm{d}A = 0 \tag{f}$$

式中 $\frac{E}{\rho}$ =常数，不等于零，故必须有 $\int_A y \cdot \mathrm{d}A = S_z = 0$，即必须有横截面对 z 轴

的静矩等于零, 亦即 z 轴(中性轴)通过截面形心。这就完全确定了 z 轴和 x 轴的位置。中性轴通过截面形心又包含在中性层中, 所以梁截面的形心连线(轴线)也在中性层内, 其长度在弯曲变形时不变。

将(b)式代入(d)式, 得

$$\int_A z\sigma \cdot \mathrm{d}A = \frac{E}{\rho} \int_A yz \cdot \mathrm{d}A = 0 \qquad (\mathrm{g})$$

式中积分 $\int_A yz \cdot \mathrm{d}A = I_{yz}$ 是横截面对 y 轴和 z 轴的惯性积。由于 y 轴是横截面的对称轴, 必然有 $I_{yz} = 0$。所以(g)式是自然满足的。

将(b)式代入(e)式, 得

$$M = \int_A y\sigma \cdot \mathrm{d}A = \frac{E}{\rho} \int_A y^2 \mathrm{d}A \qquad (\mathrm{h})$$

式中积分

$$\int_A y^2 \mathrm{d}A = I_z$$

为横截面对的 z 轴(中性轴)的惯性矩。于是(h)式可以写成

$$\frac{1}{\rho} = \frac{M}{EI_z} \qquad (7-1)$$

式中 $\frac{1}{\rho}$ 是梁轴线变形后的曲率。上式表明, EI_z 越大, 则曲率 $\frac{1}{\rho}$ 越小, 故 EI_z 称为梁的抗弯刚度。从(7-1)式和(b)式中消去 $\frac{1}{\rho}$, 得

$$\sigma = \frac{My}{I_z} \qquad (7-2)$$

这就是纯弯曲时正应力的计算公式。对图 7-4 所取坐标系, 在弯矩 M 为正的情况下, y 为正时 σ 为拉应力; y 为负时 σ 为压应力。某一点的应力是拉应力还是压应力, 也可由弯曲变形直接判定, 不一定借助于坐标 y 值的正或负。因为, 以中性层为界, 梁的凸出一侧受拉, 凹入的一侧受压。这样, 就可把 y 看作是一点到中性轴距离的绝对值。

导出公式(7-1)和公式(7-2)时, 为了方便, 把梁截面画成矩形。但在推导过程中, 并未用过矩形的几何特性。所以, 只要梁有一纵向对称面, 且载荷作用于这个平面内, 公式就可适用。

§7.3 横力弯曲时的正应力 正应力强度条件

公式(7-2)是在纯弯曲情况下, 以 §7.1 提出的假设为基础导出的。而工程

中，常见的弯曲问题多为横力弯曲。这时，梁的横截面上不但有正应力还有切应力。由于切应力的存在，横截面不能再保持平面。同时，横力弯曲下，往往也不能保证纵向纤维之间没有正应力。虽然横力弯曲与纯弯曲存在这些差异，但进一步的分析表明，用公式(7-2)计算横力弯曲时的正应力，并不会引起很大的误差，能够满足工程问题所需要的精度。因此横力弯曲时的正应力计算近似地用纯弯曲时的正应力计算公式。

横力弯曲时，弯矩随截面位置变化。一般情况下，最大正应力 $\sigma_{\max}$ 发生于弯矩最大的截面上，且距离中性轴最远处。于是由公式(7-2)得

$$\sigma_{\max} = \frac{M_{\max} \cdot y_{\max}}{I_z} \qquad (7-3)$$

但公式(7-2)表明，正应力不仅与 M 有关，而且与 $\dfrac{y}{I_z}$ 有关，亦即与横截面的形状和尺寸有关。对截面为某些形状的梁或变截面梁进行强度计算时，不应只注意弯矩为最大值的截面。

引用记号

$$W_z = \frac{I_z}{y_{\max}} \qquad (7-4)$$

则公式(7-3)可以改写成

$$\sigma_{\max} = \frac{M_{\max}}{W_z} \qquad (7-5)$$

W_z 称为抗弯截面系数。它与截面的几何形状有关，单位为 m^3。若截面是高为 h、宽为 b 的矩形，则

$$W_z = \frac{I_z}{h/2} = \frac{bh^3/12}{h/2} = \frac{bh^2}{6}$$

若截面是直径为 d 的圆形，则

$$W_z = \frac{I_z}{d/2} = \frac{\pi \cdot d^4/64}{d/2} = \frac{\pi \cdot d^3}{32}$$

若截面为内径是 d、外径是 D 的空心圆形，则

$$W_z = \frac{I_z}{D/2} = \frac{\pi D^4(1-\alpha^4)/64}{D/2} = \frac{\pi D^3}{32}(1-\alpha^4)$$

式中 $\alpha = d/D$。

求出最大弯曲正应力后，弯曲的强度条件为

$$\sigma_{\max} = \frac{M_{\max}}{W_z} \leqslant [\sigma] \qquad (7-6)$$

对抗拉和抗压强度相等的材料(如碳钢等),只要最大正应力不超过许用应力即可。对抗拉和抗压强度不等的材料(如铸铁等),其拉和压的最大正应力都应不超过各自的许用应力,即

$$\sigma_{tmax} \leqslant [\sigma_t], \ \sigma_{cmax} \leqslant [\sigma_c] \qquad (7-7)$$

【例7-1】 简支梁如图7-5所示,$b=50mm$,$h=100mm$,$l=2m$,$q=2kN/m$,试求:(1)梁的截面竖着放,即载荷作用在沿y轴的对称平面内时,其最大正应力为多少?(2)如梁平着放,其最大正应力为多少?(3)比较矩形截面竖着放和平着放的效果。

【解】 (1)求反力

因对称性,竖放和平放两种情况下两端的反力相等,为$ql/2$。

(2)求内力(弯矩)

竖放和平放两种情况的最大弯矩M_{max}都发生在梁的中点,其值为

$$M_{max} = \frac{ql^2}{8} = \frac{2 \times 2^2}{8} = 1kN \cdot m$$

(3)求应力

由于是求最大正应力,可以直接用公式(7-5)计算。

① 梁竖放时,中性轴为z轴。

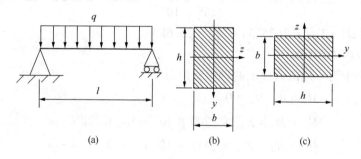

图7-5

$$W_z = \frac{bh^2}{6} = \frac{50 \times 10^{-3} \times (100 \times 10^{-3})^2}{6} = 83.3 \times 10^{-6} m^3$$

$$\sigma_{max1} = \frac{M_{max}}{W_z} = \frac{1 \times 10^3}{83.3 \times 10^{-6}} = 12 \times 10^6 Pa = 12MPa$$

② 梁平放时,中性轴为y轴。

$$W_y = \frac{hb^2}{6} = \frac{100 \times 10^{-3} \times (50 \times 10^{-3})^2}{6} = 41.5 \times 10^{-6} m^3$$

$$\sigma_{max2} = \frac{M_{max}}{W_y} = \frac{1 \times 10^3}{41.5 \times 10^{-6}} = 24 \times 10Pa = 24MPa$$

③ 梁竖放和平放比较。

$$\frac{\sigma_{max1}}{\sigma_{max2}} = \frac{12}{24} = \frac{1}{2}$$

梁内最大正应力计算表明，同一根梁，竖放比平放时的应力小一倍，从计算中可以看出，这与 W 有关

$$\frac{W_z}{W_y} = \frac{bh^2/6}{hb^2/6} = \frac{h}{b} = 2$$

即矩形截面梁竖放时的 W 值要比平放时大 h/b 倍。也即是竖放比平放具有较高的抗弯强度，更加经济、合理。

【例 7-2】卷扬机卷筒心轴的材料为 45 钢，弯曲许用应力 $[\sigma] = 100MPa$，心轴的结构和受力情况如图 7-6(a)所示，$F = 25.3kN$。试较核心轴的强度。

【解】 (1) 求反力

心轴的计算简图表示为图 7-6(b)。由静力方程求出支座 A、B 的支反力

$$F_{RB} = \frac{(25.3)(200 \times 10^{-3}) + (25.3)(950 \times 10^{-3} + 200 \times 10^{-3})}{1265 \times 10^{-3}} = 27kN$$

$$F_{RA} = 2F - F_{RB} = 2(25.3) - 27 = 23.6kN$$

(2) 求内力(弯矩)

四个集中力作用的截面上的弯矩分别为

$$M_A = 0, \ M_B = 0$$

$$M_C = M_1 = F_{RA} \times (200 \times 10^{-3}m) = 4.72kN \cdot m$$

$$M_D = M_4 = F_{RB} \times (115 \times 10^{-3}m) = 3.11kN \cdot m$$

连接 M_A、M_1、M_4、M_B 四点，即可得心轴在四个集中力作用下的弯矩 [图 7-6(c)]。从图中可以看出截面 1-1(C 截面)上的弯矩最大

$$M_{max} = M_1 = 4.72kN \cdot m$$

所以截面 1-1(C 截面)可能是危险截面。此外，由于心轴的截面不是等截面，在截面 2-2 和截面 3-3 上虽然弯矩较小，但这两个截面的直径也较小，也可能是危险截面，所以还要分别算出这两个截面的弯矩

$$M_2 = F_{RA} \left(200 \times 10^{-3} - \frac{110 \times 10^{-3}}{2} \right) = 3.42kN \cdot m$$

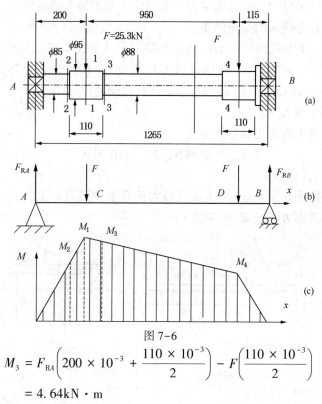

图 7-6

$$M_3 = F_{RA}\left(200 \times 10^{-3} + \frac{110 \times 10^{-3}}{2}\right) - F\left(\frac{110 \times 10^{-3}}{2}\right)$$

$$= 4.64\mathrm{kN \cdot m}$$

（3）强度计算

现在对上述三个截面同时进行强度较核。

截面 1-1（C 截面）：

$$\sigma_{\mathrm{max}1} = \frac{M_1}{W_{z1}} = \frac{4.72 \times 10^3}{\frac{\pi}{32}(95 \times 10^{-3})^3} = 56 \times 10^6 = 56\mathrm{MPa} < [\,\sigma\,]$$

截面 2-2：

$$\sigma_{\mathrm{max}2} = \frac{M_2}{W_{z2}} = \frac{3.42 \times 10^3}{\frac{\pi}{32}(85 \times 10^{-3})^3} = 56.7 \times 10^6 = 56.7\mathrm{MPa} < [\,\sigma\,]$$

截面 3-3：

$$\sigma_{\mathrm{max}3} = \frac{M_3}{W_{z3}} = \frac{4.64 \times 10^3}{\frac{\pi}{32}(88 \times 10^{-3})^3} = 69.4 \times 10^6 = 69.4\mathrm{MPa} < [\,\sigma\,]$$

由上面的结果可知,最大正应力并非发生于弯矩最大的截面上。当然心轴满足强度要求,且有较大的安全储备。

【例7-3】 T形截面铸铁梁的载荷和截面尺寸如图7-7(a)所示。铸铁的抗拉许用应力为$[\sigma_t] = 30\text{MPa}$,抗压许用应力为$[\sigma_c] = 160\text{MPa}$。已知截面对形心轴$z$的惯性矩为$I_z = 763\text{cm}^4$,且$y_1 = 52\text{mm}$。试较核梁的强度。

【解】 (1) 求反力

由静力平衡方程求出梁的支座反力为

$$F_{RA} = 2.5\text{kN}, \ F_{RB} = 10.5\text{kN}$$

(2) 求内力(弯矩)

作梁的弯矩图如图7-7(b)所示。最大正弯矩在截面C上,$M_C = 2.5\text{kN} \cdot \text{m}$。最大负弯矩在截面$B$上,$M_B = -4\text{kN} \cdot \text{m}$。

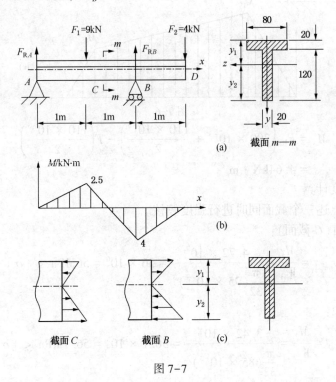

图 7-7

(3) 强度计算

T形截面对中性轴不对称,同一截面上的最大拉应力和最大压应力并不相等。计算最大应力时,应以y_1和y_2分别代入公式(7-2)。

在截面 B 上，弯矩是负的，最大拉应力发生于上边缘各点[图 7-7(c)]，且

$$\sigma_{t1} = \frac{|M_B| \cdot y_1}{I_z} = \frac{(4 \times 10^3)(52 \times 10^{-3})}{763 \times (10^{-2})^4} = 27.2 \times 10^6 = 27.2 \text{MPa}$$

最大压应力发生于下边缘各点，且

$$\sigma_{c1} = \frac{|M_B| \cdot y_2}{I_z} = \frac{(4 \times 10^3)(120 \times 10^{-3} + 20 \times 10^{-3} - 52 \times 10^{-3})}{763 \times (10^{-2})^4}$$

$$= 46.2 \times 10^6 \text{Pa} = 46.2 \text{MPa}$$

在截面 C 上，虽然弯矩 M_C 小于 M_B 的绝对值，但 M_C 是正弯矩，最大拉应力发生于下边缘各点，而这些点到中性轴的距离却比较远，因而就有可能发生比截面 B 还要大的拉应力。由公式(7-2)得

$$\sigma_{t2} = \frac{M_C \cdot y_2}{I_z} = \frac{(2.5 \times 10^3)(120 \times 10^{-3} + 20 \times 10^{-3} - 52 \times 10^{-3})}{763 \times (10^{-2})^4}$$

$$= 28.8 \times 10^6 \text{Pa} = 28.8 \text{MPa}$$

最大压应力发生于上边缘各点，且

$$\sigma_{c2} = \frac{M_C \cdot |y_1|}{I_z} = \frac{(2.5 \times 10^3)(52 \times 10^{-3})}{763 \times (10^{-2})^4} = 34.1 \times 10^6 \text{Pa} = 34.1 \text{MPa}$$

比较截面 B 和截面 C 上的应力结果，最大拉应力发生于截面 C 的下边缘各点处，最大压应力发生于截面 B 的下边缘各点处。但从结果可看出，无论是最大拉应力或最大压应力都未超过各自的许用应力

$$\sigma_{t\max} = 28.8 \text{MPa} < [\sigma_t] = 30 \text{MPa}$$

$$\sigma_{t\max} = 46.2 \text{MPa} < [\sigma_c] = 160 \text{MPa}$$

强度条件是满足的。

§7.4 横力弯曲时的切应力 切应力强度条件

横力弯曲的梁横截面上既有弯矩又有剪力，所以横截面上既有正应力又有切应力。现在按梁截面的形状，分几种情况讨论弯曲切应力。

一、矩形截面梁

在图 7-8(a)所示矩形截面梁的任意截面上，剪力 F_S 皆与截面的对称轴 y 重合[图 7-8(b)]。关于横截面上切应力的分布规律，作以下假设：①横截面上各点的切应力的方向都平行于剪力 F_S；②切应力沿截面宽度均匀分布。在截面高

度 h 大于宽度 b 的情况下，以上述假定为基础得到的解，与精确解相比有足够的
精确度。按照这两个假设，在距中性轴为 y 的横线 pq 上，各点的切应力 τ 都相
等，且都平行于 F_s。再由切应力互等定理可知，在沿 pq 切出的平行于中性层的
pr 平面上，也必然有与 τ 相等的 τ'［图 7-8(b) 中未画 τ'，画在图 7-9 中］，而且
沿宽度 b，τ' 也是均匀分布的。

如以横截面 $m-n$ 和 m_1-n_1 从图 7-8(a) 所示梁中取出长为 $\mathrm{d}x$ 的一段
［图 7-9(a)］，设截面 $m-n$ 和 m_1-n_1 上的弯矩分别为 M 和 $M+\mathrm{d}M$，再以平行于中
性层且距中性层为 y 的 pr 平面从这一段梁中截出一部分 $prnn_1$，则在这一截出部
分的左侧面 rn 上，作用着因弯矩 M 引起的正应力；而在右侧面 pn_1 上，作用着
因弯矩 $M+\mathrm{d}M$ 引起的正应力；在顶面 pr 上，作用着切应力 τ'。

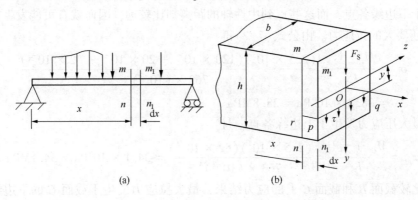

图 7-8

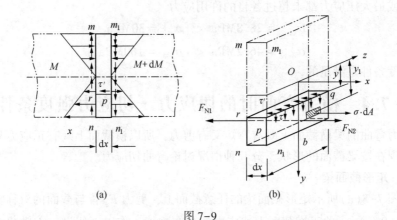

图 7-9

以上三种应力(即两侧正应力和顶面切应力 τ')都平行于 x 轴［图 7-9(a)］。

在右侧面 pn_1 上［图 7-9(b)］，由微内力 $\sigma \cdot \mathrm{d}A$ 组成的内力系的合力是

$$F_{\mathrm{N2}} = \int_{A_1} \sigma \cdot \mathrm{d}A \qquad (\mathrm{a})$$

式中 A_1 为侧面 pn_1 的面积。正应力 σ 应按公式(7-2)计算，于是

$$F_{\mathrm{N2}} = \int_{A_1} \sigma \cdot \mathrm{d}A = \int_{A_1} \frac{(M + \mathrm{d}M)y_1}{I_z}\mathrm{d}A = \frac{(M + \mathrm{d}M)}{I_z}\int_{A_1} y_1 \mathrm{d}A$$

$$= \frac{(M + \mathrm{d}M)}{I_z}S_z^*$$

式中

$$S_z^* = \int_{A_1} y_1 \mathrm{d}A \qquad (\mathrm{b})$$

为横截面的部分面积 A_1 对中性轴的静矩，也就是距中性轴为 y 的横线 pq 以下的面积对中性轴的静矩。同理，可以求得左侧面 rn 上的内力系的合力 F_{N1} 为

$$F_{\mathrm{N1}} = \frac{M}{I_z}S_z^*$$

在顶面 rp 上，与顶面相切的内力系的合力是

$$\mathrm{d}F'_{\mathrm{S}} = \tau' \cdot b\mathrm{d}x$$

F_{N2}、F_{N1} 和 $\mathrm{d}F'_{\mathrm{S}}$ 的方向都平行于 x 轴，应满足平衡方程 $\sum F_x = 0$，即

$$F_{\mathrm{N2}} - F_{\mathrm{N1}} - \mathrm{d}F'_{\mathrm{S}} = 0$$

将 F_{N2}、F_{N1} 和 $\mathrm{d}F'_{\mathrm{S}}$ 的表达式代入上式，得

$$\frac{(M + \mathrm{d}M)}{I_z}S_z^* - \frac{M}{I_z}S_z^* - \tau' \cdot b\mathrm{d}x = 0$$

简化后得出

$$\tau' = \frac{\mathrm{d}M}{\mathrm{d}x} \cdot \frac{S_z^*}{I_z b}$$

由公式(6-3)，$\dfrac{\mathrm{d}M}{\mathrm{d}x} = F_{\mathrm{S}}$，于是上式化为

$$\tau' = \frac{F_{\mathrm{S}}S_z^*}{I_z b}$$

式中 τ' 虽是距中性层为 y 的 pr 平面上的切应力，但由切应力互等定理，它等于横截面的横线 pq 上的切应力 τ，即

$$\tau = \frac{F_{\mathrm{S}}S_z^*}{I_z b} \qquad (7-8)$$

式中 F_S 为横截面上的剪力，b 为截面宽度，I_z 为整个截面对中性轴的惯性矩，S_z^* 为截面距中性轴为 y 的横线以下部分对中性轴的静矩。这就是矩形截面梁弯曲切应力的计算公式。

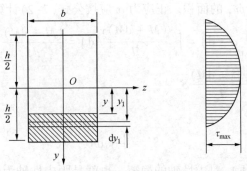

图 7–10

对于矩形截面(图 7–10)，可取 $dA = bdy$，于是(b)式化为

$$S_z^* = \int_{A_1} y_1 dA = \int_y^{\frac{h}{2}} by_1 dy_1 = \frac{b}{2}\left(\frac{h^2}{4} - y^2\right)$$

这样，公式(7–8)可以写成

$$\tau = \frac{F_S}{2I_z}\left(\frac{h^2}{4} - y^2\right) \tag{7–9}$$

从公式(7–9)可以看出，沿截面高度切应力 τ 按抛物线规律变化。当 $y = \pm\frac{h}{2}$ 时，$\tau = 0$。这表明在截面上、下边缘的各点处，切应力等于零。随着离中性轴的距离 y 的减小，τ 逐渐增大。当 $y = 0$ 时，τ 为最大值，即最大切应力发生于中性轴上，且

$$\tau_{max} = \frac{F_S h^2}{8I_z}$$

如以 $I_z = \frac{bh^3}{12}$ 代入上式，即可得出

$$\tau_{max} = \frac{3}{2}\frac{F_S}{bh} \tag{7–10}$$

可见矩形截面梁的最大切应力为平均切应力 $\frac{F_S}{bh}$ 的 1.5 倍。

二、工字形截面梁

首先讨论工字形截面梁腹板上的切应力。腹板截面是一个狭长矩形，关于矩

形截面上切应力分布的两个假设仍然适用。用同样的方法，必然导出相同的应力计算公式，即

$$\tau = \frac{F_S S_z^*}{I_z b_0}$$

若需要计算腹板上距中性轴为 y 处的切应力，则 S_z^* 为图 7-11(a) 中画阴影线部分的面积对中性轴的静矩

$$S_z^* = b\left(\frac{h}{2} - \frac{h_0}{2}\right)\left[\frac{h_0}{2} + \frac{1}{2}\left(\frac{h}{2} - \frac{h_0}{2}\right)\right] + b_0\left(\frac{h_0}{2} - y\right)\left[y + \frac{1}{2}\left(\frac{h_0}{2} - y\right)\right]$$

$$= \frac{b}{8}(h^2 - h_0^2) + \frac{b_0}{2}\left(\frac{h_0^2}{4} - y^2\right)$$

于是

$$\tau = \frac{F_S}{I_z b_0}\left[\frac{b}{8}(h^2 - h_0^2) + \frac{b_0}{2}\left(\frac{h_0^2}{4} - y^2\right)\right] \tag{7-11}$$

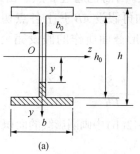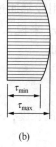

图 7-11

可见，沿腹板高度，切应力也是按抛物线规律分布的[图 7-11(b)]。以 $y = 0$ 和 $y = \pm\dfrac{h_0}{2}$ 分别代入公式(7-11)，求出腹板上的最大和最小切应力分别为

$$\tau_{max} = \frac{F_S}{I_z b_0}\left[\frac{bh^2}{8} - (b - b_0)\frac{h_0^2}{8}\right]$$

$$\tau_{min} = \frac{F_S}{I_z b_0}\left(\frac{bh^2}{8} - \frac{bh_0^2}{8}\right)$$

从以上两式看出，因为腹板的宽度 b_0 远小于翼缘的宽度 b，τ_{max} 和 τ_{min} 实际上相差不大，所以，可以认为在腹板上切应力大致是均匀分布的。若以图 7-11(b)中应力分布图的面积乘以腹板宽度 b_0，即可得到腹板上的总剪力 F_{S1}。计算结果表明，F_{S1} 约等于 $(0.95 \sim 0.97)F_S$。可见，横截面上的剪力 F_S 的绝大部分为腹板所承

担。既然腹板几乎承担了截面上的全部剪力，而且腹板上的切应力又接近于均匀分布，这样，就可用腹板的截面面积除剪力 F_S，近似地得出腹板内的切应力为

$$\tau = \frac{F_S}{b_0 h_0} \qquad (7-12)$$

在翼缘上，也应有平行于 F_S 的切应力分量，分布情况比较复杂，但数量很小，并无实际意义，所以通常并不进行计算。此外，翼缘上还有平行于翼缘宽度 b 的切应力分量，它与腹板内的切应力比较，一般说也是次要的。

工字形翼缘的全部面积都在离中性轴最远处，每一点的正应力都比较大，所以翼缘承担了截面上的大部分弯矩。

三*、圆形截面梁

当梁的横截面为圆形时，已经不能再假设截面上的切应力都平行于剪力 F_S。由于截面边缘上各点的切应力与圆周相切，这样，在水平弦 AB 的两个端点上，与圆周相切的切应力作用线相交于 y 轴上的某点 p[图 7-12(a)]。此外，由于对称，AB 中点 C 的切应力必定是垂直的，因而也通过 p 点。由此可以假设，AB 弦上各点切应力的作用线都通过 p 点。如再假设 AB 弦上各点切应力的垂直分量 τ_y 是相等的，于是对 τ_y 来说，就与对矩形截面所作的假设完全相同，所以可用公式(7-8)来计算，即

$$\tau_y = \frac{F_S S_z^*}{I_z b} \qquad (c)$$

式中 b 为 AB 弦的长度，S_z^* 是图 7-12(b)中画阴影线的面积对中性轴 z 的静矩。

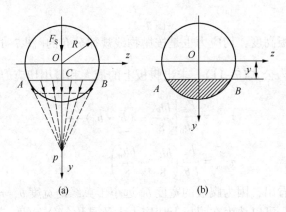

图 7-12

在中性轴上，切应力为最大值 τ_{max}，且各点的 τ_y 就是该点的总切应力。显然

此处切应力均与 y 轴平行。对中性轴上的点

$$b = 2R, \quad S_z^* = \frac{\pi R^2}{2} \cdot \frac{4R}{3\pi}$$

代入（c）式，并注意到 $I_z = \dfrac{\pi R^4}{4}$，最后得出

$$\tau_{max} = \frac{4}{3} \cdot \frac{F_S}{\pi R^2} \tag{7-13}$$

式中 $\dfrac{F_S}{\pi R^2}$ 是梁截面上的平均切应力，可见最大切应力是平均切应力的 $1\frac{1}{3}$ 倍。

四*、薄壁圆环形截面梁

当平均半径 R_0 大于壁厚（t）10 倍以上，一般就可认为是薄壁圆环，它是最简单的闭口薄壁截面[图 7-13]。

最大切应力仍在中性轴处，而位于对称轴 y 上的各点其切应力均为零，横截面上切应力流的情况示于图 7-13 中。对于薄壁圆环来说，其截面上最大切应力的近似值为

$$\tau_{max} = \frac{F_S S_z^*}{I_z b} = \frac{F_S \cdot 2R_0^2 t}{2t \cdot \pi R_0^3 t} = 2\frac{F_S}{A} \tag{7-14}$$

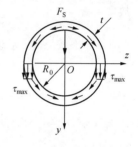

图 7-13

式中 $A = 2\pi R_0 t$ 为圆环截面的面积。可见薄壁圆环形截面梁其横截面上的最大切应力为平均切应力的 2 倍。

现在讨论弯曲切应力的强度校核。一般说，在剪力为最大的截面的中性轴上，出现最大切应力，且

$$\tau_{max} = \frac{F_{Smax} S_{zmax}^*}{I_z b} \tag{7-15}$$

式中 S_{zmax}^* 是中性轴以下（或以上）部分截面对中性轴的静矩。中性轴上各点的正应力等于零，所以都是纯剪切。弯曲切应力的强度条件是

$$\tau_{max} \leqslant [\tau] \tag{7-16}$$

细长梁的控制因素通常是弯曲正应力。满足弯曲正应力强度条件的梁，一般说都能满足切应力的强度条件。只有在下述情况下，要进行梁的弯曲切应力的强度校核：①梁的跨度较短，或在支座附近作用有较大的载荷，以致梁的弯矩较小，而剪力颇大；②铆接或焊接的工字梁，如腹板较薄而截面高度颇大，以致厚

度与高度的比值小于型钢的相应比值，这时，对腹板应进行切应力校核；③经焊接、铆接或胶合而成的梁，对焊缝、铆钉或胶合面等，一般要进行剪切应力计算；④木梁。

【**例 7-4**】 矩形截面简支梁受两个集中力 $F=35\text{kN}$ 作用，如图 7-14(a) 所示。已知矩形截面的高宽比为 $h:b=6:5$，材料为红松，其弯曲许用正应力 $[\sigma]=10\text{MPa}$，顺纹许用切应力 $[\tau]=1.1\text{MPa}$。试选择梁的截面尺寸。

【**解**】 作出梁的剪力图和弯矩图分别如图 7-14(b) 及图 7-14(c) 所示。由图可见 $F_{\text{Smax}}=35\text{kN}$，$M_{\text{max}}=14\text{kN}\cdot\text{m}$。

先按正应力强度条件选择梁的截面尺寸，由公式(7-6)可得

$$\sigma_{\text{max}} = \frac{M_{\text{max}}}{W_z} = \frac{14 \times 10^6}{\frac{1}{6}\left(\frac{5}{6}h\right)h^2} \leqslant [\sigma]$$

故

$$h \geqslant \sqrt[3]{\frac{14 \times 10^6 \times 6 \times 6}{5 \times 10}} = 216\text{mm}$$

从而

$$b = \frac{5}{6}h = 180\text{mm}$$

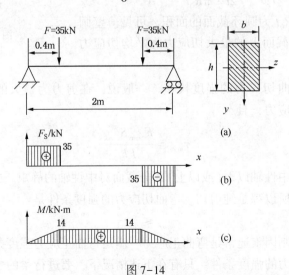

图 7-14

再按公式(7-10)计算最大切应力，并据此校核切应力强度

$$\tau_{max} = \frac{3}{2} \frac{F_S}{bh} = \frac{3}{2} \times \frac{35 \times 10^3}{216 \times 180} = 1.35\text{MPa} > [\tau]$$

可见必须按切应力强度条件重新选择截面尺寸，由

$$\tau_{max} = \frac{3}{2} \frac{F_S}{bh} = \frac{3}{2} \cdot \frac{35 \times 10^3}{\frac{5}{6}h \cdot h} < [\tau]$$

故

$$h \geqslant \sqrt{\frac{1.5 \times 35 \times 10^3 \times 6}{5 \times 1.1}} = 239\text{mm}$$

取

$$h = 240\text{mm}, \quad b = 200\text{mm}$$

由于载荷离支座较近，且木材的顺纹许用切应力较小，故该梁的强度是由切应力强度条件控制的。

【例 7-5】 设某工作平台的横梁是由 18 号工字钢制成，受力如图 7-15(a)所示。已知 $[\sigma] = 170\text{MPa}$，$[\tau] = 100\text{MPa}$。试校核此钢梁的强度。

【解】 在型钢表中查得 18 号工字钢的有关资料如下：

$$h = 180\text{mm}, \quad b = 94\text{mm}, \quad d = 6.5\text{mm}, \quad I_z = 1660\text{cm}^4$$

$$W_z = 185\text{cm}^3, \quad I_z/S_z = 15.4\text{cm}$$

忽略工字钢的自重。

经反力及内力的求解，画出的内力图见图 7-15(b)和 7-15(c)，得到最大剪力和最大弯矩分别为

$$F_{Smax} = 9.75\text{kN}, \quad M_{max} = 26\text{kN} \cdot \text{m}$$

最大弯矩在跨中截面，而最大剪力在支座附近截面处。

校核正应力：

$$\sigma_{max} = \frac{M_{max}}{W_z} = \frac{26 \times 10^3}{185 \times (10^{-2})^3} = 140.6\text{MPa} < [\sigma]$$

校核切应力：

$$\tau_{max} = \frac{F_{Smax} \cdot S_{zmax}^*}{I_z b} = \frac{F_{Smax}}{\frac{I_z}{S_z}d} = \frac{9.75 \times 10^3}{15.4 \times 10^{-2} \times 6.5 \times 10^{-3}} = 9.74\text{MPa} < [\tau]$$

钢梁安全。

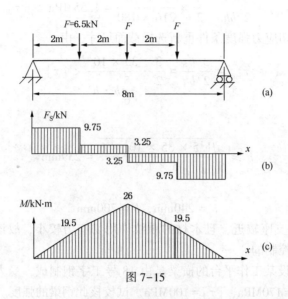

图 7-15

§7.5　提高梁弯曲强度的主要措施

设计梁的主要依据是弯曲正应力的强度条件。从该条件中可以看出，梁的抗弯强度与所用材料、横截面的形状和尺寸以及外力引起的弯矩有关。因此，为了提高梁的抗弯强度可从以下几方面考虑。

一、选择合理的截面形状

从抗弯强度方面考虑，最合理的截面形状是用最少的材料获得最大的抗弯截面模量。由于弯曲正应力沿截面高度按线性规律分布，当离中性轴最远处的正应力到达许用应力时，中性轴附近各点处的正应力仍很小。所以，将较多的材料放置在远离中性轴的部位，必然会提高材料的利用效率。

在研究截面的合理形状时，除应注意使材料远离中性轴外，还应考虑到材料的特性，最理想的应是截面上的最大拉应力和最大压应力同时达到各自的许用应力。

根据以上原则，对于抗拉强度和抗压强度相同的塑性材料，应采用对中性轴对称的截面，例如工字形、箱形截面[图 7-16(a)、(b)]。而对于抗压强度高于抗拉强度的脆性材料，则最好采用截面形心偏于受拉一侧的截面形状，如 T 字形、U 字形等截面形状[图 7-17(a)、(b)]，以使截面上的最大压应力大于最大

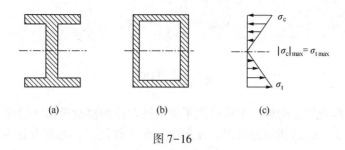

图 7-16

拉应力，如图 7-17(c)。在设计时应尽量使最大压应力和最大拉应力的关系满足下式

$$\frac{\sigma_{\text{tmax}}}{|\sigma_{\text{c}}|_{\max}} = \frac{M_{\max}y_1/I_z}{M_{\max}y_2/I_z} = \frac{y_1}{y_2} = \frac{[\sigma_{\text{t}}]}{[\sigma_{\text{c}}]}$$

式中$[\sigma_{\text{t}}]$和$[\sigma_{\text{c}}]$分别表示拉伸和压缩的许用应力。

应指出，在设计梁时，除应满足正应力强度条件外，还应满足弯曲切应力的强度条件，因此，在设计工字形、T 字形等薄壁截面梁时，也应注意使腹板具有一定的厚度，以保证梁的抗剪强度。

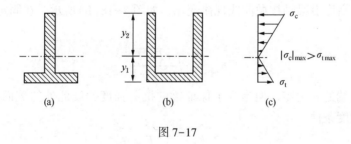

图 7-17

二、采用变截面梁或等强度梁

在一般情况下，梁内不同横截面上的弯矩不同。因此，在按最大弯矩所设计的等截面梁中，除最大弯矩所在截面外，其余截面的材料强度均未得到充分利用。鉴于上述情况，为了减轻构件重量和节省材料，在工程实际中，常根据弯矩沿梁轴的变化情况，将梁的截面也相应设计成变化的。在弯矩较大处，采用较大的截面，在弯矩较小处，采用较小的截面。这种截面沿轴变化的梁称为变截面梁。

从抗弯强度方面考虑，理想的变截面梁应使所有截面上的最大弯曲正应力均相同，并且等于许用应力。即

$$\sigma_{max} = \frac{M(x)}{W(x)} = [\sigma] \qquad (7-17)$$

或写成

$$W(x) = \frac{M(x)}{[\sigma]} \qquad (7-18)$$

这种梁称为等强度梁。上式反映了梁的抗弯截面模量沿轴线的变化规律。

例如图 7-18(a)所示悬臂梁，在集中载荷 F 作用时，弯矩方程为

$$M(x) = F \cdot x$$

根据等强度的观点，如果梁截面宽度 b 保持一定，则由式(7-18)可知，截面高度 $h(x)$ 应按下面规律变化

$$\frac{F \cdot x}{\dfrac{bh^2(x)}{6}} = [\sigma]$$

由此得

$$h(x) = \sqrt{\frac{6F \cdot x}{b \cdot [\sigma]}}$$

即截面高度沿梁轴按抛曲线规律变化，如图 7-18(b)所示。在固定端处 h 最大，其值为

$$h_{max} = \sqrt{\frac{6F \cdot l}{b \cdot [\sigma]}}$$

在自由端处 h 为零。但是为了保证梁的抗剪强度，设此处的截面高度为 h_1，则由抗剪强度条件

$$\tau_{max} = \frac{3}{2} \frac{F_S}{A} = \frac{3}{2} \frac{F}{bh_1} \leqslant [\tau]$$

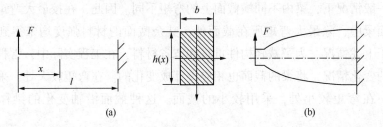

(a)　　　　　　　　　　　　　　(b)

图 7-18

解得

$$h_1 \geqslant \frac{3F}{2b[\tau]}$$

应指出，等强度设计虽然是一种较理想的设计，但考虑到加工制造的方便以及构造上的需要等，实际构件往往只能设计成近似等强度的，如阶梯轴、梯形梁等（见图 7-19）。

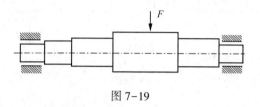

图 7-19

三、合理安排梁的受力情况

提高梁弯曲强度的另一措施是合理安排梁的约束和加载方式，从而达到提高梁的承载能力的目的。例如图 7-20(a) 所示简支梁，受均布载荷 q 作用，梁的最大弯矩为

$$M_{\max} = \frac{1}{8}ql^2$$

然而，如果将梁两端的铰支座各向内移动 $0.2l$，如图 7-20(b) 所示，则最大弯矩变为

$$M'_{\max} = \frac{1}{40}ql^2$$

可见后者仅为前者的 1/5。也就是说按图 7-20(b) 布置支座，载荷即可提高 4 倍。类似布置有门式起重机的大梁、卧式筒形容器等的支座，其支座的支撑点略向中间移动，都可以取得降低 $M_{\max}$ 的效果。

其次，合理布置载荷，也可收到降低最大弯矩的效果。例如将轴上的齿轮安置得靠近轴承，就可使齿轮传到轴上的力 F 紧靠支座。如图 7-21 所示的情况，轴的最大弯矩仅为 $M_{\max} = \dfrac{5}{36}Fl$；但如果把集中力 F 作用于轴的中点，则 $M_{\max} = \dfrac{1}{4}Fl$。相比之下，前者的最大弯矩就减少了很多。此外，在情况允许的条件下，应尽可能把较大的集中力分散成较小的力，或者改变成分布载荷。例如把作用于跨度中点的集中力 F 分散成图 7-22 所示的两个集中力，则最大弯矩将由

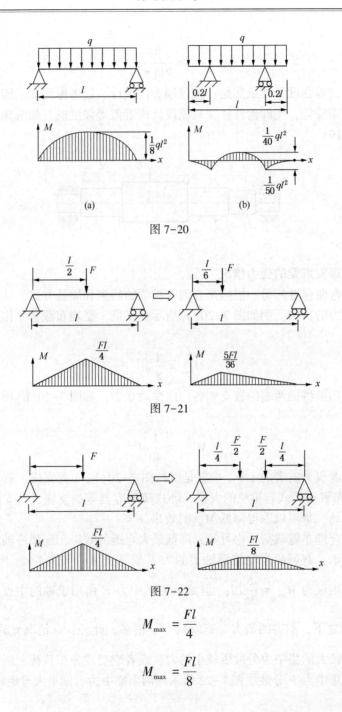

图 7-20

图 7-21

图 7-22

$$M_{max} = \frac{Fl}{4}$$

降低为

$$M_{max} = \frac{Fl}{8}$$

习 题

7-1 简支梁承受均布载荷如图所示。若分别采用截面相等的实心和空心圆截面，且 $D_1 = 40\text{mm}$，$\dfrac{d_2}{D_2} = \dfrac{3}{5}$，试分别计算它们的最大正应力。并问空心截面比实心截面的最大正应力减少了百分之几?

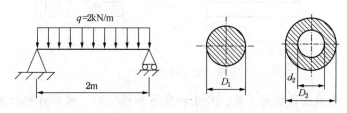

题 7-1 图

7-2 矩形截面悬臂梁如图所示，已知 $l = 4\text{m}$，$\dfrac{b}{h} = \dfrac{2}{3}$，$q = 10\text{kN/m}$，$[\sigma] = 10\text{MPa}$。试确定梁的横截面尺寸。

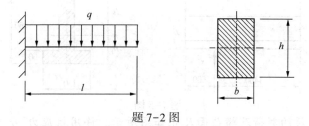

题 7-2 图

7-3 20a 号工字钢梁的支撑和受力情况如图所示。若 $[\sigma] = 160\text{MPa}$，试求许用载荷 F。

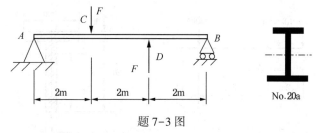

题 7-3 图

7-4 图示为一承受纯弯曲的铸铁梁，其截面为⊥形，材料的拉伸和压缩许用应力之比$[\sigma_t]/[\sigma_c] = 1/4$。求水平翼板的合理宽度$b$。

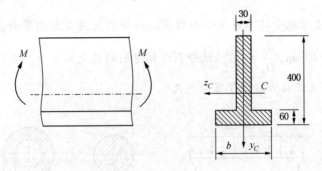

题 7-4 图

7-5 ⊥形截面铸铁悬臂梁，尺寸和载荷如图所示。若材料的拉伸许用应力$[\sigma_t] = 40\text{MPa}$，压缩许用应力$[\sigma_c] = 160\text{MPa}$，截面对形心轴$z_C$的惯性矩$I_{zC} = 10180\text{cm}^4$，$h_1 = 9.64\text{cm}$，试计算该梁的许用载荷$F$。

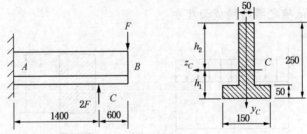

题 7-5 图

7-6 铸铁梁的载荷及横截面尺寸如图所示。许用拉应力$[\sigma_t] = 40\text{MPa}$，许用压应力$[\sigma_c] = 160\text{MPa}$。试按正应力强度条件校核梁的强度。若载荷不变，但将 T 形横截面倒置，即翼缘在下成为 ⊥ 形，是否合理？何故？

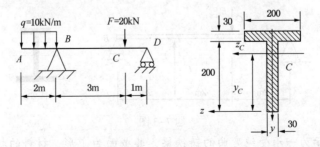

题 7-6 图

7-7 试计算图示矩形截面简支梁的 1-1 截面上 a 点和 b 点的正应力和切应力。

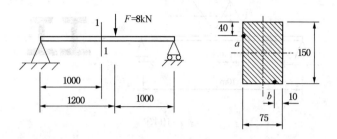

题 7-7 图

7-8 试计算在均布载荷作用下，圆截面简支梁内的最大正应力和最大切应力，并指出它们发生于何处。

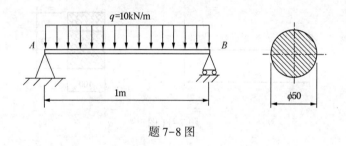

题 7-8 图

7-9 当 20 号槽钢受纯弯曲变形时，测出 A、B 两点间长度的改变为 $\Delta l = 27 \times 10^{-3}$ mm，材料的 $E = 200$ GPa。试求梁截面上的弯矩 M。

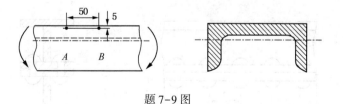

题 7-9 图

7-10 起重机下的梁由两根工字钢组成，起重机自重 $F_1 = 50$ kN，起重量 $F = 10$ kN。许用应力 $[\sigma] = 160$ MPa，$[\tau] = 100$ MPa。若暂不考虑梁的自重，试按正应力强度条件选定工字钢型号，然后再按切应力强度条件进行校核。

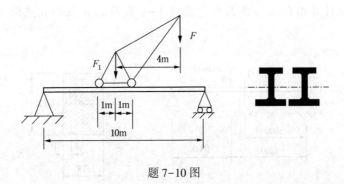

题 7-10 图

7-11 由三根木条胶合而成的悬臂梁截面尺寸如图所示，跨度 $l=1\mathrm{m}$。若胶合面上的许用切应力为 0.34MPa，木材的许用弯曲正应力为 $[\sigma]=10\mathrm{MPa}$，许用切应力为 $[\tau]=1\mathrm{MPa}$，试求许用载荷 F。

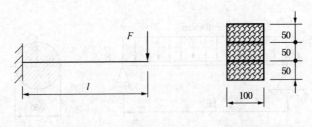

题 7-11 图

7-12 如图梁由两根 36a 工字钢铆接而成。铆钉的间距为 $s=150\mathrm{mm}$，直径 $d=20\mathrm{mm}$，许用切应力 $[\tau]=90\mathrm{MPa}$。梁横截面上的剪力 $F_{\mathrm{S}}=40\mathrm{kN}$。试校核铆钉的剪切强度。

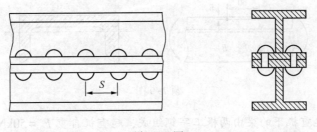

题 7-12 图

7-13 为改善载荷分布,在主梁 AB 上安置辅助梁 CD。设主梁和辅助梁的抗弯截面系数分别为 W_1 和 W_2,材料相同,试求辅助梁的合理长度 a。

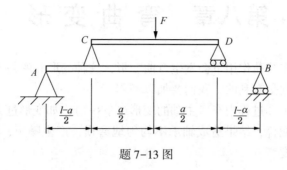

题 7-13 图

第八章 弯曲变形

工程中的梁在载荷作用下会发生弯曲变形,这种变形有的是不利的,我们应力求避免,有的则是有利的,我们要加以利用。

例如在加工工件过程中车床主轴的变形(图 8-1),如变形过大将会影响齿轮的啮合和轴承的配合,结果造成轴承不均匀地磨损,产生噪声,降低使用寿命,并且影响加工精度。

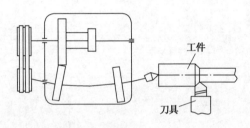

图 8-1

又如吊车大梁的变形(图 8-2),如其变形过大,会出现"爬坡"现象,将使梁上小车行走困难。

梁的变形有时则是有利的,比如有些车辆正是利用其叠板弹簧的变形(图 8-3),来达到缓冲减振的作用。

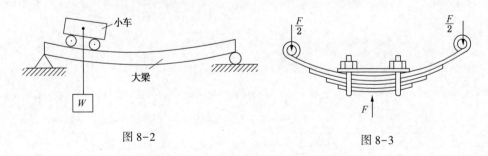

图 8-2

图 8-3

§8.1　梁的挠度和转角

如图 8-4 所示的简支梁,在载荷作用下发生弯曲变形。以梁变形前的轴线为 x

轴，垂直向上的轴为 y 轴，xy 平面为梁的纵向对称面。当梁上的载荷对称于 xy 平面或作用于 xy 平面时，变形后梁的轴线为 xy 平面内的一条曲线，称为挠曲线。

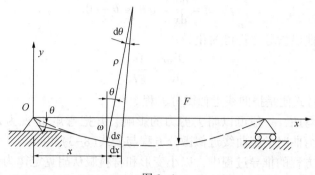

图 8-4

挠曲线上横坐标为 x 的横截面的形心沿着 y 方向的位移，称为挠度，用 ω 来表示。挠曲线方程可以写成

$$\omega = f(x)$$

在变形过程中，梁的横截面相对其原来位置转过的角度，称为截面转角，用 θ 来表示。根据平面假设，变形前、后横截面始终垂直于轴线。所以，截面转角 θ 就是 y 轴与挠曲线法线的夹角。由图 8-4 可见，y 轴与挠曲线法线的夹角应该等于挠曲线的倾角，故

$$\tan\theta = \frac{\mathrm{d}\omega}{\mathrm{d}x}, \quad \theta = \arctan\left(\frac{\mathrm{d}\omega}{\mathrm{d}x}\right) \tag{8-1}$$

挠度和转角是度量弯曲变形的两个基本量。在本教材中，我们约定以向上的挠度为正，截面转角则以逆时针转向为正。

§8.2　挠曲线近似微分方程

根据前一章的讨论，在小变形且材料服从胡克定律的情况下，对纯弯曲有

$$\frac{1}{\rho} = \frac{M}{EI}$$

根据曲线曲率的定义，有

$$\frac{1}{\rho} = \frac{\mathrm{d}^2\omega/\mathrm{d}x^2}{\left[1 + (\mathrm{d}\omega/\mathrm{d}x)^2\right]^{3/2}}$$

最终，得挠曲线微分方程为

$$\frac{\mathrm{d}^2\omega/\mathrm{d}x^2}{\left[1 + (\mathrm{d}\omega/\mathrm{d}x)^2\right]^{3/2}} = \frac{M}{EI} \tag{8-2}$$

在小变形的情况下，梁的挠度一般都远小于跨度，挠曲线是一个非常平坦的曲线，梁的变形并不明显，转角是个非常小的量，即

$$f'(x) = \frac{d\omega}{dx} = \text{tg}\theta \approx \theta \to 0$$

这时，挠曲线微分方程可简化为

$$\frac{d^2\omega}{dx^2} = \frac{M}{EI} \qquad\qquad (8-3)$$

公式(8-3)式便是挠曲线近似微分方程。

对于横力弯曲，一般可以略去剪力的影响，并把弯矩 M 视为是坐标 x 的函数，因此横力弯曲时的挠曲线近似微分方程与公式(8-3)相同。

在挠曲线方程的推导过程中，以小变形和材料服从胡克定律为前提，所以挠曲线应该是连续和光滑的，即在挠曲线的任何一点挠度 ω 和截面转角 θ 是唯一的，此即为挠曲线的连续性条件。

§8.3 积分法求弯曲变形

梁的转角方程和挠曲线方程，可通过对梁的挠曲线近似微分方程进行积分和再积分得到。对梁的挠曲线近似微分方程积分，得到转角方程为

$$\theta = \frac{d\omega}{dx} = \int \frac{M}{EI}dx + C \qquad\qquad (8-4)$$

对转角方程再积分，则得挠曲线方程为

$$\omega = \int\left(\int \frac{M}{EI}dx\right)dx + Cx + D \qquad\qquad (8-5)$$

两个积分常数 C 和 D 可根据定解条件确定，定解条件包括连续性条件和边界条件。根据连续性条件，挠曲线中不应该出现如图8-5所示的情况。

梁连续性条件的数学描述为，除端点之外的梁的任意点上

$$\theta_C^- = \theta_C^+, \; \omega_C^- = \omega_C^+$$

边界条件则是指在挠曲线的某些点上，挠度或转角为已知。比如，在固定端挠度和转角都等于零；在铰支座上挠度为零，如图8-6所示。

【例8-1】 桥式起重机的大梁和建筑中的一些梁都可简化成简支梁，梁的自重就是均布载荷。试讨论桥式起重机的大梁在自重作用下的弯曲变形。

【解】 经过对简支梁的受力分析(图8-7)，两端的约束反力和梁的弯矩方程分别为

$$F_{RA} = F_{RB} = \frac{ql}{2}, \; M = \frac{ql}{2}x - \frac{q}{2}x^2$$

将弯矩方程代入转角方程(8-4)和挠曲线方程(8-5)，得

$$\theta = \frac{1}{EI}\left(\frac{ql}{4}x^2 - \frac{q}{6}x^3\right) + C$$

$$\omega = \frac{1}{EI}\left(\frac{ql}{12}x^3 - \frac{q}{24}x^4\right) + Cx + D$$

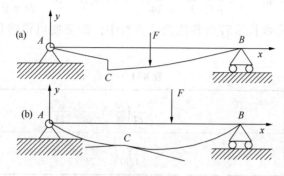

图 8-5

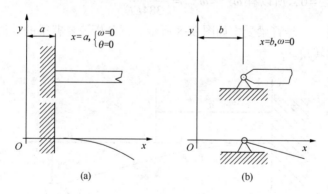

图 8-6

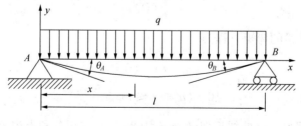

图 8-7

该简支梁的边界条件为

$$\omega_A = \omega_B = 0$$

根据边界条件，得转角和挠曲线方程中的两个积分常数分别为

$$\begin{cases} \omega \mid_A = \omega \mid_{x=0} = D = 0 \\ \omega \mid_B = \omega \mid_{x=l} = \dfrac{1}{EI}\left(\dfrac{ql}{12}l^3 - \dfrac{q}{24}l^4\right) + Cl + D = 0 \end{cases} \Rightarrow \begin{cases} C = -\dfrac{ql^3}{24EI} \\ D = 0 \end{cases}$$

将两个积分常数代入转角和挠曲线方程中，最终便可得转角和挠曲线方程如表8-1所示。

表8-1

转角 θ	$\dfrac{1}{EI}\left(\dfrac{ql}{4}x^2 - \dfrac{q}{6}x^3 - \dfrac{ql^3}{24}\right)$
挠度 ω	$\dfrac{ql}{12EI}\left(x^3 - \dfrac{x^4}{2l} - \dfrac{l^2}{2}x\right)$

由于 $\theta \mid_{x=\frac{l}{2}} = 0$，所以有 $\omega_{\max} = \omega_{x=\frac{l}{2}} = -\dfrac{5ql^4}{384EI}$。

【例8-2】　　悬臂梁受力如图8-8所示。试分析该悬臂梁的变形，并计算自由端的挠度和转角。

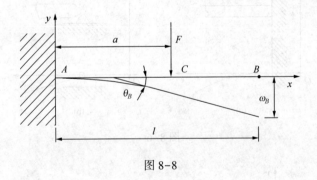

图8-8

【解】　悬臂梁的弯矩方程为

$$M = \begin{cases} -Fa + Fx & (0 \leqslant x \leqslant a) \\ 0 & (a \leqslant x \leqslant l) \end{cases}$$

将弯矩方程代入挠曲线近似微分方程(8-3)，并积分和再积分得转角和挠曲线方程分别为

$$\theta = \begin{cases} \dfrac{F}{EI}\left(-ax + \dfrac{x^2}{2} \right) + C & (0 \leqslant x \leqslant a) \\[4mm] C' & (0 \leqslant x \leqslant l) \end{cases}$$

$$\omega = \begin{cases} \dfrac{F}{EI}\left(-\dfrac{a}{2}x^2 + \dfrac{x^3}{6} \right) + Cx + D & (0 \leqslant x \leqslant a) \\[4mm] C'x + D' & (a \leqslant x \leqslant l) \end{cases}$$

该悬臂梁的边界和连续性条件分别为

$$\begin{cases} \theta_A = 0 \\ \omega_A = 0 \end{cases} \Rightarrow \begin{cases} \left[\dfrac{F}{EI}\left(-ax + \dfrac{x^2}{2} \right) + C \right]\bigg|_{x=0} = 0 \\[4mm] \left[\dfrac{F}{EI}\left(-\dfrac{a}{2}x^2 + \dfrac{x^3}{6} \right) + Cx + D \right]\bigg|_{x=0} = 0 \end{cases}$$

$$\begin{cases} \theta_C^- = \theta_C^+ \\ \omega_C^- = \omega_C^+ \end{cases} \Rightarrow \begin{cases} \left[\dfrac{F}{EI}\left(-ax + \dfrac{x^2}{2} \right) + C \right]\bigg|_{x=a} = C' \\[4mm] \left[\dfrac{F}{EI}\left(-\dfrac{a}{2}x^2 + \dfrac{x^3}{6} \right) + Cx + D \right]\bigg|_{x=a} = C'x + D' \big|_{x=a} \end{cases}$$

根据边界和连续性条件，得四个积分常数分别为

$$C = D = 0, \quad C' = -\frac{Fa^2}{2EI}, \quad D' = \frac{Fa^3}{6EI}$$

将求得的积分常数代入转角和挠曲线方程中，便可得转角和挠曲线方程如表 8-2 所示。

表 8-2

项　　目	AC 段（$0 \leqslant x \leqslant a$）	CB 段（$a \leqslant x \leqslant l$）
转角 θ	$-\dfrac{F}{2EI}(2ax - x^2)$	$-\dfrac{Fa^2}{2EI}$
挠度 ω	$-\dfrac{Fx^2}{6EI}(3a - x)$	$-\dfrac{Fa^2}{6EI}(3x - a)$

从上表可见，CB 段为直线，自由端的挠度和转角分别为 $-\dfrac{Fa^2}{6EI}(3l - a)$、$-\dfrac{Fa^2}{2EI}$。

从上可见，积分法计算梁变形的步骤为：

（1）确定梁的弯矩方程；

（2）通过积分和再积分得到含有待定积分常数的转角和挠曲线方程；

（3）根据定解条件确定积分常数；

（4）将积分常数代回前面的转角和挠曲线方程中，最终得梁的转角方程和挠曲线方程。

通过积分法可以求解梁的变形，但是由于在转角和挠曲线方程中含有待定积分常数，而这些积分常数的数目是随着弯矩方程的增加而增加的，所以当梁上载荷复杂时其求解过程相当繁琐。

§8.4　叠加法求弯曲变形

在小变形前提下，计算弯矩是根据梁变形前的位置，所以弯矩与载荷的关系是线性的。既然弯矩与载荷的关系是线性的，那么多个载荷共同作用下梁的弯矩是每个载荷单独作用时弯矩的叠加，即

$$M = M_1 + M_2 + \cdots$$

于是，在小变形且材料服从胡克定律的情况下，由挠曲线近似微分方程，得

$$\frac{\mathrm{d}^2\omega}{\mathrm{d}x^2} = \frac{M}{EI} = \frac{M_1}{EI} + \frac{M_2}{EI} + \cdots = \frac{\mathrm{d}^2\omega_1}{\mathrm{d}x^2} + \frac{\mathrm{d}^2\omega_2}{\mathrm{d}x^2} + \cdots = \frac{\mathrm{d}^2(\omega_1 + \omega_2 + \cdots)}{\mathrm{d}x^2}$$

可见，在小变形且材料服从胡克定律的情况下，梁在多个载荷共同作用下的变形为每个载荷单独作用引起的变形的叠加，此即为求解多个载荷共同作用引起的变形问题的叠加法。

例如，根据叠加法如图 8-9 所示悬臂梁的变形是集中力和外力偶单独作用引起的变形的叠加，于是自由端的挠度和转角分别为

$$\omega_B(\vec{F}, \vec{M}_e) = \omega_B(\vec{F}) + \omega_B(\vec{M}_e), \ \theta_B(\vec{F}, \vec{M}_e) = \theta_B(\vec{F}) + \theta_B(\vec{M}_e)$$

图 8-9

为了便于用叠加法计算梁的变形，表 8-3 中列出了梁在若干简单载荷作用下的变形。

表 8-3　梁在简单载荷作用下的变形

序号	梁的简图	挠曲线方程	端截面转角	最大挠度
1		$\omega = -\dfrac{M_e x^2}{2EI}$	$\theta_B = -\dfrac{M_e l}{EI}$	$\omega_B = -\dfrac{M_e l^2}{2EI}$
2		$\omega = -\dfrac{Fx^2}{6EI}(3l-x)$	$\theta_B = -\dfrac{Fl^2}{2EI}$	$\omega_B = -\dfrac{Fl^3}{3EI}$
3		$\omega = -\dfrac{Fx^2}{6EI}(3a-x)\ (0 \leqslant x \leqslant a)$ $\omega = -\dfrac{Fa^2}{6EI}(3x-a)\ (a \leqslant x \leqslant l)$	$\theta_B = -\dfrac{Fa^2}{2EI}$	$\omega_B = -\dfrac{Fa^2}{6EI}(3l-a)$
4		$\omega = -\dfrac{qx^2}{24EI}(x^2-4lx+6l^2)$	$\theta_B = -\dfrac{ql^3}{6EI}$	$\omega_B = -\dfrac{ql^4}{8EI}$

材料力学

序号	梁的简图	挠曲线方程	端截面转角	最大挠度
5		$\omega = -\dfrac{M_e x}{6EIl}(l-x)(2l-x)$	$\theta_A = \dfrac{M_e l}{3EI}$ $\theta_B = \dfrac{M_e l}{6EI}$	$x = \left(1 - \dfrac{1}{\sqrt{3}}\right)l,$ $\omega_{\max} = \dfrac{M_e l^2}{9\sqrt{3}EI}$ $x = \dfrac{l}{2}, \omega_{\frac{l}{2}} = \dfrac{M_e l^2}{16EI}$
6		$\omega = \dfrac{M_e x}{6EIl}(l^2 - x^2)$	$\theta_A = -\dfrac{M_e l}{6EI}$ $\theta_B = \dfrac{M_e l}{3EI}$	$x = \dfrac{1}{\sqrt{3}},$ $\omega_{\max} = -\dfrac{M_e l^2}{9\sqrt{3}EI}$ $x = \dfrac{1}{2}, \omega_{\frac{l}{2}} = -\dfrac{M_e l^2}{16EI}$
7		$\omega = \dfrac{M_e x}{6EIl}(l^2 - 3b^2 - x^2)$ $(0 \le x \le a)$ $\omega = \dfrac{M_e}{6EIl}[-x^3 + 3l(x-a)^2 + (l^2 - 3b^2)x]$ $(a \le x \le l)$	$\theta_A = \dfrac{M_e}{6EIl}(l^2 - 3b^2)$ $\theta_B = \dfrac{M_e}{6EIl}(l^2 - 3a^2)$	

续表

序号	梁的简图	挠曲线方程	端截面转角	最大挠度
8		$\omega = -\dfrac{Fx}{48EI}(3l^2-4x^2)$ $\left(0 \le x \le \dfrac{l}{2}\right)$	$\theta_A = -\theta_B = -\dfrac{Fl^2}{16EI}$	$\omega_{\max} = -\dfrac{Fl^3}{48EI}$
9		$\omega = -\dfrac{Fbx}{6EIl}(l^2-x^2-b^2)$ $(0 \le x \le a)$ $\omega = -\dfrac{Fb}{6EIl}\left[\dfrac{l}{b}(x-a)^3 + (l^2-b^2)x-x^3\right]$ $(a \le x \le l)$	$\theta_A = -\dfrac{Fab(l+b)}{6EIl}$ $\theta_B = \dfrac{Fab(l+a)}{6EIl}$	设 $a>b$, 在 $x=\sqrt{\dfrac{l^2-b^2}{3}}$ 处, $\omega_{\max} = -\dfrac{Fb(l^2-b^2)^{3/2}}{9\sqrt{3}EIl}$ 在 $x=\dfrac{l}{2}$ 处, $\omega_{\frac{l}{2}} = -\dfrac{Fb(3l^2-4b^2)}{48EI}$
10		$\omega = -\dfrac{qx}{24EI}(l^3-2lx^2+x^3)$	$\theta_A = -\theta_B = -\dfrac{ql^3}{24EI}$	$\omega_{\max} = -\dfrac{5ql^4}{384EI}$

【例8-3】 桥式起重机大梁的自重为均布载荷，其载荷集度为 q。作用于跨度中点的吊重为集中力 F，如图8-10所示。试求跨度中点 C 的挠度和 A 端的转角。

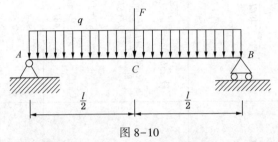

图 8-10

【解】 根据求梁弯曲变形的叠加法，桥式起重机在自重和吊重共同作用下的变形为自重和吊重分别单独作用引起的变形的叠加。

于是，跨度中点 C 的挠度和 A 端的转角应为

$$\omega_C(F,\ q) = \omega_C(F) + \omega_C(q),\quad \theta_A(F,\ q) = \theta_A(F) + \theta_A(q)$$

根据表8-3中8的结果，得 $\omega_C(F)$ 和 $\theta_A(F)$ 分别为

$$\omega_C(F) = -\frac{Fl^3}{48EI},\quad \theta_A(F) = -\frac{Fl^2}{16EI}$$

再根据表8-3中10的结果，得 $\omega_C(q)$ 和 $\theta_A(q)$ 分别为

$$\omega_C(q) = -\frac{5ql^4}{384EI},\quad \theta_A(q) = -\frac{ql^3}{24EI}$$

最终，根据叠加法得跨度中点 C 的挠度和 A 端的转角分别为

$$\omega_C = -\frac{Fl^3}{48EI} - \frac{5ql^4}{384EI},\quad \theta_A = -\frac{Fl^2}{16EI} - \frac{ql^3}{24EI}$$

【例8-4】 如图8-11所示简支梁的一部分上作用着均布载荷 $\left(b<\dfrac{l}{2}\right)$。试求

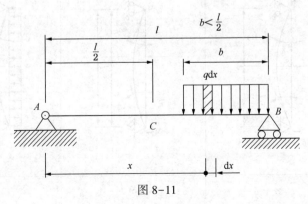

图 8-11

跨度中点的挠度和转角。

【解】 在均布载荷分布段取一微段，则由于该微段相对梁的跨度小得很多，所以该微段上均布载荷的合力可视为是大小为 $q\mathrm{d}x$ 的集中力。

根据表 8-3 中 9 的结果，集中力 $q\mathrm{d}x$ 引起的简支梁中点的挠度和转角分别为

$$-\frac{q\mathrm{d}x(l-x)}{48EI}\big[3l^2-4(l-x)^2\big],\quad \frac{-q\mathrm{d}x(l-x)}{6EIl}\left[\frac{l^2}{4}-(l-x)^2\right]$$

则根据叠加法，该均布载荷引起的简支梁中点的挠度和转角为

$$\omega_C=-\frac{q}{48EI}\int_{l-b}^{l}\big[3l^2-4(l-x)^2\big](l-x)\,\mathrm{d}x=-\frac{qb^2}{48EI}\left[\frac{3l^2}{2}-b^2\right]$$

$$\theta_C=-\frac{q}{6EIl}\int_{l-b}^{l}\left[\frac{l^2}{4}-(1-x)^2\right]\mathrm{d}x(l-x)=-\frac{qb^2}{24EIl}\left(\frac{l^2}{2}-b^2\right)$$

【例 8-5】 外伸梁受力如图 8-12(a)所示。试用叠加法计算端点 C 的挠度和转角。

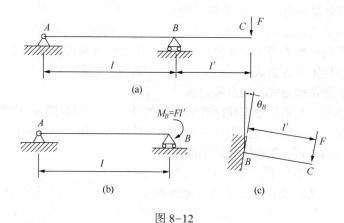

图 8-12

【解】 设想用一个截面 B 将外伸梁分成两部分，分成左侧的简支梁和右侧的悬臂梁，根据静力等效的原则，简支梁和悬臂梁的受力如图 8-12(b)和(c)所示。

由于外伸梁在 B 点是连续的，所以悬臂梁的固定端转角应该与简支梁 B 端转角同。外伸梁外伸段的挠度和转角则可视为是悬臂梁整体绕其固定端转动 $\theta_B^{简}[\theta_B^{简}$ 为图 8-12(b)中 B 点的转角]引起的挠度和转角与悬臂梁在其自由端的载荷作用下引起的挠度和转角的叠加。

根据表 8-3 中 6 的结果，有

$$\theta_B^{简} = -\frac{Fl'l}{3EI}$$

又根据表 8-3 中 2 的结果，悬臂梁在其自由端载荷作用下引起的挠度 $\omega_C^{悬}$ 和转角 $\theta_C^{悬}$ 分别为

$$\omega_C^{悬} = -\frac{Fl'^3}{3EI}, \quad \theta_C^{悬} = -\frac{Fl'^2}{2EI}$$

最终根据叠加法，得外伸梁外伸端的挠度和转角分别为

$$\omega_C = \omega_C^{悬} + \theta_B l' = -\frac{Fl'^2}{3EI}(l + l'), \quad \theta_C = \theta_C^{悬} + \theta_B^{简} = -\frac{Fl'}{EI}\left(\frac{l}{3} + \frac{l'}{2}\right)$$

§8.5 梁的刚度校核 提高梁弯曲刚度的主要措施

挠度和转角是度量梁变形的两个基本量，我们研究弯曲变形主要就是为了求取梁的最大挠度和最大转角，使其满足如下的刚度条件

$$|\omega|_{max} \leq [\omega], \quad |\theta|_{max} \leq [\theta] \tag{8-6}$$

式中 $[\omega]$ 为许可挠度，$[\theta]$ 为许可转角。

从梁的挠曲线近似微分方程及其积分可见，梁的弯曲变形与弯矩、跨长、支座条件、梁截面惯性矩等密切相关。提高梁的刚度可先从改善梁的受力、支座条件和梁截面惯性矩等方面入手。

一、改善梁结构形式，减小弯矩值

设法减小弯矩是提高梁弯曲刚度的主要措施之一。在如图 8-13 所示带轮传动中的卸荷装置，能把皮带拉力经过滚动轴承传递给箱体，从而免除了传动轴上皮带拉力引起的弯矩，提高了传动轴的刚度。

在结构允许的条件下，合理布局支座，能够降低最大弯矩值，从而收到提高梁弯曲刚度的良好效果。比如，对于如图 8-14(a) 所示的双杠来说，对其强度最为不利的是如图 8-14(b) 和 8-14(c) 所示的两种受力情况，其双杠的最大弯矩随 a 值的变化如图 8-14(d) 所示 (杠长 l' 为定值)。

从图 8-14(d) 中可见，当 $a = \dfrac{l}{4} = \dfrac{l'}{6}$ 时，双杠的最大弯矩为最小，所以标准双杠的尺寸是 $a = \dfrac{l}{4} = \dfrac{l'}{6}$。

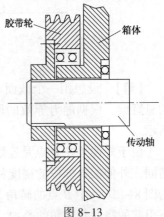

图 8-13

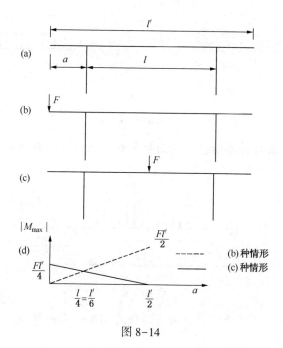

图 8-14

在集中力作用下，简支梁的挠度与跨度的三次方成正比。如能缩小跨度一半，则挠度能减小为原来的 $\frac{1}{8}$。因此，缩小跨度也不失为一种提高梁刚度的有效方法。

在允许的情况下，适当增加支撑也可提高梁的刚度。如在车削细长工件时，除了用尾顶针外，有时还加用中心架或跟刀架，以增加工件的刚度，有利于提高加工精度。

二、选择合理的截面形状

选择较大惯性矩的合理截面，是提高弯曲刚度的有效措施。例如，工字形、槽形、T 形截面的惯性矩均大于同等面积矩形截面的惯性矩，所以起重机的梁一般是采用工字形或箱形截面。

除此之外，弯曲变形还与材料的弹性模量有关，弹性模量越大梁的刚度就越好。但是由于各种钢材的弹性模量相差不大，所以单纯为了提高梁的弯曲刚度而采用高强度钢材，并不可取。

习　题

8-1　用积分法求图示各梁的挠曲线方程及自由端的挠度和转角。设 EI 为常数。

129

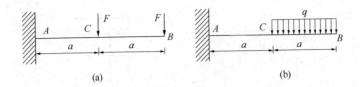

(a)   (b)

题 8-1 图

8-2 用积分法计算图示梁端截面转角和跨度中点的挠度以及最大挠度。设 *EI* 为常数。

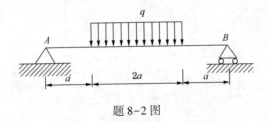

题 8-2 图

8-3 用积分法计算外伸梁自由端的挠度以及 *B* 点的转角。设 *EI* 为常数,弹簧刚度为 *K*。

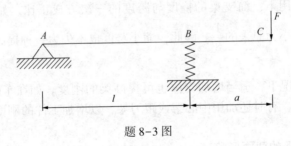

题 8-3 图

8-4 用叠加法求图示各梁截面 *A* 的挠度和截面 *B* 的转角。设 *EI* 为常数。

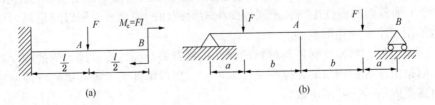

(a)   (b)

题 8-4 图

8-5 用叠加法求图示外伸梁外伸端的挠度和转角。设 *EI* 为常数。

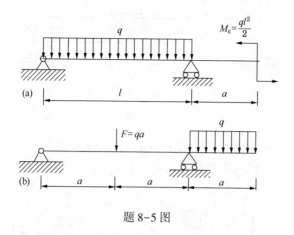

题 8-5 图

8-6 变截面梁如图所示，试求跨度中点 C 挠度。

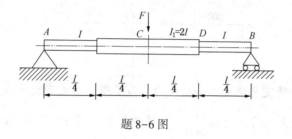

题 8-6 图

8-7 求图示变截面梁自由端的挠度和转角。

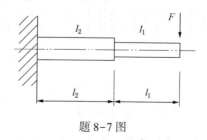

题 8-7 图

8-8 桥式起重机的最大载荷为 $W=20kN$。起重机大梁为 32a 工字钢，$E=210GPa$，$l=8.76m$，规定 $[\omega]=\dfrac{l}{500}$。试校核梁的刚度。

131

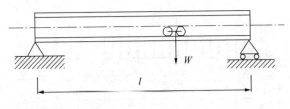

题 8-8 图

8-9 钢轴受力如图所示。$E=200\text{GPa}$，左端轮上受力 $P=20\text{kN}$。规定 A 处的许可转角 $[\theta]=0.5°$。试确定该轴的直径。

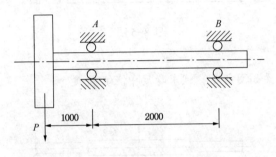

题 8-9 图

8-10 一个简支房梁受力如图所示。为了避免在梁下天花板上的灰泥可能开裂，要求梁的最大挠度不超过 $\dfrac{l}{360}$。材料的弹性模量 $E=6.9\text{GPa}$。试求梁横截面惯性矩的许可值。

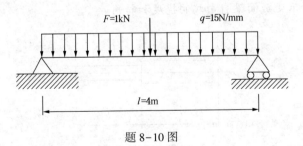

题 8-10 图

8-11 刚架 $BCDE$ 用铰与悬臂梁的自由端 B 相连接，EI 相同，且等于常数。若不计结构的自重，试求 F 力作用点 E 的位移。

8-12 悬臂梁如图所示，有载荷 F 沿着梁移动。如使载荷移动时总保持相同的高度，试问应将梁的轴线预弯成怎样的曲线? 设 EI 为常数。

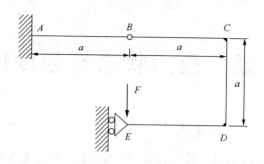

题 8-11 图

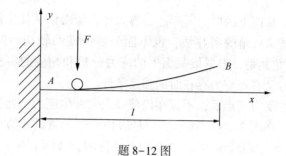

题 8-12 图

8-13 图中两根梁的 EI 值相同，且等于常数。两个梁之间为铰链连接，试求外力 F 作用点的位移。

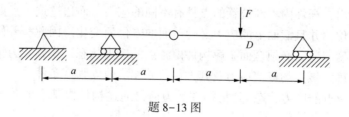

题 8-13 图

第九章　应力状态与强度理论

§9.1　引　　言

前几章中，讨论了杆件在拉压、剪切、扭转和弯曲等基本变形形式下横截面上的应力，并且根据横截面上的应力以及相应的实验结果，建立了只有正应力或只有切应力存在时的强度条件。但这些对于稍复杂的强度问题还远远不够。

例如，根据横截面上的应力，不能回答为什么低碳钢试件拉伸至屈服时，表面会出现与轴线成45°角的滑移线；也不能分析铸铁圆轴扭转时，为什么会沿45°螺旋面破坏。尤其是，根据横截面上的应力分析和相应的实验结果，不能直接建立既有正应力又有切应力存在时的强度条件。

事实上，杆件受力变形后，不仅在横截面上会产生应力，而且在斜截面上也会产生应力。例如在图9-1(a)所示的拉杆表面画一斜置的正方形，受拉后，正方形变成了菱形(图中虚线所示)，这表明在拉杆的斜截面上有切应力存在。又如在图9-1(b)所示的圆轴表面画一圆，受扭后，此圆变为一斜置椭圆，长轴方向表示承受拉应力而伸长，短轴方向表示承受压应力而缩短，也就是说，扭转时，杆的斜截面上有正应力的作用。

可以看出，杆件内不同位置的点具有不同的应力，而通过这一点的截面可以有不同的方位，并且截面上的应力又随截面的方位而变化。因此，要研究受力复杂构件的强度问题，必须全面了解构件内各点的应力状态，找到受力情况最恶劣的危险点，确定该点的极值应力及其方位，并相应建立强度条件。

所谓"一点的应力状态"是指构件受力后，通过构件内某点的各个截面上的应力情况。为了描述一点的应力状态，通常是围绕着该点取出一个微小的正六面体，即单元体。由于其三个方向上的尺寸均为无穷小，因此可以认为，在单元体的各个面上应力均匀分布，并且在各对平行侧面上的应力相等。这样的单元体的应力状态可以代表一点的应力状态。而取单元体时，应尽量使三对面上的应力容易计算(图9-2)。

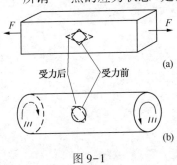

受力后　受力前

(a)

(b)

图9-1

在图 9-2(b)中，单元体的三个
相互垂直的面上均无切应力，这种切
应力等于零的平面称为主平面。主平
面上的正应力称为主应力。一般说，
通过受力构件的任意点皆可找到三个
互相垂直的主平面，因而每一点都有
三个主应力。在三个主应力中，有一
个是通过该点所有各截面上最大的正
应力，有一个是最小的正应力。三个
主应力通常用 σ_1、σ_2 和 σ_3 表示，它

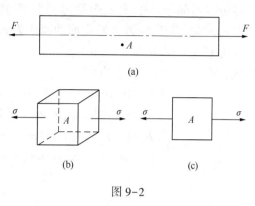

图 9-2

们是按数值大小的顺序排列的，即 $\sigma_1 \geqslant \sigma_2 \geqslant \sigma_3$。一点的应力状态常用该点处的
三个主应力来表示。

对简单拉伸(或压缩)，三个主应力中只有一个不等于零，称为单向应力状
态。若三个主应力中有两个不等于零，称为二向或平面应力状态。当三个主应力
皆不等于零时，称为三向或空间应力状态。单向应力状态也称为简单应力状态，
二向和三向应力状态也统称为复杂应力状态。

§9.2　二向应力状态分析——解析法

对于发生横力弯曲的梁来说，横截面上除上、下边缘处外，任一点上既有正
应力又有切应力。所以横截面不是这些点的主平面，横截面上的弯曲正应力也不
是这些点的主应力。对于类似的二向应力状态，我们希望在已知过某点的某些截
面上的应力后，能够确定过该点的其他截面上的应力情况，从而确定其主应力和
主平面。本节将对此进行讨论。

一、斜截面上的应力

在图 9-3(a)所示单元体的各面上，设应力分量 σ_x、σ_y、τ_{xy} 和 τ_{yx} 皆为已知。
图 9-3(b)为单元体的正投影。这里 σ_x 和 τ_{xy} 是法线与 x 轴平行的面上的正应力
和切应力；σ_y 和 τ_{yx} 是法线与 y 轴平行的面上的正应力和切应力。切应力 τ_{xy} (或
τ_{yx})有两个角标，第一个角标 x (或 y)表示切应力作用平面的法线方向；第二个
角标 y (或 x)则表示切应力的方向平行于 y 轴(或 x 轴)。关于应力的符号规定为：
正应力是拉为正，压为负；切应力是对单元体内任意点取矩，顺时针为正，反之
为负。按照上述符号规则，在图 9-3(a)中，σ_x、σ_y 和 τ_{xy} 为正，而 τ_{yx} 为负。

现在求任意斜截面 ef 上的应力分量。设 ef 面的外法线 n 与 x 轴的夹角为 α。
规定：由 x 轴转到外法线 n 为逆时针转向时，α 为正；反之为负。以截面 ef 把单

元体分成两部分，并研究 *aef* 部分的平衡[图 9-3(c)]。σ_α 和 τ_α 分别表示斜截面 *ef* 上的正应力和切应力。若 *ef* 面的面积为 d*A*[图 9-3(d)]，则 *af* 面和 *ae* 面的面积应分别是 d*A*sinα 和 d*A*cosα。把作用于 *aef* 部分上的力投影于 *ef* 面的外法线 *n* 和切线 *t* 的方向，所得平衡方程为

$$\sum F_n = 0,\ \sigma_\alpha dA + (\tau_{xy}dA\cos\alpha)\sin\alpha - (\sigma_x dA\cos\alpha)\cos\alpha +$$
$$(\tau_{yx}dA\sin\alpha)\cos\alpha - (\sigma_y dA\sin\alpha)\sin\alpha = 0$$

$$\sum F_t = 0,\ \tau_\alpha dA - (\tau_{xy}dA\cos\alpha)\cos\alpha - (\sigma_x dA\cos\alpha)\sin\alpha +$$
$$(\sigma_y dA\sin\alpha)\cos\alpha + (\tau_{yx}dA\sin\alpha)\sin\alpha = 0$$

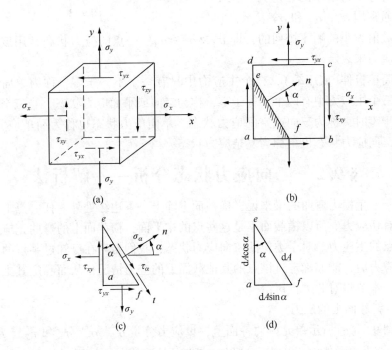

(a)

(b)

(c)

(d)

图 9-3

根据切应力互等定理，τ_{xy} 和 τ_{yx} 在数值上相等，以 τ_{xy} 代换 τ_{yx}，并利用三角函数的倍角公式进一步简化上列两个平衡方程，最后得出

$$\sigma_\alpha = \frac{\sigma_x + \sigma_y}{2} + \frac{\sigma_x - \sigma_y}{2}\cos2\alpha - \tau_{xy}\sin2\alpha \qquad (9-1)$$

$$\tau_\alpha = \frac{\sigma_x - \sigma_y}{2}\sin2\alpha + \tau_{xy}\cos2\alpha \qquad (9-2)$$

以上公式给出了 α 角为任意值的斜截面 ef 上的应力与原单元体周边应力的关系，它表明斜截面上的应力随截面方位角 α 的改变而变化，正应力 σ_α 和切应力 τ_α 都是 2α 的周期函数。因此利用以上公式还可确定正应力和切应力的极值，并确定各极值所在平面的位置。

二、主应力和主平面

将公式(9-1)对 α 求导数，得

$$\frac{\mathrm{d}\sigma_\alpha}{\mathrm{d}\alpha} = -2\left(\frac{\sigma_x - \sigma_y}{2}\sin 2\alpha + \tau_{xy}\cos 2\alpha\right)$$

若 $\alpha = \alpha_0$ 时，能使导数 $\dfrac{\mathrm{d}\sigma_\alpha}{\mathrm{d}\alpha} = 0$，则在 α_0 所确定的截面上，正应力为最大值或最小值。以 α_0 代入上式，并令其等于零(注意上式中括号里表示的恰好是 τ_α 的表达式)，得到

$$\frac{\sigma_x - \sigma_y}{2}\sin 2\alpha_0 + \tau_{xy}\cos 2\alpha_0 = \tau_\alpha\big|_{\alpha=\alpha_0} = 0$$

由此得出

$$\mathrm{tg}2\alpha_0 = \frac{-2\tau_{xy}}{\sigma_x - \sigma_y} \tag{9-3}$$

由公式(9-3)可以求出相差 $90°$ 的两个角度 α_0，它们确定两个互相垂直的平面，其中一个是最大正应力所在的平面，另一个是最小正应力所在的平面。并且，最大或最小正应力所在截面恰好是切应力 τ_α 等于零的截面。按主平面的定义，这就是主平面，其上的正应力就是主应力，所以主应力就是最大或最小的正应力。

从公式(9-3)求出 $\sin 2\alpha_0$ 和 $\cos 2\alpha_0$，代入公式(9-1)，可求得最大和最小正应力为

$$\left.\begin{array}{r}\sigma_{\max}\\ \sigma_{\min}\end{array}\right\} = \frac{\sigma_x + \sigma_y}{2} \pm \sqrt{\left(\frac{\sigma_x - \sigma_y}{2}\right)^2 + \tau_{xy}^2} \tag{9-4}$$

需要指出的是，上式计算的主应力是平面应力状态(即二向应力状态)中的两个主应力，这时与该平面垂直的另一个主应力为零。而在使用公式(9-3)、公式(9-4)时，如果约定用 σ_x 表示两个正应力中代数值较大的一个，即 $\sigma_x > \sigma_y$，则公式(9-3)所确定的两个 α_0 中，绝对值较小的一个确定 $\sigma_{\max}$ 所在的平面。

三、最大切应力及其作用面

用完全相似的方法，可以确定最大和最小切应力以及它们所在的平面。将公式(9-2)对 α 求导数，得

$$\frac{\mathrm{d}\tau_\alpha}{\mathrm{d}\alpha} = (\sigma_x - \sigma_y)\cos 2\alpha - 2\tau_{xy}\sin 2\alpha$$

若 $\alpha=\alpha_1$ 时，能使导数 $\dfrac{\mathrm{d}\tau_\alpha}{\mathrm{d}\alpha}=0$，则在 α_1 所确定的斜截面上，切应力为最大值或最小值。以 α_1 代入上式，并令其等于零，得

$$(\sigma_x - \sigma_y)\cos 2\alpha_1 - 2\tau_{xy}\sin 2\alpha_1 = 0$$

由此求得

$$\mathrm{tg}2\alpha_1 = \frac{\sigma_x - \sigma_y}{2\tau_{xy}} \tag{9 - 5}$$

由公式(9-5)可以求出相差 90°的两个角度 α_1，从而确定两个互相垂直的平面，其上分别作用着最大切应力和最小切应力。由公式(9-5)求出 $\sin 2\alpha_1$ 和 $\cos 2\alpha_1$，代入公式(9-2)，可求得最大和最小切应力为

$$\left.\begin{array}{r}\tau_{\max}\\ \tau_{\min}\end{array}\right\} = \pm\sqrt{\left(\frac{\sigma_x - \sigma_y}{2}\right)^2 + \tau_{xy}^2} \tag{9 - 6}$$

比较公式(9-3)和公式(9-5)可见

$$\mathrm{tg}2\alpha_1 = -\frac{1}{\mathrm{tg}2\alpha_0} = -\mathrm{ctg}2\alpha_0 = \mathrm{tg}(2\alpha_0 \pm 90°)$$

所以有

$$2\alpha_1 = 2\alpha_0 \pm \frac{\pi}{2}, \quad \alpha_1 = \alpha_0 \pm \frac{\pi}{4}$$

即最大和最小切应力所在平面与主平面的夹角为 45°(见图 9-4)。

【**例 9-1**】 已知某一受力构件(例如拉杆)，构件上一点的应力状态如图 9-5 所示。求任意斜截面上的应力，该斜截面上的外法线 n 与 x 轴所成的角为 α。

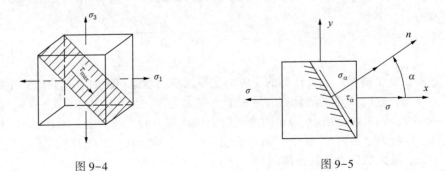

图 9-4　　　　　　　　　　　　　　　图 9-5

【**解**】 已知 $\sigma_x = \sigma$，$\sigma_y = 0$，$\tau_{xy} = \tau_{yx} = 0$。按公式(9-1)和公式(9-2)分别得

$$\sigma_\alpha = \frac{\sigma}{2} + \frac{\sigma}{2}\cos 2\alpha = \sigma\cos^2\alpha$$

$$\tau_\alpha = \frac{\sigma}{2}\sin 2\alpha = \sigma\sin\alpha\cos\alpha$$

这就是直杆受到轴向拉压时，斜截面上应力的计算公式。

【例 9-2】 已知构件内一点的平面应力状态如图 9-6 所示。求任意斜截面上的正应力和切应力。

【解】 按应力的符号规则，选定 $\sigma_x =$ 40MPa，$\sigma_y = -20$MPa，$\tau_{xy} = -10$MPa。由几何关系可知 $\alpha = -60°$。代入公式（9-1）和公式（9-2）可得

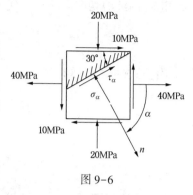

图 9-6

$$\sigma_\alpha = \frac{40-20}{2} + \frac{40-(-20)}{2}\cos(-2\times60°) - (-10)\sin(-2\times60°)$$

$$= -13.67\text{MPa}$$

$$\tau_\alpha = \frac{40-(-20)}{2}\sin(-2\times60°) + (-10)\cos(-2\times60°)$$

$$= 20.98\text{MPa}$$

【例 9-3】 讨论圆轴扭转时的应力状态，并分析铸铁试样受扭时的破坏现象。

【解】 圆轴扭转时，在横截面的边缘处切应力最大，其数值为

$$\tau = \frac{T}{W_t}$$

在圆轴的表层，按图 9-7(a) 所示方式取出单元体 $ABCD$，单元体各面上的应力如图 9-7(b) 所示，按应力的符号规则，有 $\sigma_x = \sigma_y = 0$，$\tau_{xy} = \tau$。这就是第四章

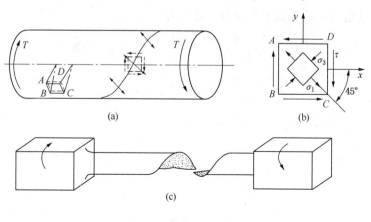

(a)

(b)

(c)

图 9-7

139

所讨论过的纯剪切应力状态。代入公式(9-4)，得

$$\left.\begin{array}{c}\sigma_{\max}\\\sigma_{\min}\end{array}\right\} = \frac{\sigma_x + \sigma_y}{2} \pm \sqrt{\left(\frac{\sigma_x - \sigma_y}{2}\right)^2 + \tau_{xy}^2} = \pm\tau$$

由公式(9-3)可知

$$\text{tg}2\alpha_0 = -\frac{2\tau_{xy}}{\sigma_x - \sigma_y} \rightarrow -\infty$$

所以

$$2\alpha_0 = -90° \text{ 或 } -270°$$
$$\alpha_0 = -45° \text{ 或 } -135°$$

以上结果表明，从 x 轴量起，由 $\alpha_0 = -45°$(顺时针方向)所确定的主平面上的主应力为 $\sigma_{\max}$，而由 $\alpha_0 = -135°$ 所确定的主平面上的主应力为 $\sigma_{\min}$。按照主应力的记号规定为

$$\sigma_1 = \sigma_{\max} = \tau, \ \sigma_2 = 0, \ \sigma_3 = \sigma_{\min} = -\tau$$

所以，纯剪切的两个主应力的绝对值相等，都等于切应力 τ，但一个为拉应力，一个为压应力。

圆截面铸铁试样扭转时，表面各点 $\sigma_{\max}$ 所在的主平面连成倾角为 45° 的螺旋面[图 9-7(a)]。由于铸铁抗拉强度较低，试件将沿这一螺旋面因拉伸而发生断裂破坏，如图 9-7(c)所示。

§9.3　二向应力状态分析——图解法

在图 9-3(a)所示的二向应力状态下，当 σ_x、σ_y 和 τ_{xy} 为已知时，用解析法计算法线倾角为 α 的斜截面上应力的公式为

$$\sigma_\alpha = \frac{\sigma_x + \sigma_y}{2} + \frac{\sigma_x - \sigma_y}{2}\cos2\alpha - \tau_{xy}\sin2\alpha$$

$$\tau_\alpha = \frac{\sigma_x - \sigma_y}{2}\sin2\alpha + \tau_{xy}\cos2\alpha$$

显然，可以把这两式看作是以角度 α 为参数的参数方程，并可将其改写成以下形式

$$\sigma_\alpha - \frac{\sigma_x + \sigma_y}{2} = \frac{\sigma_x - \sigma_y}{2}\cos2\alpha - \tau_{xy}\sin2\alpha$$

$$\tau_\alpha = \frac{\sigma_x - \sigma_y}{2}\sin2\alpha + \tau_{xy}\cos2\alpha$$

将这两式等号两边平方，然后相加便可消去 α，于是有

$$\left(\sigma_\alpha - \frac{\sigma_x + \sigma_y}{2}\right)^2 + \tau_\alpha^2 = \left(\frac{\sigma_x - \sigma_y}{2}\right)^2 + \tau_{xy}^2 \tag{9-7}$$

因为 σ_x、σ_y 和 τ_{xy} 为已知量，所以上式是一个以 σ_α 和 τ_α 为变量的圆周方程。设横坐标为 σ，纵坐标为 τ，则该圆的圆心 C 的坐标为 $\left(\dfrac{\sigma_x + \sigma_y}{2},\ 0\right)$，半径为

$R = \sqrt{\left(\dfrac{\sigma_x - \sigma_y}{2}\right)^2 + \tau_{xy}^2}$。这一圆周称为应力圆，也称莫尔圆。该圆周上任一点的横、纵坐标，分别代表所研究单元体上倾角为 α 的斜截面上的应力 σ_α 和 τ_α。因此单元体斜截面上的应力与应力圆周上的点的坐标有一一对应的关系。

现以图 9-8（a）所示二向应力状态为例，说明应力圆的画法。具体步骤如下：

（1）在 $\sigma-\tau$ 直角坐标系内，按比例量取横坐标 $OA = \sigma_x$，纵坐标 $AD = \tau_{xy}$，得到 D 点[图 9-8（b）]。D 点的横、纵坐标分别代表单元体上以 x 为法线的面上的

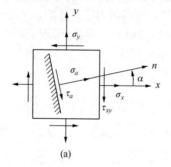

(a)

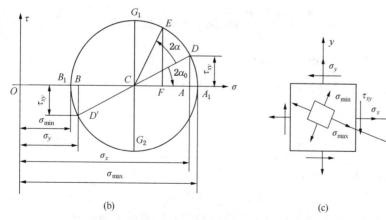

(b)　　　　　　　　　　　　(c)

图 9-8

正应力和切应力。

（2）再按比例在横坐标上量取 $\overline{OB}=\sigma_y$，在纵坐标上量取 $\overline{BD'}=\tau_{yx}$，得到 D' 点。τ_{yx} 为负，故 D' 点的纵坐标也为负。D' 点的横、纵坐标分别代表单元体上以 y 为法线的面上的正应力和切应力。

（3）连接 D、D'，交横坐标于 C，以 C 点为圆心、CD 为半径作圆，即得式（9-7）所表示的应力圆。

从图 9-8（b）上，可以看出

$$\overline{CA}=\frac{\overline{OA}-\overline{OB}}{2}=\frac{\sigma_x-\sigma_y}{2}=\overline{CB}$$

$$\overline{OC}=\overline{OA}-\overline{CA}=\sigma_x-\frac{\sigma_x-\sigma_y}{2}=\frac{\sigma_x+\sigma_y}{2}$$

$$\overline{CE}=\overline{CD}=\sqrt{\overline{CA}^2+\overline{AD}^2}=\sqrt{\left(\frac{\sigma_x-\sigma_y}{2}\right)^2+\tau_{xy}^2}$$

可以证明，单元体上任意斜截面上的应力都对应着应力圆上的一个点。例如，由 x 轴到任意斜截面法线 n 的夹角为逆时针的 α。在应力圆上，从 D 点（它代表以 x 轴为法线的面上的应力）也按逆时针方向沿圆周转到 E 点，且使 DE 弧所对的圆心角为 α 的两倍，则 E 点的坐标就代表以 n 为法线的斜面上的应力。因为 E 点的坐标为

$$\overline{OF}=\overline{OC}+\overline{CE}\cos(2\alpha_0+2\alpha)$$
$$=\overline{OC}+\overline{CE}\cos2\alpha_0\cos2\alpha-\overline{CE}\sin2\alpha_0\sin2\alpha$$
$$=\overline{OC}+(\overline{CD}\cos2\alpha_0)\cos2\alpha-(\overline{CD}\sin2\alpha_0)\sin2\alpha$$
$$=\overline{OC}+\overline{CA}\cos2\alpha-\overline{AD}\sin2\alpha$$
$$=\frac{\sigma_x+\sigma_y}{2}+\frac{\sigma_x-\sigma_y}{2}\cos2\alpha-\tau_{xy}\sin2\alpha$$

$$\overline{EF}=\overline{CE}\sin(2\alpha_0+2\alpha)$$
$$=(\overline{CD}\sin2\alpha_0)\cos2\alpha+(\overline{CD}\cos2\alpha_0)\sin2\alpha$$
$$=\overline{AD}\cos2\alpha+\overline{CA}\sin2\alpha$$
$$=\tau_{xy}\cos2\alpha+\frac{\sigma_x-\sigma_y}{2}\sin2\alpha=\frac{\sigma_x-\sigma_y}{2}\sin2\alpha+\tau_{xy}\cos2\alpha$$

与公式（9-1）、公式（9-2）比较，可见

$$\overline{OF}=\sigma_\alpha,\quad \overline{EF}=\tau_\alpha$$

这就证明了，E 点的坐标代表法线倾角为 α 的斜面上的应力。

通过前面的讨论，可以得出应力圆与单元体应力状态之间如下的对应关系：

（1）应力圆上任意一点的坐标，代表单元体内相应截面上的应力分量。

（2）如单元体内两个截面外法线的夹角为 α，则应力圆上相应两点间所夹的圆心角为 2α，且转向相同。

这些对应关系可以概括为："点面对应，转向相同，转角二倍。"

利用应力圆还可以求出主应力的数值和确定主平面的方位。应力圆上的 A_1 和 B_1 两点横坐标为最大值和最小值，而纵坐标都为零，因此这两点的横坐标值即代表了主平面上的主应力。即

$$\sigma_{max} = \overline{OA_1} = \overline{OC} + \overline{CA_1}$$

$$= \frac{\sigma_x + \sigma_y}{2} + \sqrt{\left(\frac{\sigma_x - \sigma_y}{2}\right)^2 + \tau_{xy}^2}$$

$$\sigma_{min} = \overline{OB_1} = \overline{OC} - \overline{CB_1}$$

$$= \frac{\sigma_x + \sigma_y}{2} - \sqrt{\left(\frac{\sigma_x - \sigma_y}{2}\right)^2 + \tau_{xy}^2}$$

这就是公式(9-4)。而主平面的方位角 α_0，也可从应力圆中得出。在应力圆上，由 D 点(代表法线为 x 轴的平面上的应力)到 A_1 点所对应的圆心角为顺时针的 $2\alpha_0$[图 9-8(b)]。在单元体中[图 9-8(c)]，由 x 轴也按顺时针量取 α_0，这就确定了 σ_{max} 所在主平面的法线位置。按照关于 α 的符号规定，顺时针的 α_0 是负的，$\mathrm{tg}2\alpha_0$ 应为负值。由图 9-8(b)可看出

$$\mathrm{tg}2\alpha_0 = -\frac{\overline{AD}}{\overline{CA}} = -\frac{2\tau_{xy}}{\sigma_x - \sigma_y}$$

这就是公式(9-3)。

从图 9-8(b)中还可看出，应力圆上还存在另外两个极值点 G_1 和 G_2，它们的纵坐标分别代表单元体中的最大切应力和最小切应力。因为 $\overline{CG_1}$ 和 $\overline{CG_2}$ 都是应力圆的半径，所以

$$\left.\begin{array}{r}\tau_{max}\\\tau_{min}\end{array}\right\} = \pm\sqrt{\left(\frac{\sigma_x - \sigma_y}{2}\right)^2 + \tau_{xy}^2}$$

这就是公式(9-6)。又因为应力圆的半径也等于 $\dfrac{\sigma_{max} - \sigma_{min}}{2}$，故又可写成

$$\left.\begin{array}{r}\tau_{max}\\\tau_{min}\end{array}\right\} = \pm\frac{\sigma_{max} - \sigma_{min}}{2}$$

在应力圆上，A_1 和 G_1 所对圆心角为逆时针的 $90°$，因此由 $\sigma_{\max}$ 所在主平面的法线到 $\tau_{\max}$ 所在平面的法线应为逆时针的 $45°$。还可看出，G_1 点和 G_2 点的横坐标相同，这说明最大切应力和最小切应力所在平面上的正应力相等，都等于 $(\sigma_x + \sigma_y)/2$。

【例 9 – 4】 已知图 $9-9(a)$ 所示单元体的 $\sigma_x = 80\text{MPa}$，$\sigma_y = -40\text{MPa}$，$\tau_{xy} = -60\text{MPa}$，$\tau_{yx} = 60\text{MPa}$。试用应力圆求主应力，并确定主平面位置。

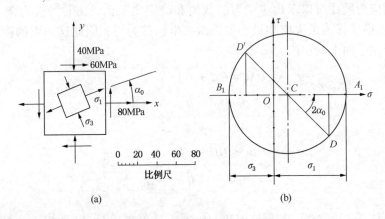

图 9-9

【解】 在 $\sigma-\tau$ 坐标系内，按选定的比例尺，由 $(80，-60)$ 和 $(-40，60)$ 分别确定出 D 点和 D' 点，连接 D、D'，与横坐标轴交于 C 点。以 C 为圆心，CD 为半径作应力圆[图 9-9(b)]。应力圆与横坐标轴交于 A_1 和 B_1，再按所用比例尺量出(考虑主应力符号规定)

$$\sigma_1 = \overline{OA_1} = 105\text{MPa}, \quad \sigma_3 = \overline{OB_1} = -65\text{MPa}$$

在这里另一个主应力 $\sigma_2 = 0$。

在应力圆上量取由 D 到 A_1 的圆心角，因逆时针方向所以为正值，得 $\angle DCA_1 = 2\alpha_0 = 45°$(此圆心角等于主应力 σ_1 作用面的外法线到 x 轴夹角的两倍)。所以在单元体中从 x 以逆时针方向量取 $\alpha_0 = 22.5°$，就可以确定 σ_1 所在主平面的法线，如图 9-9(a)所示。

§9.4　三向应力状态简介

对三向应力状态，这里只讨论当三个主应力已知时，三向应力圆的画法和单元体内的最大切应力。

如前所述，在三向应力状态下，主应力序号按它们的代数值排列，即 $\sigma_1 \geqslant \sigma_2 \geqslant \sigma_3$。而单向应力状态和二向应力状态都可看作是三向应力状态的特殊情况。

当主平面和主应力已知时，很容易绘制三向应力圆。图 9-10(a)表示一三向应力状态的单元体，主应力 σ_1、σ_2 及 σ_3 为已知，今欲求与 σ_3 平行的任意斜截面上的应力。因截面与 σ_3 平行，σ_3 不会在该截面上引起任何应力，故该截面上的应力只取决于 σ_1 和 σ_2。于是可像二向应力状态那样，用 σ_1 和 σ_2 所决定的应力圆来确定该斜截面上的应力值。同理，与 σ_2 平行的斜截面上的应力则与 σ_2 无关，只取决于 σ_1 和 σ_3，可由 σ_1 和 σ_3 所决定的应力圆确定。而与 σ_1 平行的斜截面上的应力，就只取决于 σ_2 和 σ_3 了，可由 σ_2 和 σ_3 所决定的应力圆确定。

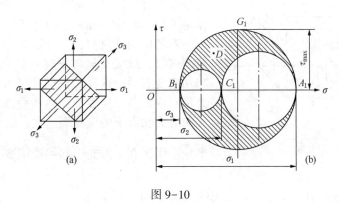

图 9-10

这样，我们得到三个两两相切的应力圆，称为三向应力圆。可以证明，与三个主应力都不平行的任意斜截面上的应力，可由图 9-10(b)中阴影区域内的点来表示，不在此详述。

从三向应力圆可以看出，最大和最小正应力分别为最大和最小主应力。即

$$\sigma_{max} = \sigma_1, \quad \sigma_{min} = \sigma_3$$

而最大切应力则为

$$\tau_{max} = \frac{\sigma_1 - \sigma_3}{2} \tag{9-8}$$

并且位于与 σ_1 和 σ_3 皆成 45°的截面上。

由于二向应力状态可看作是三向应力状态的特例，即有一个主应力为零，所以在讨论其 σ_{max}、σ_{min} 和 τ_{max} 时，必须要考虑到为零的那个主应力，否则将得到错误结果。

§9.5　广义胡克定律

第二章介绍的胡克定律 $\sigma = E\varepsilon$，仅给出了单向应力状态下正应力 σ 与线应变

ε 的关系(此时横向应变为 $\varepsilon' = -\mu\varepsilon = -\mu\dfrac{\sigma}{E}$)；第四章介绍的胡克定律 $\tau = G\gamma$，仅给出了纯剪切应力状态下切应力 τ 与切应变 γ 的关系。

下面，要研究三向应力状态下应力与应变的普遍关系。而这时，描述一点的应力状态需要九个应力分量，如图 9-11 所示。考虑到切应力互等定理，τ_{xy} 和 τ_{yx}，τ_{yz} 和 τ_{zy}，τ_{zx} 和 τ_{xz} 都分别数值相等。这样，原来的九个应力分量中独立的就只有六个。这种情况可以看作是三组单向应力和三组纯剪切的组合。

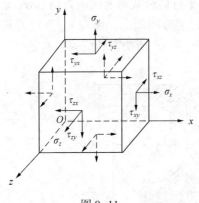

图 9-11

对各向同性材料，当变形很小且在线弹性范围内时，线应变只与正应力有关；切应力只与切应变有关。这样，我们就可求出与各应力分量对应的各个应变值，然后叠加，从而得到三向应力状态下的应变表达式。例如，由于 σ_x 单独作用，在 x 方向引起的线应变为 $\dfrac{\sigma_x}{E}$，由于 σ_y 或 σ_z 单独作用，在 x 方向引起的线应变则分别是 $-\mu\dfrac{\sigma_y}{E}$ 或 $-\mu\dfrac{\sigma_z}{E}$。而三个切应力分量皆与 x 方向的线应变无关。叠加以上结果得

$$\varepsilon_x = \frac{\sigma_x}{E} - \mu\frac{\sigma_y}{E} - \mu\frac{\sigma_z}{E} = \frac{1}{E}\left[\sigma_x - \mu(\sigma_y + \sigma_z)\right]$$

同理，可以求出沿 y 和 z 方向的线应变 ε_y 和 ε_z。最后得到

$$\left.\begin{aligned}
\varepsilon_x &= \frac{1}{E}\left[\sigma_x - \mu(\sigma_y + \sigma_z)\right] \\[2mm]
\varepsilon_y &= \frac{1}{E}\left[\sigma_y - \mu(\sigma_z + \sigma_x)\right] \\[2mm]
\varepsilon_z &= \frac{1}{E}\left[\sigma_z - \mu(\sigma_x + \sigma_y)\right]
\end{aligned}\right\} \qquad (9-9)$$

至于切应变，与正应力分量无关；与切应力之间仍然和纯剪切一样，呈线形关系，即服从剪切胡克定律。这样，在 xy、yz、zx 三个面内的切应变分别为

$$\gamma_{xy} = \frac{\tau_{xy}}{G}$$

$$\gamma_{yz} = \frac{\tau_{yz}}{G} \qquad (9-10)$$

$$\gamma_{zx} = \frac{\tau_{zx}}{G}$$

公式(9-9)和公式(9-10)称为广义胡克定律。它们都只适用于各向同性材料。对于各向异性材料，应力-应变关系要复杂得多。

对于主单元体，如使 x、y、z 的方向分别与 σ_1、σ_2、σ_3 的方向一致。这时广义胡克定律化为

$$\left.\begin{aligned}
\varepsilon_1 &= \frac{1}{E}\left[\sigma_1 - \mu(\sigma_2 + \sigma_3)\right] \\
\varepsilon_2 &= \frac{1}{E}\left[\sigma_2 - \mu(\sigma_3 + \sigma_1)\right] \\
\varepsilon_3 &= \frac{1}{E}\left[\sigma_3 - \mu(\sigma_1 + \sigma_2)\right]
\end{aligned}\right\} \tag{9-11}$$

$$\gamma_{xy} = 0, \ \gamma_{yz} = 0, \ \gamma_{zx} = 0$$

上式是表明主应力和主应变关系的胡克定律。可知在三对主平面上的切应变等于零。

现在讨论单元体在复杂应力状态下体积的改变。因为单元体的各个棱边均有线应变，故其体积一般也发生改变。设在变形前单元体各棱边的长度分别为 dx、dy 和 dz(图9-12)，其体积为

$$V = dxdydz$$

在变形后的体积为

$$\begin{aligned}
V_1 &= dx(1+\varepsilon_1) \cdot dy(1+\varepsilon_2) \cdot dz(1+\varepsilon_3) \\
&= V(1+\varepsilon_1)(1+\varepsilon_2)(1+\varepsilon_3)
\end{aligned}$$

展开上式，并略去主应变的高阶微量后，可得

$$V_1 = V(1+\varepsilon_1+\varepsilon_2+\varepsilon_3)$$

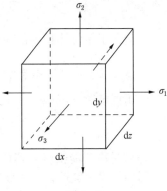

图 9-12

可见，单位体积的体积改变，也称体应变，用 θ 表示，为

$$\theta = \frac{V_1 - V}{V} = \varepsilon_1 + \varepsilon_2 + \varepsilon_3$$

把公式(9-11)代入上式，化简后得

$$\theta = \varepsilon_1 + \varepsilon_2 + \varepsilon_3 = \frac{1-2\mu}{E}(\sigma_1 + \sigma_2 + \sigma_3) \tag{9-12}$$

由上式可知，体应变取决于三个主应力的代数和。如用 σ_m 表示其平均值，则上式可写成

$$\theta = \frac{3(1 - 2\mu)}{E} \cdot \frac{\sigma_1 + \sigma_2 + \sigma_3}{3} = \frac{\sigma_m}{K} \qquad (9 - 13)$$

式中

$$K = \frac{E}{3(1 - 2\mu)}$$

K 称为体积弹性模量。由公式(9-13)可以看出，单位体积的体积改变 θ 只与三个主应力之和有关，而与三个主应力的比例无关。或者说，体应变 θ 与平均应力 σ_m 成正比，此即体积胡克定律。

§9.6 复杂应力状态的应变能密度

固体受外力作用而变形。在变形过程中，外力所做的功将转变为储存于固体内的能量，这种因变形而储存的能量称为应变能。而单位体积内的应变能称为应变能密度。

当杆件发生轴向拉伸或压缩时，如杆长为 l，横截面积为 A，拉力从零开始缓慢增加到 F，而杆件相应伸长 Δl，则杆内存储的应变能(详见 §11.1)为

$$V_\varepsilon = \frac{1}{2}F\Delta l$$

而储存于单位体积内的应变能为

$$\nu_\varepsilon = \frac{V_\varepsilon}{V} = \frac{F\Delta l}{2Al} = \frac{1}{2} \cdot \frac{F}{A} \cdot \frac{\Delta l}{l} = \frac{1}{2}\sigma\varepsilon$$

由胡克定律 $\sigma = E\varepsilon$，上式可写成

$$\nu_\varepsilon = \frac{1}{2}\sigma\varepsilon = \frac{E\varepsilon^2}{2} = \frac{\sigma^2}{2E} \qquad (9 - 14)$$

ν_ε 就是应变能密度，其单位为 J/m^3。

同理，对于纯剪切应力状态，应变能密度为

$$\nu_\varepsilon = \frac{1}{2}\tau\gamma = \frac{G\gamma^2}{2} = \frac{\tau^2}{2G} \qquad (9 - 15)$$

在三向应力状态下，弹性体应变能与外力做功在数值上仍然相等。并只取决于外力和变形的最终值，而与加载的次序无关。这样，就可以选择一个便于计算其应变能的加载次序，所得应变能与其他加载次序相同。为此，假定应力按比例同时从零缓慢增加到最终值，在线弹性的情况下，每一主应力与相应的主应变之间仍保持线性关系。因而，与每一主应力相应的应变能密度仍可按式(9-14)计算。于是三向应力状态下的应变能密度为

$$\nu_\varepsilon = \frac{1}{2}\sigma_1\varepsilon_1 + \frac{1}{2}\sigma_2\varepsilon_2 + \frac{1}{2}\sigma_3\varepsilon_3 \qquad (9 - 16)$$

把公式(9-11)代入上式，整理后得出

$$\nu_\varepsilon = \frac{1}{2E}[\sigma_1^2 + \sigma_2^2 + \sigma_3^2 - 2\mu(\sigma_1\sigma_2 + \sigma_2\sigma_3 + \sigma_3\sigma_1)] \qquad (9-17)$$

一般情况下，单元体上的三个主应力是不相等的，设为 $\sigma_1 > \sigma_2 > \sigma_3$，相应的主应变为 ε_1、ε_2、ε_3。由于三个主应变不相等，该单元体的三个棱边变形就不相同，它将由正立方体变为长方体。所以单元体的变形一方面表现为体积的增减，另一方面表现为形状改变(由正方体变为长方体)。因此，应变能密度 ν_ε 也分为两部分，一部分是由体积变化而储存的，称为体积改变能密度，用 ν_V 表示；另一部分是由形状改变而储存的，称为形状改变能密度或畸变能密度，用 ν_d 表示。于是

$$\nu_\varepsilon = \nu_V + \nu_d$$

参照 §9.5 的讨论，若在单元体上以平均应力 $\sigma_m = \dfrac{\sigma_1 + \sigma_2 + \sigma_3}{3}$ 代替三个主应力，则此时单位体积的改变 θ 与 σ_1、σ_2、σ_3 作用时相等。但以 σ_m 代替原来的主应力后，由于三个棱边的变形相同，所以只有体积变化而形状不变。因而这时的应变能密度也就是体积改变能密度 ν_V。用 σ_m 代替公式(9-17)中的 σ_1、σ_2、σ_3，可得

$$\nu_V = \frac{3(1-2\mu)}{2E}\sigma_m^2 = \frac{1-2\mu}{6E}(\sigma_1 + \sigma_2 + \sigma_3)^2$$

由上式和公式(9-17)，可求得畸变能密度 ν_d 为

$$\nu_d = \nu_\varepsilon - \nu_V = \frac{1+\mu}{6E}[(\sigma_1 - \sigma_2)^2 + (\sigma_2 - \sigma_3)^2 + (\sigma_3 - \sigma_1)^2] \qquad (9-18)$$

§9.7　四种常用的强度理论

当受力构件的危险点处于复杂应力状态时，如何确保构件的安全？能否用单向拉压时建立的强度条件来解决这类工程问题？如果可以，其许用应力 $[\sigma]$ 如何确定？如果不行，那么构件的破坏原因取决于哪些因素？如何建立其强度准则？为了解决这一系列问题，需要给出强度理论的概念。强度理论就是一些推测材料发生破坏原因的假说。

在轴向拉伸时，塑性材料是在应力达到屈服极限时发生流动破坏，而脆性材料是在应力达到强度极限时发生断裂破坏。所以将屈服极限 σ_s 作为塑性材料的极限应力，将强度极限 σ_b 作为脆性材料的极限应力，再除以安全系数便得到许用应力 $[\sigma]$，并可建立强度条件

$$\sigma_{max} \leqslant [\sigma]$$

可见，在单向应力状态下，强度条件是以实验为基础的。

但在工程实际中，构件上的危险点常处于复杂应力状态。而此时，上述直接通过实验来确定材料极限应力的方法，要比单向拉伸或压缩时困难得多并难以实现。因为，一是不易完全复现实际工程中遇到的各种复杂应力状态；二是复杂应力状态中应力的组合方式和比值有无穷多个，对这些各式各样的应力状态一一进行实验也不切实际。因而，解决这类问题经常是依据部分实验结果，经过推理，提出一些假说来推测材料破坏的原因，从而建立强度条件。

尽管材料破坏的现象比较复杂，但因强度不足而破坏主要有屈服和断裂两种类型。由于受力构件上各点都同时存在应力、应变以及储存了应变能，所以它不管按哪种类型破坏，都一定与危险点处的应力、应变或应变能等诸因素中的某一个或某几个因素有关。长期以来，人们根据对破坏现象的分析与研究，对材料发生破坏的决定因素提出了不同假说。这类假说认为，材料之所以按某种方式(断裂或屈服)破坏，是应力、应变或应变能密度等因素中某一种引起的。按照这类假说，无论是简单或复杂应力状态，引起破坏的因素是相同的。这些假说被称为强度理论。利用强度理论，便可由简单应力状态的实验结果，建立复杂应力状态的强度条件。

关于断裂的强度理论远在 17 世纪就已提出。那时主要的工程材料是砖、石和铸铁等脆性材料，人们观察到了大量的脆性断裂现象，从而提出了最大拉应力理论和最大伸长线应变理论。19 世纪末，工程中开始大量使用低碳钢等塑性材料，而且对塑性变形的物理本质有了较多认识，于是提出了适用于流动破坏的强度理论，这类理论主要有最大切应力理论和畸变能密度理论。此外还有近代的莫尔强度理论和双剪应力理论。但无论哪一种理论都不能适用于所有情况，许多问题还有待解决，因而，在相当长的时期内，强度理论的提出与完善，仍是材料科学重要的研究领域之一。

现将各向同性材料在常温和静载条件下常用的四种强度理论介绍如下。

一、最大拉应力理论(第一强度理论)

这一理论认为最大拉应力是引起材料断裂破坏的主要原因。即认为无论什么应力状态，只要最大拉应力 σ_1 达到某一极限值，则材料就发生断裂。于是就可用单向应力状态的实验结果来确定这一极限值。单向拉伸时只有横截面上的正应力 $\sigma_1(\sigma_2 = \sigma_3 = 0)$，且当 σ_1 达到强度极限 σ_b 时，材料断裂。这样，根据这一理论，无论是什么应力状态，只要最大拉应力 σ_1 达到 σ_b 就导致断裂。于是其断裂破坏条件为

$$\sigma_1 = \sigma_b \quad (\sigma_1 > 0) \tag{9 – 19}$$

将极限应力 σ_b 除以安全系数得到许用应力 $[\sigma]$，所以第一强度理论的强度

条件为

$$\sigma_1 \leqslant [\sigma] \quad (\sigma_1 > 0) \tag{9 - 20}$$

实践证明，铸铁等脆性材料在单向拉伸、扭转、二向拉伸、拉应力大于压应力绝对值的二向拉压等应力状态下都是符合最大拉应力理论的，其脆性断裂都是由于最大拉应力 σ_1 达到了极限应力 σ_b 而引起的。但这一理论没有考虑其他两个主应力的影响，而且对于没有拉应力的应力状态(如单向压缩、三向压缩等)，该理论也无法应用。

二、最大伸长线应变理论(第二强度理论)

这一理论认为最大伸长线应变是引起材料断裂破坏的主要原因。即认为无论什么应力状态，只要最大伸长线应变 ε_1 达到某一极限值，则材料就发生断裂。于是可用单向拉伸应力状态的实验结果来确定这一极限值。设单向拉伸直到断裂仍可用胡克定律计算应变，则拉断时伸长线应变的极限值应为 $\varepsilon_u = \dfrac{\sigma_b}{E}$。这样，根据这一理论，无论是什么应力状态，只要最大伸长线应变 ε_1 达到极限值 σ_b/E 就发生断裂。于是其断裂破坏条件为

$$\varepsilon_1 = \varepsilon_u = \frac{\sigma_b}{E} \quad (\varepsilon_1 > 0)$$

由广义胡克定律

$$\varepsilon_1 = \frac{1}{E}[\sigma_1 - \mu(\sigma_2 + \sigma_3)]$$

代入前一式可得断裂破坏条件为

$$\sigma_1 - \mu(\sigma_2 + \sigma_3) = \sigma_b \tag{9 - 21}$$

将 σ_b 除以安全系数得许用应力 $[\sigma]$，于是第二强度理论建立的的强度条件为

$$\sigma_1 - \mu(\sigma_2 + \sigma_3) \leqslant [\sigma] \tag{9 - 22}$$

尽管这一理论考虑到了其他两个主应力的影响，但是由于它只与极少数脆性材料在某些受力形式下的实验结果相吻合，所以在目前的设计中已很少采用。

三、最大切应力理论(第三强度理论)

这一理论认为最大切应力是引起材料屈服破坏的主要原因。即认为无论什么应力状态，只要最大切应力 τ_{max} 达到某一极限值，材料就发生屈服。于是可用单向应力状态来确定这一极限值。单向拉伸时只有横截面上的正应力 $\sigma_1(\sigma_2 = \sigma_3 = 0)$，且当 σ_1 达到屈服极限 σ_s 时，材料屈服。而此时，最大切应力的极限值为 $\tau_u = \dfrac{\sigma_1 - \sigma_3}{2} = \dfrac{\sigma_s}{2}$。这样，根据这一理论，无论是什么应力状态，只要最大切应力

$\tau_{\max}$ 达到 $\sigma_s/2$ 就引起材料屈服。于是其屈服破坏条件是

$$\tau_{\max} = \frac{\sigma_1 - \sigma_3}{2} = \frac{\sigma_s}{2}$$

或

$$\sigma_1 - \sigma_3 = \sigma_s \qquad (9-23)$$

将屈服极限 σ_s 除以安全系数得许用应力 $[\sigma]$，所以第三强度理论的强度条件为

$$\sigma_1 - \sigma_3 \leqslant [\sigma] \qquad (9-24)$$

最大切应力理论较为圆满地解释了塑性材料的屈服现象。例如，低碳钢拉伸时，沿与轴线成 45°的方向出现滑移线，是材料内部沿最大切应力方向滑移的痕迹。该理论概念明确，公式简单，应用广泛。但由于没有考虑中间主应力 σ_2 的影响，使按这一理论计算的结果与试验结果相比偏于安全。

四、畸变能密度理论(第四强度理论)

这一理论认为畸变能密度是引起材料屈服破坏的主要原因。即认为无论什么应力状态，只要畸变能密度 ν_d 达到某一极限值，材料就发生屈服。单向拉伸时只有横截面上的正应力 $\sigma_1(\sigma_2 = \sigma_3 = 0)$，且 σ_1 当达到屈服极限 σ_s 时，材料屈服。而这时，畸变能密度的极限值可由公式(9-18)求出为 $\nu_{du} = \dfrac{1+\mu}{6E}(2\sigma_s)^2$。这样，根据这一理论，无论是什么应力状态，只要畸变能密度 ν_d 达到上述极限值，就引起材料屈服。于是其屈服破坏条件为

$$\nu_d = \frac{1+\mu}{6E}[(\sigma_1 - \sigma_2)^2 + (\sigma_2 - \sigma_3)^2 + (\sigma_3 - \sigma_1)^2] = \nu_{du} = \frac{1+\mu}{6E}(2\sigma_s)^2$$

即

$$\sqrt{\frac{1}{2}[(\sigma_1 - \sigma_2)^2 + (\sigma_2 - \sigma_3)^2 + (\sigma_3 - \sigma_1)^2]} = \sigma_s \qquad (9-25)$$

将屈服极限 σ_s 除以安全系数得许用应力 $[\sigma]$，所以第四强度理论的强度条件为

$$\sqrt{\frac{1}{2}[(\sigma_1 - \sigma_2)^2 + (\sigma_2 - \sigma_3)^2 + (\sigma_3 - \sigma_1)^2]} \leqslant [\sigma] \qquad (9-26)$$

对塑性材料的大量实验结果表明，第四强度理论比最大切应力理论更加符合实际，且与试验数据相当吻合。两者在纯剪切的情况下差异最大，最大误差可达15%。所以目前对于塑性材料的强度计算推荐采用第四强度理论。不过第三强度理论也给出了较满意的结果，且形式简单、偏于安全，所以工程上也经常采用第三强度理论。

综合公式(9-20)、公式(9-22)、公式(9-24)、公式(9-26)，可把四个强

度理论的强度条件写成如下的统一形式

$$\sigma_r \leq [\sigma]$$

式中 σ_r 称为相当应力。它由三个主应力按一定形式组合而成。按照从第一强度理论到第四强度理论的顺序，相当应力分别为

$$\left. \begin{aligned} \sigma_{r1} &= \sigma_1 \\ \sigma_{r2} &= \sigma_1 - \mu(\sigma_2 + \sigma_3) \\ \sigma_{r3} &= \sigma_1 - \sigma_3 \\ \sigma_{r4} &= \sqrt{\frac{1}{2}\left[(\sigma_1 - \sigma_2)^2 + (\sigma_2 - \sigma_3)^2 + (\sigma_3 - \sigma_1)^2\right]} \end{aligned} \right\} \quad (9-27)$$

以上介绍了四种常用的强度理论。在工程实际中，究竟选择哪一种强度理论是一个比较复杂的问题。一般来说，铸铁、石料、混凝土、玻璃等脆性材料，通常发生断裂破坏，应采用第一和第二强度理论。碳钢、铸铁、铜、铝等塑性材料，通常发生屈服破坏，应采用第三和第四强度理论。

应该指出，不同材料固然可以发生不同形式的破坏，但即使是同一材料，在不同应力状态下，也可能有不同的破坏形式。例如，低碳钢在单向拉伸下发生屈服破坏，但低碳钢制成的螺钉受拉时，螺纹根部因应力集中引起三向拉伸，会发生断裂破坏。这是因为三向拉伸且三个主应力数值接近时，由公式(9-25)可看出，屈服将很难出现。又如，铸铁单向受拉时，会发生断裂破坏，但如以淬火钢球压在铸铁板上，接触点附近的材料处于三向受压状态，随着压力的增加，铸铁板会出现明显的凹坑，这说明材料已经屈服。以上的例子表明，材料的破坏形式与应力状态有关。无论何种材料，在三向近等值拉伸时，都发生断裂破坏，宜采用最大拉应力理论；而在三向近等值压缩时，都发生屈服破坏，宜采用第三或第四强度理论。

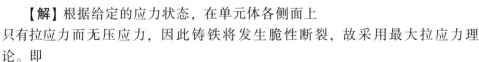

图 9-13

【例 9-5】 已知铸铁构件上危险点的应力状态如图 9-13 所示。若铸铁的抗拉许用应力 $[\sigma_t] = 30$MPa，试校核该点是否安全。

【解】根据给定的应力状态，在单元体各侧面上只有拉应力而无压应力，因此铸铁将发生脆性断裂，故采用最大拉应力理论。即

$$\sigma_1 \leqslant [\sigma_t]$$

由公式(9-4)可计算非零主应力值为

$$\left.\begin{matrix}\sigma_{max}\\\sigma_{min}\end{matrix}\right\} = \frac{\sigma_x + \sigma_y}{2} \pm \sqrt{\left(\frac{\sigma_x - \sigma_y}{2}\right)^2 + \tau_{xy}^2}$$

$$= \frac{10 + 23}{2} \pm \sqrt{\left(\frac{10 - 23}{2}\right)^2 + (-11)^2}$$

$$= \begin{matrix}29.3\\3.7\end{matrix}(MPa)$$

因为是平面应力状态,另有一个主应力为零,故三个主应力分别为

$$\sigma_1 = 29.3MPa, \quad \sigma_2 = 3.7MPa, \quad \sigma_3 = 0$$

显然

$$\sigma_1 = 29.3MPa < [\sigma_t] = 30MPa$$

故此危险点强度足够,安全。

【例9-6】 某结构上危险点的应力状态如图9-14所示。其中 $\sigma = 116.7MPa$,$\tau = 46.3MPa$。材料为钢,许用应力 $[\sigma] = 160MPa$。试校核此结构是否安全。

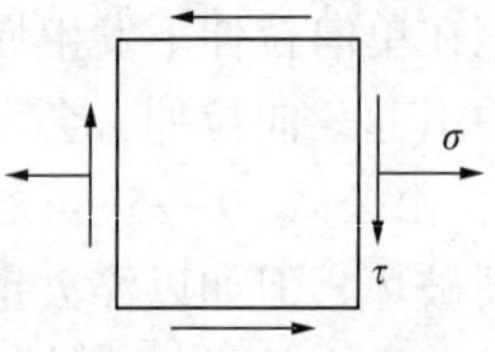

【解】 对于这种应力状态,由公式(9-4)不难求得非零的主应力为

图9-14

$$\left.\begin{matrix}\sigma_{max}\\\sigma_{min}\end{matrix}\right\} = \frac{\sigma_x + \sigma_y}{2} \pm \sqrt{\left(\frac{\sigma_x - \sigma_y}{2}\right)^2 + \tau_{xy}^2}$$

$$= \frac{\sigma}{2} \pm \sqrt{\left(\frac{\sigma}{2}\right)^2 + \tau^2}$$

因为是平面应力状态,另有一个主应力为零,故三个主应力分别为

$$\left.\begin{matrix}\sigma_1 = \frac{\sigma}{2} + \sqrt{\left(\frac{\sigma}{2}\right)^2 + \tau^2}\\[2mm]\sigma_2 = 0\\[2mm]\sigma_3 = \frac{\sigma}{2} - \sqrt{\left(\frac{\sigma}{2}\right)^2 + \tau^2}\end{matrix}\right\}$$

钢材在这种应力状态下将发生屈服,故可采用第三或第四强度理论进行计算。由公式(9-27),与第三、第四强度理论对应的相当应力分别为

$$\sigma_{r3} = \sigma_1 - \sigma_3 = \sqrt{\sigma^2 + 4\tau^2}$$

$$\sigma_{r4} = \sqrt{\frac{1}{2}\left[(\sigma_1 - \sigma_2)^2 + (\sigma_2 - \sigma_3)^2 + (\sigma_3 - \sigma_1)^2\right]} = \sqrt{\sigma^2 + 3\tau^2}$$

将已知的 σ 和 τ 值代入上述二式，得到

$$\sigma_{r3} = \sqrt{\sigma^2 + 4\tau^2} = \sqrt{116.7^2 + 4 \times 46.3^2} = 149.0\text{MPa} < [\sigma]$$

$$\sigma_{r4} = \sqrt{\sigma^2 + 3\tau^2} = \sqrt{116.7^2 + 3 \times 46.3^2} = 141.6\text{MPa} < [\sigma]$$

可见，无论用第三还是第四强度理论进行强度校核，该结构都是安全的。

§9.8 莫尔强度理论

莫尔强度理论是根据实验结果建立的，是从莫尔应力圆出发提出的一种判断破坏和强度的方法。该理论认为材料的断裂或塑性变形主要是由于在某一个截面上的切应力和正应力到达了一定的限度。它有时也可视为是对最大切应力理论的修正。

设某种材料的单元体处于任意应力状态，承受三个主应力 σ_1、σ_2 和 σ_3。设想三个主应力按比例增加，直到材料以屈服或断裂的形式破坏。这时，由破坏时的三个主应力可确定三个应力圆（参见图 9-10），现只作出由 σ_1 和 σ_3 所确定的最大应力圆 1（图 9-15），并称这种破坏时的最大应力圆为极限应力圆。然后再在三个

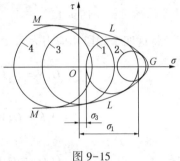

图 9-15

主应力的另一种比值下重复上述试验，维持这个比值使单元体主应力增长并直至破坏，于是可得到又一个极限应力圆 2（图 9-15）。按上述方式，可画出这种材料的一系列极限应力圆 1、2、3、4 等。最后画出这些应力圆的包络线 MLG。对于某一种材料，其包络线是唯一的，包络线的形状与材料有关。

对一个已知的应力状态 σ_1、σ_2、σ_3。如由 σ_1 和 σ_3 所确定的应力圆在上述包络线之内，则这一应力状态不会失效。如恰与包络线相切，就表明这一应力状态已达到失效状态。

在实际应用中，为了简化，只画出单向拉伸极限应力圆 OA 和单向压缩极限应力圆 OB，并以此两圆的公切线表示包络线（图 9-16）。将它除以安全系数后，得到图 9-17 所示的许用情况。图中圆 O_1 为单向拉伸应力圆，圆 O_2 为单向压缩应力圆，$[\sigma_t]$ 和 $[\sigma_c]$ 分别为材料的抗拉和抗压许用应力。若某应力状态下，由 σ_1 和 σ_3 所确定的应力圆在在公切线 ML 和 $M'L'$ 之内，则该应力状态是安全的。当应力圆与公切线相切时，便是许可状态的最高界限。这时由图 9-17 可看出

$$\frac{\overline{O_1N}}{\overline{O_2F}} = \frac{\overline{O_3O_1}}{\overline{O_3O_2}}$$

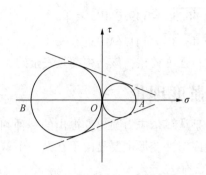

图 9-16　　　　　　　　　　　　　　　　图 9-17

将这四个线段用应力表示，即

$$\overline{O_1N} = \overline{O_1L} - \overline{O_3T} = \frac{[\sigma_t]}{2} - \frac{\sigma_1 - \sigma_3}{2}$$

$$\overline{O_2F} = \overline{O_2M} - \overline{O_3T} = \frac{[\sigma_c]}{2} - \frac{\sigma_1 - \sigma_3}{2}$$

$$\overline{O_3O_1} = \overline{O_3O} - \overline{O_1O} = \frac{\sigma_1 + \sigma_3}{2} - \frac{[\sigma_t]}{2}$$

$$\overline{O_3O_2} = \overline{O_3O} + \overline{OO_2} = \frac{\sigma_1 + \sigma_3}{2} - \frac{[\sigma_c]}{2}$$

代入前式，化简整理后得

$$\sigma_1 - \frac{[\sigma_t]}{[\sigma_c]}\sigma_3 = [\sigma_t]$$

于是得出莫尔强度理论的强度条件为

$$\sigma_1 - \frac{[\sigma_t]}{[\sigma_c]}\sigma_3 \leqslant [\sigma_t] \qquad\qquad (9 - 28)$$

对于一般的塑性材料，抗拉和抗压强度相等，$[\sigma_t]=[\sigma_c]$，这时上式变为

$$\sigma_1 - \sigma_3 \leqslant [\sigma]$$

这就是第三强度理论的强度条件。可见莫尔强度理论用于一般塑性材料时，与第三强度理论相同。此外，莫尔强度理论还正确地考虑了某些材料拉、压强度不等的情况。因此这一理论对于脆性材料和低塑性材料也很适用。

参照公式(9-27)，莫尔强度理论的相当应力可写成

$$\sigma_{rM} = \sigma_1 - \frac{[\sigma_t]}{[\sigma_c]}\sigma_3 \qquad (9-29)$$

习　题

9-1　何谓主平面？何谓主应力？通过受力物体内任一点有几个主平面？

9-2　何谓单向应力状态、二向应力状态和三向应力状态？其单元体上各有几个应力分量？圆轴扭转时，轴表面各点处于何种应力状态？

9-3　构件受力如图所示。(1) 确定危险点的位置；(2) 用单元体表示危险点的应力状态；(3) 写出各个面上已知的应力分量表达式。

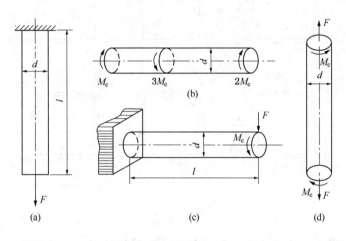

题9-3图

9-4　有一两向应力状态的单元体。试求：(1) 外法线与 σ_1 的夹角 $\alpha=30°$ 的截面上的应力；(2) 确定正应力为零的截面($\alpha<90°$)，并求此截面上的切应力。

9-5　在图示各单元体中，试用解析法和图解法求斜截面 ab 上的应力。应力的单位为 MPa。

9-6　已知应力状态如图所示，图中应力单位皆为MPa。试用解析法和图解法求：(1)主应力大小，主平面位置；(2)在单元体上绘出主平面位置及主应力方向；(3)最大切应力。

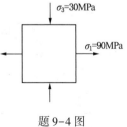

题9-4图

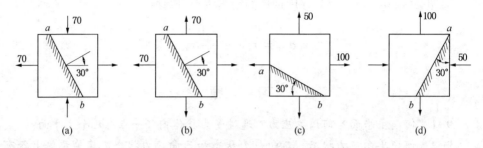

题 9-5 图

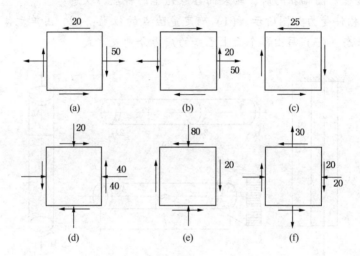

题 9-6 图

9-7 在图示应力状态中，试用解析法和图解法求出指定斜截面上的应力。应力的单位为 MPa。

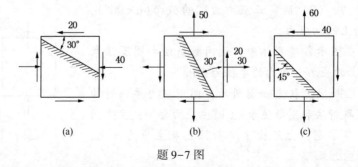

题 9-7 图

9-8 若物体在两个方向上受力相同(图 a),试由图(b)、(c)分析这种情况下物体内任一点的应力状态。

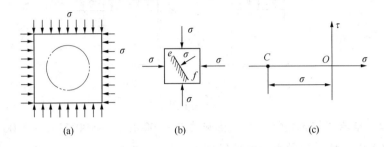

(a)　　　　　　(b)　　　　　　(c)

题 9-8 图

9-9 已知单元体的应力圆如图所示(应力的单位为 MPa),试画出各自单元体的受力图,并指出与应力圆上 A 点所对应的截面位置。

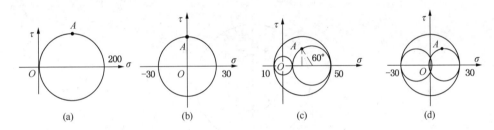

(a)　　　　(b)　　　　(c)　　　　(d)

题 9-9 图

9-10 试求图示单元体的三个主应力及最大切应力。画出单元体的三向应力圆。应力的单位为 MPa。

9-11 一正方形钢块,上表面承受均匀的压力,压强为 p。分别写出图示两种情况下的 σ_{r3} 和 σ_{r4}。图(a)为自由受压,且放在一刚性平面上;图(b)为放在一个刚性槽内且钢块与槽之间没有任何空隙。材料的 E、μ 为已知。

9-12 对题 9-10 中的各应力状态,写出四个常用强度理论的相当应力。设 $\mu=0.30$。如材料为中碳钢,指出该用哪一强度理论。

9-13 一中空的钢球,内径 $d=200mm$,其内部压强 $p=15MPa$。钢材的许用应力 $[\sigma]=160MPa$,试按第三和第四强度理论设计球壁的厚度 t。注意,在

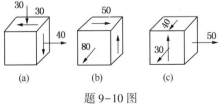

(a)　　　(b)　　　(c)

题 9-10 图

159

任何过球心的截面上，作用着均匀分布的拉应力 $\sigma = pd/4t$。

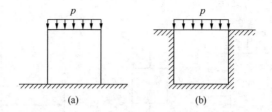

题 9-11 图

9-14 车轮与钢轨接触点处的主应力为 $-800MPa$、$-900MPa$、$-1100MPa$，若 $[\sigma] = 300MPa$，试对接触点作强度校核。

9-15 炮筒横截面如图所示。在危险点处，$\sigma_t = 550MPa$，$\sigma_r = -350MPa$，第三个主应力垂直于图面是拉应力，且其大小为 $420MPa$。试按第三和第四强度理论，计算其相当应力。

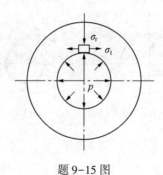

题 9-15 图

第十章 组合变形

§10.1 引 言

前面各章分别讨论了杆件在拉压、剪切、扭转和弯曲等基本变形下的强度与刚度计算。在实际工程结构中，零件或构件所承受的载荷通常比较复杂。它所产生的变形往往包含两种或两种以上的基本变形，这类问题称为组合变形或组合应力。例如压力机框架的立柱(图10-1)，除了因受到 F 作用而发生拉伸变形之外，还因受到 M 作用而产生弯曲变形。

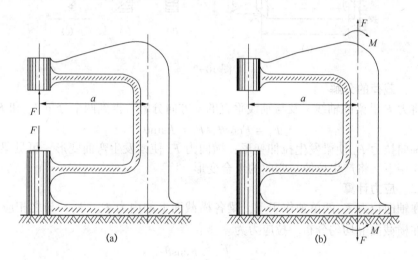

图 10-1

由于在小变形和线弹性的前提下，载荷的作用是独立的，即每一载荷所引起的应力和变形都不受其他载荷的影响。因此计算杆件在组合变形下的应力和变形，可应用叠加原理。即先将外力进行简化和分解，分成几组静力等效的载荷，使每一组载荷对应产生一种基本变形。分别计算每一基本变形下杆件的内力、应力和位移，然后将所得结果叠加起来，就得到构件在组合变形下的内力、应力和位移。

本章主要介绍工程中常见的两种组合变形，即拉伸(压缩)与弯曲的组合、扭转与弯曲的组合。

§10.2 拉伸(或压缩)与弯曲

如果杆件有一纵向对称面,在该平面内除作用横向力外,还受到轴向拉力(或压力)的作用,则杆件将发生弯曲与轴向拉伸(或压缩)的组合变形。

例如有一矩形截面悬臂梁[图 10-2(a)],在自由端的截面形心处受集中力 F 的作用,作用线位于梁的纵向对称面内,与梁轴线的夹角为 θ。由于载荷的作用线既不与杆的轴线重合,又不与轴线垂直,所以不符合引起基本变形的载荷情况,而属于拉伸与弯曲的组合变形。下面对该受力构件进行强度计算。

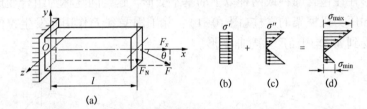

图 10-2

一、载荷的分解

将力 F 沿梁的轴线 x 及与轴线垂直的 y 方向分解,得到两个分量 F_x 和 F_y

$$F_x = F\cos\theta, \quad F_y = F\sin\theta$$

轴向拉力 F_x 使梁发生拉伸变形,横向力 F_y 使梁发生弯曲变形。可见梁在 F 力的作用下,将产生拉伸与弯曲的组合变形。

二、应力计算

在轴向拉力 F_x 的单独作用下,梁各横截面上的内力 $F_N = F_x$,与之相应的拉应力在横截面上均匀分布。拉应力为

$$\sigma' = \frac{F_N}{A} = \frac{F\cos\theta}{A}$$

式中 A 为梁横截面的面积。拉应力沿截面高度的分布情况,如图 10-2(b)所示。

在横向力 F_y 的单独作用下,梁在固定端截面上的弯矩最大,故该截面为危险截面。且

$$M_{max} = F_y l = Fl\sin\theta$$

最大弯曲正应力为

$$\sigma'' = \pm \frac{M_{max}}{W_z} = \pm \frac{F_y l}{W_z} = \pm \frac{Fl\sin\theta}{W_z}$$

式中 W_z 为梁横截面对中性轴 z 的抗弯截面模量。弯曲正应力沿截面高度的分布情况，如图 10-2(c) 所示。

三、应力叠加

危险截面上总的正应力可由拉应力与弯曲正应力叠加而得。正应力沿截面高度按直线规律变化，如图 10-2(d) 所示。危险截面上边缘各点有最大正应力

$$\sigma_{max} = \sigma' + \sigma'' = \frac{F_N}{A} + \frac{M_{max}}{W_z}$$

危险截面下边缘各点有最小正应力

$$\sigma_{min} = \sigma' - \sigma'' = \frac{F_N}{A} - \frac{M_{max}}{W_z}$$

最小正应力 σ_{min} 可能是拉应力，也可能是压应力，主要取决于等式右边两项的数值大小。图 10-2(d) 所示为第一项小于第二项的情况。

四、强度校核

由上可知，危险截面上的危险点是处于单向应力状态，上边缘各点有最大拉应力。对于塑性材料，其强度条件为

$$\sigma_{max} = \frac{F_N}{A} + \frac{M_{max}}{W_z} \leqslant [\sigma] \qquad (10-1)$$

对于脆性材料，如最小正应力为压应力，应分别建立强度条件

$$\sigma_{max} = \frac{F_N}{A} + \frac{M_{max}}{W_z} \leqslant [\sigma_t] \qquad (10-2)$$

$$|\sigma_{min}| = \left| \frac{F_N}{A} - \frac{M_{max}}{W_z} \right| \leqslant [\sigma_c] \qquad (10-3)$$

以上讨论的是轴向拉伸与弯曲的组合情况，其计算方法也适用于弯曲与轴向压缩的组合变形。所不同的是轴向力引起的是压应力，而不是拉应力。

【例 10-1】 图 10-3(a) 所示悬臂式起重机，最大起重量 $F = 40kN$，横梁 AC 为 22a 工字钢，材料的许用应力 $[\sigma] = 120MPa$。试校核梁的强度。

【解】 （1）横梁受力分析

当行走小车位于横梁中点时，横梁内的弯矩最大，此时轴向力并不是最大。但由于轴向力引起的正应力一般比弯矩引起的正应力小，所以应按这种情况对梁进行计算。画出受力简图 10-3(b)，由平衡方程可求出

$$R_A = R_C = \frac{F}{2} = 20kN$$

$$H_A = H_C = \frac{R_A}{tg30°} = \frac{20}{tg30°} = 34.6kN$$

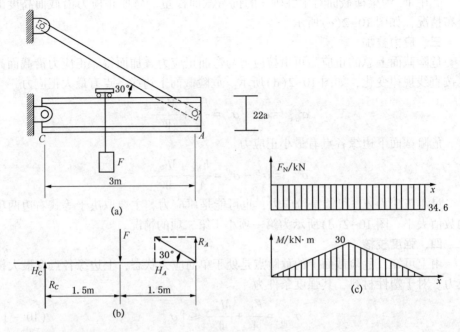

图 10-3

故横梁为压缩与弯曲的组合变形。

(2) 应力计算和强度校核

画出梁的轴力图和弯矩图 10-3(c)，由图看出，危险截面(跨中)上的轴力和弯矩分别为

$$F_N = -34.6kN, \quad M_{max} = 30kN \cdot m$$

由附录查出 22a 工字钢的横截面积 $A = 42.13cm^2$，抗弯截面模量 $W_z = 309cm^3$。将已知量代入式(10-1)，得

$$\sigma_{max} = \left| \frac{F_N}{A} \right| + \left| \frac{M_{max}}{W_z} \right| = \frac{34.6 \times 10^3}{42.13 \times 10^2} + \frac{30 \times 10^6}{309 \times 10^3} = 105.3MPa \leqslant [\sigma]$$

故横梁安全。

§10.3   偏心压缩与截面核心

当载荷的作用线与构件轴线平行但并不重合(图 10-4)时，构件受到偏心压缩(拉伸)作用。把载荷简化到构件轴线上即可看出，偏心压缩(拉伸)也是压(拉)弯组合变形。现以图 10-4 为例，研究偏心压缩(拉伸)时构件的强度计算。

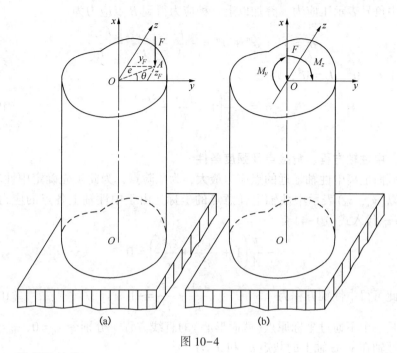

图 10-4

一、载荷的简化

设杆的轴线为 x 轴，截面的两个形心主轴为 y 轴和 z 轴，压力 F 的坐标为 (y_F, z_F)。将偏心压力向构件的轴线简化，将得到与轴线重合的压力 F，xy 平面内的弯矩 M_z，xz 平面内的弯矩 M_y，且 $M_z = Fy_F$，$M_y = Fz_F$。与轴线重合的 F 引起压缩变形，M_z 和 M_y 引起弯曲变形。所以，偏心压缩是压缩和弯曲的组合变形，并且任意两个横截面上的内力和应力都相同。

二、应力计算

在上述力系作用下，任意截面上任一点 $B(y, z)$（图 10-5）与三种变形对应的正应力分别为

$$\sigma' = \frac{F_N}{A} = -\frac{F}{A}$$

$$\sigma'' = \frac{M_z y}{I_z} = -\frac{Fy_F y}{I_z}$$

$$\sigma''' = \frac{M_y z}{I_y} = -\frac{Fz_F z}{I_y}$$

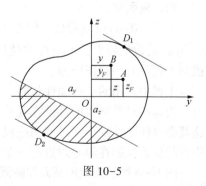

图 10-5

式中负号表示压应力。叠加以上三种应力得到 B 点应力为

$$\sigma = \sigma' + \sigma'' + \sigma''' = -\frac{F}{A} - \frac{Fy_F y}{I_z} - \frac{Fz_F z}{I_y}$$

由于 $I_z = Ai_z^2$，$I_y = Ai_y^2$，则有

$$\sigma = -\frac{F}{A}\left(1 + \frac{y_F y}{i_z^2} + \frac{z_F z}{i_y^2}\right) \qquad (10-4)$$

三、中性轴方程、危险点及强度条件

横截面上离中性轴最远的点应力最大，为危险点，为此须先确定中性轴的位置。若以 (y_0, z_0) 表示中性轴上任意点的坐标，由于中性轴上各点的应力为零，把 y_0 和 z_0 代入式(10-4)有

$$-\frac{F}{A}\left(1 + \frac{y_F y_0}{i_z^2} + \frac{z_F z_0}{i_y^2}\right) = 0$$

由此可得中性轴方程为

$$\frac{y_F y_0}{i_z^2} + \frac{z_F z_0}{i_y^2} = -1 \qquad (10-5)$$

这是一个不通过坐标原点(截面形心)的直线方程。分别令 $y_0 = 0$，$z_0 = 0$，可求出中性轴在 y、z 轴上的截矩 a_y 和 a_z 为

$$a_y = -\frac{i_z^2}{y_F}, \quad a_z = -\frac{i_y^2}{z_F} \qquad (10-6)$$

式(10-6)为负值，说明中性轴与载荷作用点分别位于截面形心的两侧，如图 10-5 所示。中性轴把截面分成两部分，一部分受拉(阴影区域)，一部分受压。距离中性轴最远的点 D_1 和 D_2 为危险点，应力有极值。其强度条件为

$$|\sigma|_{max} \leqslant [\sigma] \qquad (10-7)$$

对于脆性材料，由于 $[\sigma_t] \neq [\sigma_c]$，需要对极值拉应力和压应力进行分别校核。

四、截面核心

由式(10-6)可以看出，偏心压力 F 越靠近形心，即 y_F 和 z_F 的数值越小，则 a_y 和 a_z 的数值越大，即中性轴越远离形心。当中性轴与截面边缘相切时，整个截面上就只有一种压应力。

工程中常用的一些脆性材料，如混凝土、砖、石、铸铁等，因其抗拉强度较差，用这些材料制成的杆件在受到偏心压缩时，应尽量使截面上不出现拉应力。这就必须使中性轴不穿过截面或仅与周边相切。要达到这个目的，必须把外力作用点的位置控制在形心附近的一个区域之内。这个区域，称为截面核心。

图 10-6 所示为矩形截面和圆截面的截面核心。确定截面核心的方法是使中性

轴不断与截面周边相切，则所对应的偏心压力作用点的轨迹就是截面核心的边界。

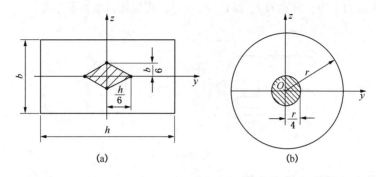

图 10-6

【例 10-2】 图 10-7(a)所示为一夹具，在夹紧零件时，夹具受到的外力为 $F=2\text{kN}$。外力作用线与夹具竖杆轴线间的距离 $e=$ 60mm，竖杆横截面的尺寸 $b=10\text{mm}$，$h=22\text{mm}$，材料的许用应力 $[\sigma]=170\text{MPa}$。试校核此夹具竖杆的强度。

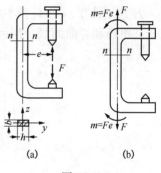

图 10-7

【解】 对于夹具的竖杆，F 力是一对偏心拉力。将 F 向竖杆的截面形心简化，得到一对轴向拉力 F 和一对作用于竖杆的纵向对称面内的力偶 $m=Fe$，见图 10-7(b)。由此可知，竖杆发生轴向拉伸和弯曲的组合变形。其任一截面 $n-n$ 上的轴力和弯矩分别为

$$F_{\text{N}} = F = 2\text{kN} = 2000\text{N}$$
$$M = m = Fe = 2000 \times 0.06 = 120\text{N} \cdot \text{m}$$

竖杆的危险点在横截面的内侧边缘处，这是因为轴力和弯矩在该处都产生拉应力。危险点上的正应力为

$$\sigma_{\text{max}} = \frac{F_{\text{N}}}{A} + \frac{M}{W_z} = \frac{2000}{10 \times 22 \times 10^{-6}} + \frac{120}{\frac{1}{6} \times 10 \times 22^2 \times 10^{-9}}$$

$$= 158 \times 10^6 \text{Pa} = 158\text{MPa} < [\sigma]$$

所以竖杆的强度足够。

§10.4 扭转与弯曲

扭转与弯曲的组合变形是机械工程中最常见的情况。现以图 10-8 所示电机轴的

167

外伸段为例，说明杆件在弯扭组合变形下的强度计算。电机轴的外伸端装一皮带轮，两边的皮带拉力不等，分别为 F_1 和 $F_2(F_1>F_2)$，皮带轮自重暂不考虑。

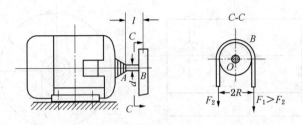

图 10-8

一、载荷向杆件截面形心简化

将皮带拉力 F_1 和 F_2 向作用面的截面形心平移，得到作用在 O 点的竖直力 $F=F_1+F_2$ 和一个力偶矩 $m=(F_1-F_2)R$。电机轴 AB 的受力简图如图 10-9(a) 所示。力 F 使轴在 xy 平面内发生弯曲变形，力偶 m 使轴发生扭转变形。所以 AB 轴受到扭转和弯曲的联合作用。

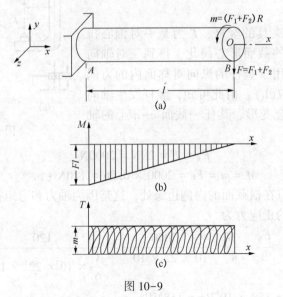

图 10-9

二、内力图和危险截面确定

根据受力简图，分别画出 AB 轴的弯矩 M 图和扭矩 T 图，见图 10-9(b) 和图 10-9(c)。可以看出 AB 轴各截面上的扭矩都相等，而最大弯矩发生在固定端 A 处。因此固定端 A 是轴的危险截面。危险截面上的内力为

$$T = m = (F_1 - F_2)R$$

$$M = M_{\max} = Fl = (F_1 + F_2)l$$

三、危险点判定和强度条件

为确定危险截面 A 上的危险点，我们画出该面上的应力分布图[图 10-10(a)]。在该危险截面上，与扭矩 T 对应的切应力在边缘上各点达到极大值

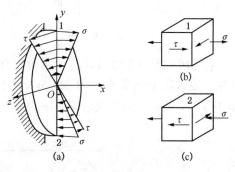

图 10-10

$$\tau = \frac{T}{W_t} \qquad (a)$$

与弯矩 $M_{\max}$ 对应的弯曲正应力，在距中性轴最远的 1、2 两点取得拉、压应力的极值

$$\sigma = \frac{M}{W} \qquad\qquad\qquad (b)$$

在 1、2 两点，正应力和切应力同时达到最大值，故这两点是危险截面 A 上的危险点。两点的应力状态如图 10-10(b)、(c)所示。

轴一般由拉压强度相等的塑性材料制成，这样在两个危险点中只要校核一点（例如 1 点）的强度就可以了。因该点处于二向应力状态，应按强度理论建立强度条件。先求该点的主应力

$$\left.\begin{array}{c} \sigma_1 \\ \sigma_3 \end{array}\right\} = \frac{\sigma}{2} \pm \sqrt{\left(\frac{\sigma}{2}\right)^2 + \tau^2} \\ \sigma_2 = 0 \left.\right\} \qquad (c)$$

对于塑性材料，应选用第三或第四强度理论建立强度条件。第三、第四强度理论的强度条件分别为

$$\sigma_{r3} = \sigma_1 - \sigma_3 \leqslant [\sigma]$$

$$\sigma_{r4} = \sqrt{\frac{1}{2}\left[(\sigma_1 - \sigma_2)^2 + (\sigma_2 - \sigma_3)^2 + (\sigma_1 - \sigma_3)^2\right]} \leqslant [\sigma]$$

将(c)式中求得的主应力，分别代入第三和第四强度理论的强度条件，化简后得

$$\left.\begin{array}{l} \sigma_{r3} = \sqrt{\sigma^2 + 4\tau^2} \leqslant [\sigma] \\ \sigma_{r4} = \sqrt{\sigma^2 + 3\tau^2} \leqslant [\sigma] \end{array}\right\} \qquad (10-8)$$

由于传动轴大都是圆截面的，因此有 $W_t = 2W$，再把(a)式和(b)式代入上

式，得到圆截面轴的第三、第四强度理论的强度条件

$$
\left.\begin{array}{l}
\sigma_{r3} = \dfrac{1}{W}\sqrt{M^2 + T^2} \leqslant [\sigma] \\[4mm]
\sigma_{r4} = \dfrac{1}{W}\sqrt{M^2 + 0.75T^2} \leqslant [\sigma]
\end{array}\right\}
\qquad (10 - 9)
$$

【例 10-3】 图 10-11(a)所示为一直径 8cm 的圆轴，右端装有自重 5kN 的皮带轮。皮带轮上侧受水平力 $F = 5$kN，下侧受水平力 $2F$。轴的许用应力 $[\sigma] = 80$MPa。试用第三强度理论校核轴的强度。

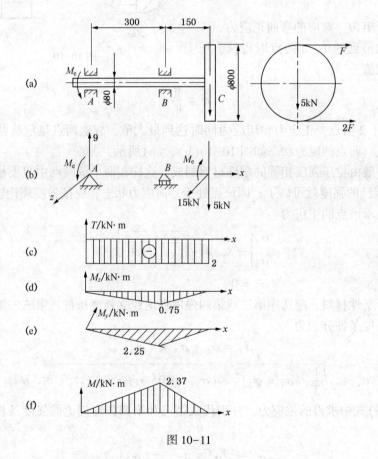

图 10-11

【解】 (1) 轴的计算简图[图 10-11(b)]

作用于轴上 C 截面的水平力为 $F+2F = 15$kN，铅垂力为 5kN，作用于轴上的外力偶矩 $M_e = (10-5)\times0.4 = 2$kN·m。

（2）扭矩与弯矩

各截面的扭矩为：$T = M_e = 2\text{kN} \cdot \text{m}$［图 10-11（c）］。

根据铅垂力作出铅垂平面内的弯矩图 M_z［图 10-11（d）］。

根据水平力作出水平平面内的弯矩图 M_y［图 10-11（e）］。

由任一截面 M_y 和 M_z 的数值，按矢量关系可求得相应截面的合成弯矩 M［图 10-11（f）］为

$$M = \sqrt{M_y^2 + M_z^2}$$

对于圆轴，其最大正应力发生在最大合成弯矩所在截面上。就本例而言，铅垂平面最大弯矩为 $0.75\text{kN} \cdot \text{m}$，水平面最大弯矩为 $2.25\text{kN} \cdot \text{m}$，均发生在 B 截面，故为危险截面，其上合成弯矩的最大值为

$$M = \sqrt{M_y^2 + M_z^2} = \sqrt{2.25^2 + 0.75^2} = 2.37\text{kN} \cdot \text{m}$$

（3）强度计算

按第三强度理论进行强度校核

$$\sigma_{r3} = \frac{1}{W}\sqrt{M^2 + T^2} = \frac{32}{\pi \times 0.08^3}\sqrt{2.37^2 + 2^2} \times 10^3 \text{Pa} = 61.7\text{MPa} < [\sigma]$$

故该轴满足强度条件。

【例 10-4】　图 10-12（a）所示传动轴上装有 A、B 两皮带轮，A 轮皮带水平，B 轮皮带铅直。两轮的直径均为 600mm，且已知 $F_1 = 3.9\text{kN}$，$F_2 = 1.5\text{kN}$。轴的许用应力 $[\sigma] = 80\text{MPa}$，试按第三强度理论计算轴的直径。

【解】　（1）轴的计算简图［图 10-12（b）］

作用在皮带上的力都是横向力，且都不通过圆轴截面的形心，因而都需要向截面形心简化。简化后得到 A 截面的水平力为 $F_1 + F_2 = 5.4\text{kN}$，B 截面的铅垂力为 $F_1 + F_2 = 5.4\text{kN}$，作用在 AB 轴段上的外力偶矩 $m = (3.9 - 1.5) \times 0.3 = 0.72\text{kN} \cdot \text{m}$。

（2）弯矩与扭矩

根据平衡分析，由 B 截面的已知铅垂力求出轴承 C、D 处的铅垂反力，作出铅垂平面内的弯矩图 M_y［图 10-12（c）］。

根据平衡分析，由 A 截面的已知水平力求出轴承 C、D 处的水平反力，作出水平面内的弯矩图 M_z［图 10-12（d）］。

AB 轴段上各截面的扭矩为：$T = m = 0.72\text{kN} \cdot \text{m}$［图 10-12（e）］。

从受力图可以看出，传动轴承受两个方向的弯曲与扭转的联合作用。由内力图可以看出，B 轮稍右截面上的弯矩最大，其上之扭矩与其他截面（B 轮以右）相

同，故该截面为危险截面。其上的总弯矩为

$$M = \sqrt{M_y^2 + M_z^2} = \sqrt{1.44^2 + 0.448^2} = 1.51\text{kN} \cdot \text{m}$$

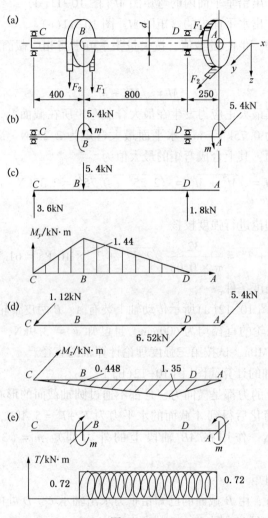

图 10-12

（3）强度计算

按第三强度理论进行强度计算

$$\sigma_{r3} = \frac{1}{W}\sqrt{M^2 + T^2} = \frac{32}{\pi \times d^3}\sqrt{1.51^2 + 0.72^2} \times 10^3 = \frac{32 \times 1.67 \times 10^3}{\pi \times d^3} \leqslant [\sigma]$$

所以　　　　$d \geqslant \sqrt[3]{\dfrac{32 \times 1.67 \times 10^3}{3.14 \times 80 \times 10^6}} = 0.0597\text{m} = 59.7\text{mm}$

习　　题

10-1　分析图示构件的受力情况，是哪几种基本变形的组合，并求在指定 A、B 截面上的内力。

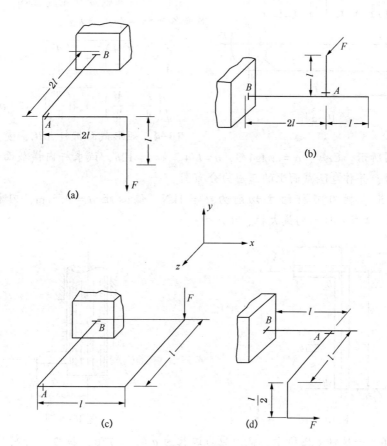

题 10-1 图

10-2　同一个强度理论，其强度条件可以写成不同的形式。以第三强度理论为例，常用的有以下形式，试问它们的适用范围是否相同？为什么？

（1）$\sigma_{r3} = \sigma_1 - \sigma_3 \leqslant [\sigma]$；

（2）$\sigma_{r3} = \sqrt{\sigma^2 + 4\tau^2} \leqslant [\sigma]$；

（3） $\sigma_{r3} = \dfrac{1}{W}\sqrt{M^2 + T^2} \leqslant [\sigma]$。

10-3 一圆截面悬臂梁如图所示，同时受到轴向力、横向力和扭转力矩的作用。

（1）试指出危险截面和危险点的位置；

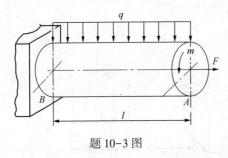

（2）画出危险点的应力状态；

（3）按第三强度理论建立的下面两个强度条件哪一个正确？

$$\frac{F}{A} + \sqrt{\left(\frac{M}{W}\right)^2 + 4\left(\frac{T}{W_t}\right)^2} \leqslant [\sigma]$$

$$\sqrt{\left(\frac{F}{A} + \frac{M}{W}\right)^2 + 4\left(\frac{T}{W_t}\right)^2} \leqslant [\sigma]$$

题 10-3 图

10-4 矩形截面折杆 ABC，受力 F 的作用如图所示。已知，$\alpha = \operatorname{arctg}4/3$，$a = l/4$。如 $l = 12h$，试求杆内横截面上的最大正应力，并作危险截面上的正应力分布图。

10-5 插刀刀杆的主切削力 $F = 1\text{kN}$，偏心距 $a = 2.5\text{cm}$，刀杆直径 $d = 2.5\text{cm}$。试求刀杆内的最大拉、压应力。

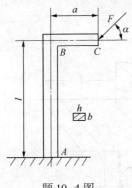

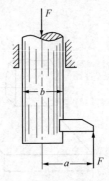

题 10-4 图 题 10-5 图

10-6 一拉杆如图所示，截面原为边长为 a 的正方形，拉力 F 与杆轴重合，后因使用上的需要，开一深 $a/2$ 的切口。试求杆内的最大拉、压应力，最大拉应力是截面削弱前拉应力的几倍？

10-7 图示短柱受载荷 F_1 和 F_2 的作用，试验求固定端截面 A、B、C、D 点的正应力。并确定其中性轴的位置。

10-8 图示起重架的最大起吊重量（包括行走小车等）为 $W = 40\text{kN}$，横梁 AC

由两根 No.18 槽钢组成，材料为 Q235 钢，许用应力 $[\sigma]=120\text{MPa}$，试校核该横梁的强度。

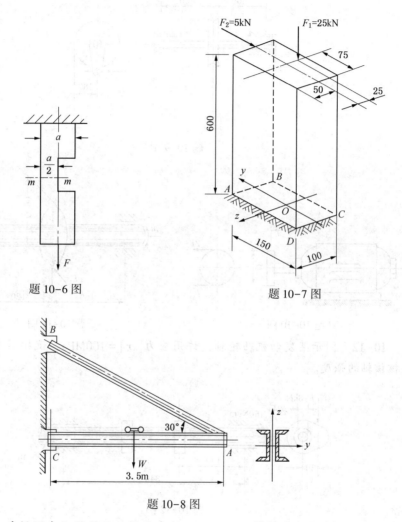

题 10-6 图

题 10-7 图

题 10-8 图

10-9　手摇绞车如图所示，轴的直径 $d=30\text{mm}$，材料为 Q235 钢，许用应力 $[\sigma]=80\text{MPa}$。试按第三强度理论，求绞车的最大起吊重量 P。

10-10　电动机的功率为 9kW，转速 715r/min，带轮直径 $D=250\text{mm}$，主轴外伸部分长度为 $l=120\text{mm}$，主轴直径 $d=40\text{mm}$，若 $[\sigma]=60\text{MPa}$，试用第三强度理论校核该轴的强度。

10-11　已知圆片铣刀切削力 $F_z=2.2\text{kN}$，径向力 $F_r=0.7\text{kN}$，试按第三强度

理论计算刀杆直径 d。已知铣刀杆的许用应力 $[\sigma]=80\mathrm{MPa}$。

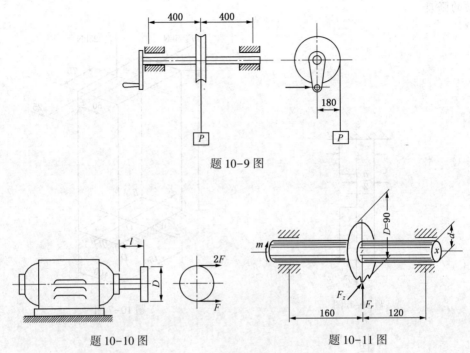

题 10-9 图

题 10-10 图 题 10-11 图

10-12 图示某发动机凸轮轴，许用应力 $[\sigma]=100\mathrm{MPa}$，试按第三强度理论校核该轴的强度。

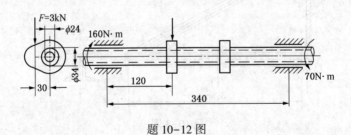

题 10-12 图

10-13 图为某精密磨床砂轮轴的示意图。已知电动机功率 $P=3\mathrm{kW}$，转子转速 $n=1400\mathrm{r/min}$，转子重量 $W_1=101\mathrm{N}$。砂轮直径 $D=250\mathrm{mm}$，砂轮重量 $W_2=275\mathrm{N}$。磨削力 $F_y:F_z=3:1$，砂轮轴直径 $d=50\mathrm{mm}$，材料为轴承钢，$[\sigma]=60\mathrm{MPa}$。

（1）用单元体表示出危险点的应力状态，并求主应力和最大切应力；

（2）试用第三强度理论校核该轴的强度。

10-14 图示带轮传动轴，传递功率 $P=7\mathrm{kW}$，转速 $n=200\mathrm{r/min}$，带轮重量

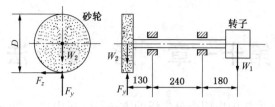

题 10-13 图

$W=1.8\text{kN}$。左端齿轮上啮合力 F_n 与齿轮节圆切线的夹角(压力角)为 20°。轴的材料为 Q255 钢,许用应力$[\sigma]=80\text{MPa}$。试分别在忽略和考虑带轮重量的两种情况下,按第三强度理论估算轴的直径。

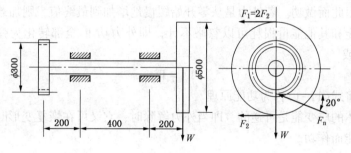

题 10-14 图

10-15 折轴杆的横截面为边长 12mm 的正方形。用单元体表示 A 点的应力状态,确定其主应力。

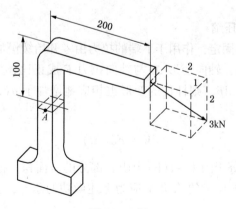

题 10-15 图

第十一章　能　量　法

能量法是固体力学中应用十分广泛的方法，它运用功、能的概念和有关定理分析弹性体的变形。对于桁架、刚架等较复杂结构的位移计算及超静定结构的分析等，应用能量法将十分简便。能量法内容丰富，本章首先介绍杆件应变能的计算，然后导出求线弹性结构位移的几种方法。

当物体受外力作用而发生变形时，外力的作用点沿力的作用方向将发生位移，外力因此而做功。若外力是从零开始缓慢地增加到最终值，则加载和变形过程中的动能和其他能量损耗可以忽略不计，即外力功 W 全部转化为弹性体的应变能 V_ε，或

$$V_\varepsilon = W \tag{11-1}$$

通常将式(11-1)称为功能原理。

弹性体的应变能是可逆的，即当外力解除时，它又可在恢复变形时，释放出全部应变能而作功。

§11.1　杆件应变能的计算

根据功能原理 $V_\varepsilon = W$，弹性体的应变能可以通过外力功求得。现将杆件应变能的计算综述如下。

一、轴向拉伸或压缩

设受拉杆件上端固定，作用于下端的拉力由零开始缓慢加载，如图 11-1(a)所示。在弹性范围内，轴向变形 Δl 与轴向拉力 F 成正比，如图 11-1(b)所示。当拉力有一微小增量 $\mathrm{d}F$，则杆件的变形也相应地增加了 $\mathrm{d}(\Delta l)$。在此过程中外力功的增量为

$$\mathrm{d}W = F\mathrm{d}(\Delta l)$$

不难看出，$\mathrm{d}W$ 等于图 11-1(b)中阴影部分的微面积。把拉力看作是一系列 $\mathrm{d}F$ 的积累，则拉力 F 所做的总功 W 应为上述微功的总合，它等于 F-Δl 曲线下的面积

$$W = \int_0^{\Delta l_1} F\mathrm{d}(\Delta l)$$

由于在弹性范围内，F-Δl 曲线为一斜直线，斜直线下面的面积为一个三角形的面积

$$W = \frac{1}{2}F\Delta l$$

根据功能原理，拉力 F 所做的功应等于杆件内存储的应变能。故有

$$V_\varepsilon = W = \frac{1}{2}F\Delta l$$

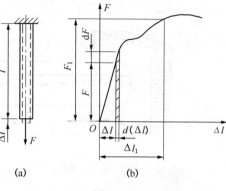

图 11-1

由胡克定律，$\Delta l = \dfrac{F_N l}{EA}$，且 $F = F_N$，

上式又可写成

$$V_\varepsilon = W = \frac{1}{2}F\Delta l = \frac{F_N^2 l}{2EA} \qquad (11-2)$$

若外力比较复杂，沿杆件轴线轴力为变量 $F_N(x)$ 时，可先计算长为 $\mathrm{d}x$ 微段内的应变能

$$\mathrm{d}V_\varepsilon = \frac{F_N^2(x)\,\mathrm{d}x}{2EA}$$

然后积分，计算整个杆件的应变能，即

$$V_\varepsilon = \int_l \frac{F_N^2(x)\,\mathrm{d}x}{2EA} \qquad (11-3)$$

若结构是由 n 根直杆组成的桁架，则整个结构内的应变能应为

$$V_\varepsilon = \sum_{i=1}^{n} \frac{F_{Ni}^2 l_i}{2E_i A_i} \qquad (11-4)$$

二、圆轴扭转

若作用于圆轴上的扭转力偶矩[图 11-2(a)]从零开始缓慢加载到最终值，在线弹性范围内，扭转角 φ 与扭转力偶矩 M_e 间的关系也是一条斜直线，如图 11-2(b)所示。且

$$\varphi = \frac{M_e l}{GI_p}$$

与拉伸相似，在扭转变形过程中力偶矩 M_e 所做的功为

$$W = \frac{1}{2}M_e\varphi = \frac{M_e^2 l}{2GI_p}$$

179

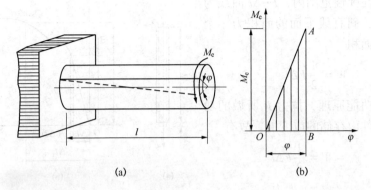

图 11-2

由于圆轴横截面上的扭矩 $T = M_e$，根据功能原理，扭转时的应变能为

$$V_\varepsilon = W = \frac{T^2 l}{2GI_p} \qquad (11-5)$$

当扭矩沿轴线为变量 $T(x)$ 时，仍可先计算微段轴 dx 内的应变能，然后对整个轴积分，求得整个轴扭转时的应变能为

$$V_\varepsilon = \int_l \frac{T^2(x)\,dx}{2GI_p} \qquad (11-6)$$

三、弯曲

1. 纯弯曲时应变能的计算

图 11-3(a) 所示为一纯弯梁。用第八章求弯曲变形的方法，可以求出 B 端截面的转角为

$$\theta = \frac{M_e l}{EI}$$

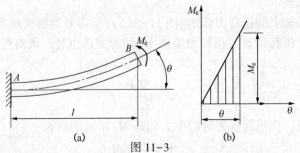

图 11-3

可见在线弹性范围内，若弯曲力偶矩由零逐渐增加到最终值，则 M_e 与 θ 间

的关系曲线也是一条斜直线，如图 11-3(b)所示。在弯曲变形过程中力偶矩 M_e 所做的功为

$$W = \frac{1}{2}M_e\theta = \frac{M_e^2 l}{2EI}$$

由于纯弯曲时横截面上的弯矩 $M = M_e$，根据功能原理，弯曲时的应变能为

$$V_\varepsilon = W = \frac{M^2 l}{2EI}$$

2. 横力弯曲时应变能的计算

横力弯曲时[图 11-4(a)]，梁横截面上既有剪力又有弯矩，它们将分别引起剪切应变能和弯曲应变能。但在一般细长梁中，剪切应变能很小，可以忽略不计，故只需计算弯曲应变能。

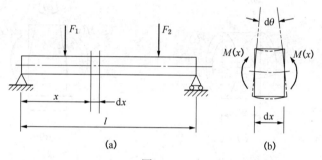

图 11-4

横力弯曲时，横截面上的弯矩随截面位置而变化，是 x 的函数。为此，从梁内取出长为 dx 的微段[图 11-4(b)]，略去弯矩增量 $dM(x)$，近似把微段看作是纯弯曲，由前式可求出微段内的应变能为

$$dV_\varepsilon = \frac{M^2(x)\,dx}{2EI}$$

积分可求出全梁在弯曲时的应变能为

$$V_\varepsilon = \int_l \frac{M^2(x)\,dx}{2EI} \tag{11 - 7}$$

如 $M(x)$ 在梁的各段内分别由不同的函数表示，上述积分应分段进行，然后求和。

四、组合变形

为求杆件在组合变形时的应变能，从杆件中取出长为 dx 的微段[图 11-5(a)]，其两端横截面上同时有弯矩 $M(x)$、扭矩 $T(x)$ 和轴力 $F_N(x)$。它们分别在

各自引起的位移上做功，且相互独立，互不影响[图 11-5(b)、(c)、(d)]。故可采用叠加法求杆件在组合变形时的应变能

$$V_\varepsilon = \int \frac{F_N^2(x)\,\mathrm{d}x}{2EA} + \int \frac{T^2(x)\,\mathrm{d}x}{2GI_p} + \int \frac{M^2(x)\,\mathrm{d}x}{2EI}$$

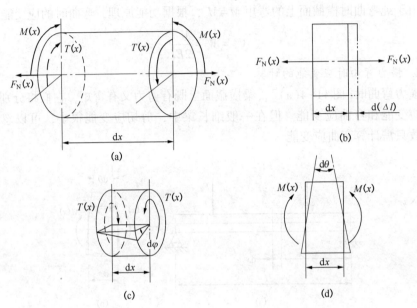

图 11-5

这是指圆截面杆的情况，若截面并非圆形，则上式右边第二项中的 I_p，应改成 I_t。

五、应变能的普遍表达式

综上所述，杆件内的应变能在数值上等于变形过程中外力所做的功。在弹性范围内，若外力为静载荷时，应变能的表达式可以统一写成

$$V_\varepsilon = W = \frac{1}{2}F\delta$$

式中 F 在拉伸时代表拉力，在扭转和弯曲时代表力偶矩，所以称为为广义力。δ 是与广义力相对应的广义位移。当 F 是一个集中力时，δ 是集中力作用点沿集中力作用方向的线位移；当 F 是一个集中力偶时，δ 是力偶在其作用面内的角位移。例如，在拉伸时它是与拉力对应的线位移 Δl；在扭转时它是与扭转力偶矩相对应的角位移 ϕ。在弹性范围内，广义力与广义位移呈线性关系。

设弹性体上作用有 n 个外力 F_1，F_2，$\cdots$，F_n，其相应的广义位移为 δ_1，

δ_2，…，δ_n。由于弹性体在变形过程中存储的应变能只取决于外力和位移的最终值，与加载次序和加载中间过程无关，则可推出弹性体的应变能为

$$V_\varepsilon = W = \frac{1}{2}F_1\delta_1 + \frac{1}{2}F_2\delta_2 + \frac{1}{2}F_3\delta_3 + \cdots \tag{11-8}$$

上式表明，线弹性体的应变能等于作用在结构上的每一个外力与其相应位移乘积一半的总和。该结论称为克拉贝依隆原理。式中的 F 和 δ 应是最终状态的载荷和位移，且只适用于线弹性系统。

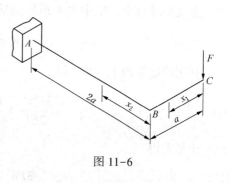

【例 11-1】　圆截面折杆如图 11-6 所示。在端点 C 处受集中力 F 作用。试计算该折杆的应变能，并求出 C 点的铅垂位移。

图 11-6

【解】　(1) 求折杆的应变能

将折杆分成两段，分别计算其应变能，然后叠加。

BC 段的横截面上只有弯矩。将坐标原点取在 C 点，其弯矩方程为

$$M(x_1) = -Fx_1 \quad (0 \leqslant x_1 \leqslant a)$$

于是求得 BC 段的应变能为

$$V_{\varepsilon1} = \int_0^a \frac{M^2(x_1)\,\mathrm{d}x_1}{2EI} = \int_0^a \frac{(-Fx_1)^2\,\mathrm{d}x_1}{2EI} = \frac{F^2a^3}{6EI}$$

AB 段的横截面上有弯矩和扭矩，属于弯扭组合变形。将坐标原点取在 B 点，其弯矩方程和扭矩方程分别为

$$M(x_2) = -Fx_2 \quad (0 \leqslant x_2 \leqslant 2a)$$

$$T(x_2) = -Fa \quad (0 < x_2 < 2a)$$

故该段的应变能为

$$V_{\varepsilon2} = \int_0^{2a} \frac{M^2(x_2)\,\mathrm{d}x_2}{2EI} + \int_0^{2a} \frac{T^2(x_2)\,\mathrm{d}x_2}{2GI_\mathrm{p}}$$

$$= \int_0^{2a} \frac{(-Fx_2)^2\,\mathrm{d}x_2}{2EI} + \int_0^{2a} \frac{(-Fa)^2\,\mathrm{d}x_2}{2GI_\mathrm{p}}$$

$$= \frac{4F^2a^3}{3EI} + \frac{F^2a^3}{GI_\mathrm{p}}$$

整个折杆的应变能为

$$V_\varepsilon = V_{\varepsilon 1} + V_{\varepsilon 2} = \frac{3F^2 a^3}{2EI} + \frac{F^2 a^3}{GI_p}$$

（2）求 C 点的铅垂位移 δ_C

在变形过程中，集中力 F 所做的功为

$$W = \frac{1}{2} F \delta_C$$

利用功能原理 $V_\varepsilon = W$，得

$$\frac{3F^2 a^3}{2EI} + \frac{F^2 a^3}{GI_p} = \frac{1}{2} F \delta_C$$

于是求得

$$\delta_C = \frac{3F a^3}{EI} + \frac{2F a^3}{GI_p} \quad (\downarrow)$$

结果为正值，说明 δ_C 与载荷 F 的作用方向相同，即向下。

从上例可以看出，当结构上只有一个载荷（广义力），且只计算载荷作用点的相应位移（广义位移）时，用功能原理求解是很方便的。但是，如果结构上作用有多个载荷，欲求其中某一载荷作用点的相应位移，或者载荷只有一个，但所求位移不在载荷作用点处时，则功能原理不能奏效。我们将在后面几节解决这类问题。

§11.2 单位载荷法 莫尔积分

能量法计算线弹性体位移的方法有许多种，其中单位载荷法比较方便，应用也比较广泛。此法可从不同的角度推导。下面以梁的弯曲变形为例，利用功能原理来推导这一方法，然后再推广到其他的结构和位移情况。

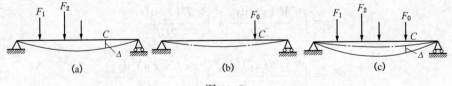

图 11-7

设简支梁在载荷 F_1，F_2，…作用下发生弯曲变形，如图 11-7(a)所示。现在要求出梁上任一点 C 的铅垂位移 Δ。若梁是线弹性的，则其弯曲应变能为

$$V_\varepsilon = \int_l \frac{M^2(x)\,\mathrm{d}x}{2EI}$$

式中 $M(x)$ 是在载荷 F_1，F_2，…作用下梁横截面上的弯矩。

为求 C 点的位移 Δ，设想在 F_1、F_2、…作用之前，先在 C 点沿 Δ 方向作用单位力 $F_0 = 1$［图 11-7(b)］，相应的弯矩为 $\overline{M}(x)$。这时梁的应变能为

$$\overline{V}_\varepsilon = \int_l \frac{\overline{M}^2(x)\,\mathrm{d}x}{2EI}$$

作用 F_0 后，再将原来的载荷 F_1，F_2，…作用于梁上［图 11-7(c)］，梁因此而储存的应变能仍然是 V_ε，C 点因这些力而发生的位移·Δ 也仍然不变。不过 C 点上已有 F_0 作用，且 F_0 与 Δ 方向一致，于是又完成了数量为 $F_0 \cdot \Delta = 1 \cdot \Delta$ 的功。这样，按先作用 F_0 后作用 F_1，F_2，…的次序加载，梁内总应变能应为

$$V_{\varepsilon 1} = V_\varepsilon + \overline{V}_\varepsilon + 1 \cdot \Delta$$

在 F_0 和 F_1，F_2，…共同作用下，梁截面上的弯矩为 $M(x)+\overline{M}(x)$，总的应变能又可用弯矩来计算

$$V_{\varepsilon 1} = \int_l \frac{[M(x) + \overline{M}(x)]^2\mathrm{d}x}{2EI}$$

故有

$$V_\varepsilon + \overline{V}_\varepsilon + 1 \cdot \Delta = \int_l \frac{[M(x) + \overline{M}(x)]^2\mathrm{d}x}{2EI}$$

对上式右端项展开，并化简后可得

$$\Delta = \int_l \frac{M(x)\overline{M}(x)\,\mathrm{d}x}{EI} \tag{11-9}$$

式中 Δ 为梁上任一点 C 在外力作用下产生的铅垂位移，$M(x)$ 为外力作用时的弯矩方程，$\overline{M}(x)$ 为单位力作用于 C 点时的弯矩方程。

上式即为莫尔定理的表达式，又称为莫尔积分。如上式右端的积分结果为正，说明单位力的功 $1 \cdot \Delta$ 为正，则载荷引起的位移 Δ 与所设单位力方向一致；如积分结果为负，则位移 Δ 与单位力方向相反。显然，它只适用于线弹性结构。

以上讨论的是求梁上任一点 C 的挠度，如果要求梁上任一截面上的转角，则应在该截面处加一单位力偶 $M_0 = 1$，并有

$$\theta = \int_l \frac{M(x)\overline{M}(x)\,\mathrm{d}x}{EI} \tag{11-10}$$

如果要求结构上某两点的相对线位移，需要在这两点上沿两点联线方向加一对等

值、反向的单位力;如果要求某两个截面的相对转角,就在这两个截面上加一对等值、反向的单位力偶矩。然后再用单位载荷法(莫尔定理)计算,即可求得相对位移。

前面的莫尔定理是以梁为例推证的,但它也可用来计算其他结构在各种载荷作用下的位移。

(1) 对于受节点载荷作用的桁架,也可按同样的方法推得莫尔定理为

$$\Delta = \sum_{i=1}^{n} \frac{F_{Ni}\overline{F}_{Ni}l_i}{E_iA_i} \quad (11-11)$$

式中 F_{Ni} 为由外载荷引起的各杆轴力, $\overline{F}_{Ni}$ 为由单位力引起的各杆轴力, l_i 为每一杆的长度。

(2) 对于圆轴扭转,求扭转角的莫尔定理为

$$\Delta = \int_l \frac{T(x)\overline{T}(x)\mathrm{d}x}{GI_p} \quad (11-12)$$

对于非圆截面杆件的扭转,上式中的 I_p 应改成 I_t。

(3) 对于刚架,一般略去剪力和轴力的影响,只考虑弯曲变形

$$\Delta = \int_l \frac{M(x)\overline{M}(x)\mathrm{d}x}{EI}$$

(4) 对于小曲率杆,可略去剪力和轴力的影响

$$\Delta = \int_s \frac{M(s)\overline{M}(s)\mathrm{d}s}{EI} \quad (11-13)$$

(5) 对于组合变形的杆件

$$\Delta = \int_l \frac{F_N(x)\overline{F}_N(x)\mathrm{d}x}{EA} + \int_l \frac{T(x)\overline{T}(x)\mathrm{d}x}{GI_p} + \int_l \frac{M(x)\overline{M}(x)\mathrm{d}x}{EI} \quad (11-14)$$

图 11-8

【例 11-2】 图 11-8(a)所示的外伸梁,在自由端承受一集中力偶 M_C,抗弯刚度 EI 为常数。试求该梁自由端的挠度。

【解】 欲求 C 点的挠度,可在 C 点沿铅垂方向加一个单位力,然后分别按图 11-8(a)和图 11-8(b)计算各段的弯矩 $M(x)$ 和单位力引起的弯矩 $\overline{M}(x)$。

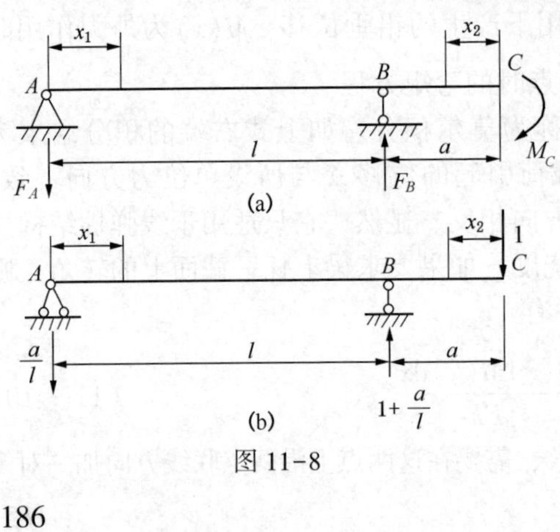

AB 段：$M(x_1) = -F_A x_1 = -\dfrac{M_C}{l} x_1$，$\overline{M}(x_1) = -\dfrac{a}{l} x_1$ （$0 \leqslant x_1 \leqslant l$）

BC 段：$M(x_2) = -M_C$，$\overline{M}(x_2) = -x_2$ （$0 \leqslant x_2 \leqslant a$）

使用莫尔定理，可得到 C 点挠度

$$\Delta = \int_l \frac{M(x)\overline{M}(x)\,\mathrm{d}x}{EI} = \int_0^l \frac{\left(-\dfrac{M_C}{l}x_1\right)\left(-\dfrac{a}{l}x_1\right)\mathrm{d}x_1}{EI} + \int_0^a \frac{(-M_C)(-x_2)\,\mathrm{d}x_2}{EI}$$

$$= \frac{M_C a}{EI}\left(\frac{l}{3} + \frac{a}{2}\right) \quad (\downarrow)$$

结果为正值，说明 C 点的铅垂位移与所加单位力的指向相同。

【例 11-3】 图 11-9(a)所示刚架，AB 段受均布载荷 q 作用。刚架的抗弯刚度为 EI，试求 A 点的铅垂位移 ΔA 和 B 截面转角 θ_B。

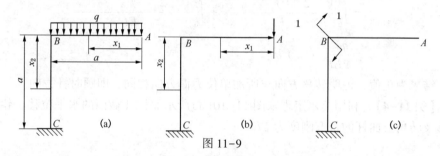

图 11-9

【解】 （1）在外载荷 F 作用下，各段杆的内力分别为

AB 段：$M(x_1) = -\dfrac{1}{2}qx_1^2$ （$0 \leqslant x_1 \leqslant a$）

BC 段：$M(x_2) = -\dfrac{1}{2}qa^2$ （$0 \leqslant x_2 \leqslant a$）

（2）为求 A 点的铅垂位移 ΔA，在 A 点加一铅垂单位力[图 11-9(b)]，单位力作用下各段杆的弯矩方程分别为

AB 段：$\overline{M}(x_1) = -x_1$

BC 段：$\overline{M}(x_2) = -a$

用莫尔定理求 A 点的铅垂位移

$$\Delta A = \int_l \frac{M(x)\overline{M}(x)\,\mathrm{d}x}{EI}$$

$$= \int_0^a \frac{\left(-\dfrac{1}{2}qx_1^2\right)(-x_1)\,\mathrm{d}x_1}{EI} + \int_0^a \frac{\left(-\dfrac{1}{2}qa^2\right)(-a_1)\,\mathrm{d}x_2}{EI}$$

$$= \frac{5qa^4}{8EI} \quad (\downarrow)$$

结果为正值,说明位移与所加单位力方向相同,即向下。

(3)为求 B 截面的转角 θ_B,在 B 截面加一单位力偶[图11-9(c)],单位力偶作用下各段杆的弯矩方程分别为

AB 段:$\overline{M}(x_1) = 0$

BC 段:$\overline{M}(x_2) = -1$

用莫尔定理求 B 截面的转角

$$\theta_B = \int_l \frac{M(x)\overline{M}(x)\mathrm{d}x}{EI}$$

$$= \int_0^a \frac{\left(-\frac{1}{2}qx_1^2\right) \cdot 0 \cdot \mathrm{d}x_1}{EI} + \int_0^a \frac{\left(-\frac{1}{2}qa^2\right)(-1)\mathrm{d}x_2}{EI}$$

$$= \frac{qa^3}{2EI} \quad (\downarrow)$$

结果为正值,说明转角方向与所加单位力偶方向相同,即顺时针方向。

【例11-4】 利用莫尔定理求图11-10(a)所示曲杆 A 截面的水平位移、铅垂位移及转角。曲杆的抗弯刚度为 EI。

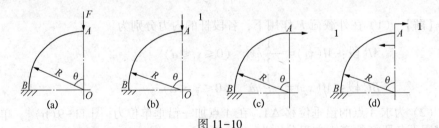

图 11-10

【解】 (1)外载荷 F 作用下,曲杆横截面上的弯矩为

$$M(\theta) = FR\sin\theta \quad (0 \le \theta \le \frac{\pi}{2})$$

(2)为求 A 截面的铅垂位移,在 A 点加一铅垂单位力[图11-10(b)],单位力作用下曲杆横截面上的弯矩为

$$\overline{M}(\theta) = R\sin\theta \quad (0 \le \theta \le \frac{\pi}{2})$$

用莫尔定理求 A 截面的铅垂位移

$$\Delta_{AV} = \int_s \frac{M(\theta)\overline{M}(\theta)\,\mathrm{d}s}{EI} = \int_0^{\frac{\pi}{2}} \frac{(FR\sin\theta)(R\sin\theta)R\mathrm{d}\theta}{EI}$$

$$= \frac{\pi FR^3}{4EI} \quad (\downarrow)$$

结果为正值，表示 A 截面的铅垂位移与所加的单位铅垂力方向相同，即向下。

（3）为求 A 截面的水平位移，在 A 点加一水平单位力[图 11-10（c）]，该单位力作用下曲杆横截面上的弯矩为

$$\overline{M}(\theta) = R(1 - \cos\theta) \quad (0 \leqslant \theta \leqslant \frac{\pi}{2})$$

因此 A 处的水平位移为

$$\Delta_{AH} = \int_s \frac{M(\theta)\overline{M}(\theta)\,\mathrm{d}s}{EI} = \int_0^{\frac{\pi}{2}} \frac{FR\sin\theta \cdot R(1 - \cos\theta) \cdot R\mathrm{d}\theta}{EI}$$

$$= \frac{FR^3}{2EI} \quad (\rightarrow)$$

结果为正值，说明 A 截面的水平位移与所加单位力方向相同，即向右。

（4）为求 A 截面的转角，在 A 点加一单位力偶[图 11-10（d）]，该单位力偶作用下曲杆横截面上的弯矩为

$$\overline{M}(\theta) = 1 \quad (0 \leqslant \theta \leqslant \frac{\pi}{2})$$

因此 A 截面的转角为

$$\theta_A = \int_s \frac{M(\theta)\overline{M}(\theta)\,\mathrm{d}s}{EI} = \int_0^{\frac{\pi}{2}} \frac{FR\sin\theta \cdot 1 \cdot R\mathrm{d}\theta}{EI}$$

$$= \frac{FR^2}{EI} \quad (\downarrow)$$

结果为正值，说明 A 截面的转角与所加单位力偶方向相同，即顺时针方向。

§11.3 图形互乘法

等截面直梁或刚架用单位载荷法求位移时，因 EI 为常量，莫尔定理可转化为

$$\Delta = \frac{1}{EI}\int_l M(x)\overline{M}(x)\,\mathrm{d}x$$

因而求位移的问题就变成上式求积分的运算。此时，由于单位力为集中力或集中力偶，因而得到的 $\overline{M}(x)$ 图必定是一条直线或折线。利用这个特点，可以对

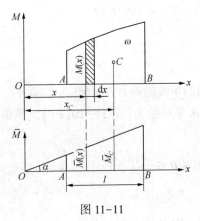

图 11-11

以上的积分计算进行简化，得到图形互乘法。具体推证如下：

图 11-11 表示的是一等截面直杆 AB 的 $M(x)$ 图和 $\overline{M}(x)$ 图，等直杆在外载荷作用下的弯矩图为任意形状，在单位力作用下的弯矩图为一条斜直线，设两者位于 x 轴的同一侧。$\overline{M}(x)$ 图的斜度角为 α，与 x 轴的交点为 O。以 O 点为坐标原点，则 $\overline{M}(x)$ 图中任意点的纵坐标为

$$\overline{M}(x) = x \mathrm{tg}\alpha$$

代入莫尔积分后得到

$$\Delta = \frac{1}{EI}\int_l M(x)\overline{M}(x)\mathrm{d}x = \frac{1}{EI}\mathrm{tg}\alpha\int_l xM(x)\mathrm{d}x$$

积分符号后面的 $M(x)\mathrm{d}x$ 是 $M(x)$ 图中画阴影线的微分面积，而 $xM(x)\mathrm{d}x$ 则是上述微分面积对 M 轴的静矩。如果用 ω 代表 $M(x)$ 图的面积，x_C 代表 $M(x)$ 图的形心到 M 轴的距离，则

$$\int_l xM(x)\mathrm{d}x = \omega \cdot x_C$$

因此莫尔积分转化为

$$\Delta = \frac{1}{EI}\int_l M(x)\overline{M}(x)\mathrm{d}x$$

$$= \frac{1}{EI}\mathrm{tg}\alpha\int_l xM(x)\mathrm{d}x = \frac{1}{EI}\omega \cdot x_C\mathrm{tg}\alpha$$

$$= \frac{\omega\,\overline{M_C}}{EI} \qquad\qquad (11-15)$$

式中 $\overline{M_C}$ 是 $\overline{M}(x)$ 图中与 $M(x)$ 图的形心 C 对应的纵坐标。而这种对莫尔积分的简化计算就是图形互乘法或简称图乘法。并且当面积 ω 与纵坐标 $\overline{M_C}$ 在 x 轴的同一侧时，乘积 $\omega \overline{M_C}$ 为正；面积 ω 与纵坐标 $\overline{M_C}$ 在 x 轴的两侧时，乘积 $\omega \overline{M_C}$ 为负。当然，上式积分符号后面的函数还可以是轴力或扭矩等。应该说，图乘法仅是为了简化莫尔积分计算而提供的一种方法。

可以看出，应用图乘法时，经常要计算某些图形的面积和确定其形心位置。在图 11-12 中，给出了几种常见图形的面积和形心位置的计算公式。其中抛物线顶点的切线平行于基线或与基线重合。

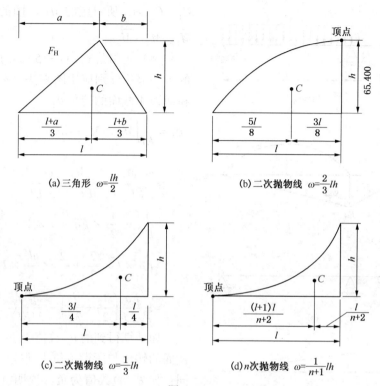

(a)三角形　$\omega=\dfrac{lh}{2}$　　　　(b)二次抛物线　$\omega=\dfrac{2}{3}lh$

(c)二次抛物线　$\omega=\dfrac{1}{3}lh$　　　　(d)n次抛物线　$\omega=\dfrac{1}{n+1}lh$

图 11-12

使用公式(11-15)时，为了计算方便，有时根据弯矩可以叠加的原理，将弯矩图分成几部分，对每一部分应用叠加法，然后求其总和。此外，在推导该公式时，认为梁的 l 段内 $\overline{M}(x)$ 图是一直线，如果沿梁长 $\overline{M}(x)$ 图是由几段直线组成时，则必须以折线的转折点为界，逐段应用(11-15)式，然后求其总和，下面用例题来说明。

【例 11-5】　用图乘法求图 11-13(a)所示外伸梁 A 截面的转角。梁的抗弯刚度为 EI。

【解】　(1)首先要画出梁在外载荷作用下的弯矩图。为便于应用图乘法可分别画出集中力和分布载荷的弯矩图，并分成图 11-13(b)中所示的三部分，对应的面积分别为 ω_1、ω_2、ω_3，这三部分叠加即为梁的弯矩图。

(2)为求 A 截面的转角，在 A 处加一单位力偶矩[图 11-13(c)]。

(3)画出单位力偶作用下的弯矩图[图 11-13(d)]。由于梁在外载荷作用下的弯矩图[图 11-13(b)]由两个三角形和一个抛物线组成，分别找出它们的形心

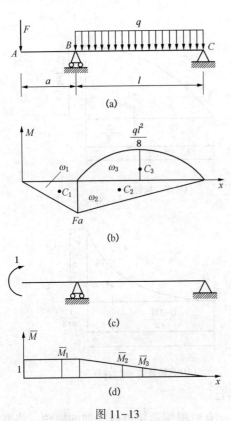

图 11-13

C_1、C_2、C_3 所对应的 $\overline{M}(x)$ 图的纵坐标 $\overline{M}_1$、$\overline{M}_2$、$\overline{M}_3$。

（4）使用公式（11-15），对弯矩图的每一部分分别应用图乘法，然后求总和即为 A 截面的转角 θ_A

$$\theta_A = \frac{1}{EI} \int_l M(x) \overline{M}(x) \, \mathrm{d}x$$

$$= \frac{\omega_1 \overline{M}_1}{EI} + \frac{\omega_2 \overline{M}_2}{EI} + \frac{\omega_3 \overline{M}_3}{EI}$$

$$= \frac{1}{EI} \left(-\frac{1}{2} \times Fa \times a \times 1 - \frac{1}{2} \times Fa \times l \times \frac{2}{3} + \frac{2}{3} \times \frac{ql^2}{8} \times l \times \frac{1}{2} \right)$$

$$= -\frac{Fa^2}{EI} \left(\frac{1}{2} + \frac{l}{3a} \right) + \frac{ql^3}{24EI} (\curvearrowleft)$$

如计算得到的 θ_A 数值为正，说明 A 截面的转角与所设单位力偶矩的方向相同；如 θ_A 的数值为负，说明 A 截面的转角与所设单位力偶矩的方向相反。

【例 11-6】 图 11-14（a）所示为一均布载荷作用下的简支梁。抗弯刚度为 EI，试求跨度中点的挠度 ω_C。

【解】 （1）首先画出梁在均布载荷作用下的弯矩图[图 11-14（b）]。图形为二次抛物线，是一条光滑曲线。

（2）为求跨度中点的挠度 ω_C，在 C 点加一单位力[图 11-14（c）]。

（3）画出单位力作用下的弯矩图[图 11-14（d）]，图形为一条折线。

（4）$M(x)$ 图连续光滑，但 $\overline{M}(x)$ 图却有一个转折点，所以应分段使用图乘法。利用图 11-12 中的公式，可以求得 AC 和 CB 两段内弯矩图的面积 ω_1、ω_2 分别为

$$\omega_1 = \omega_2 = \frac{2}{3} \times \frac{ql^2}{8} \times \frac{l}{2} = \frac{ql^3}{24}$$

ω_1 和 ω_2 的形心 C_1 和 C_2 在 $\overline{M}(x)$ 图中对应的纵坐标 $\overline{M}_C$ 为

$$\overline{M}_C = \frac{5}{8} \times \frac{l}{4} = \frac{5l}{32}$$

最后应用公式(11-15)，可求跨度中点的挠度

$$\omega_C = \frac{1}{EI}\int_l M(x)\overline{M}(x)\,dx = \frac{\omega_1\overline{M_C}}{EI} + \frac{\omega_2\overline{M_C}}{EI}$$

$$= \frac{2}{EI}\left(\frac{ql^3}{24} \times \frac{5l}{32}\right) = \frac{5ql^4}{384EI}$$

计算得到的结果为正，说明跨度中点的挠度 ω_C 与所设单位力的方向相同，即向下。

【例 11-7】　图 11-15(a)所示的刚架 ABC 位于水平面内，在自由端作用一铅垂集中力 F。两段杆的抗弯刚度为 EI，抗扭刚度为 GI_p。试求截面 C 绕 x 轴的转角 θ。

【解】　(1)刚架在 F 力作用下受到弯曲与扭转的联合作用。首先画出刚架在 F 作用下的弯矩图和扭矩图[图 11-15(a)]。

(2)为求截面 C 绕 x 轴的转角 θ，可在 C 处加一绕 x 轴的单位力偶，画出单位力偶作用下的弯矩图和扭矩图[图 11-15(b)]。

(3)计算弯矩图、扭矩图面积和相应单位力弯矩图、扭矩图的纵坐标，即

$$\omega_1 = -\frac{1}{2} \times l \times Fl = -\frac{Fl^2}{2}, \quad \overline{M}_{C1} = 0$$

$$\omega_2 = -\frac{1}{2} \times l \times Fl = -\frac{Fl^2}{2}, \quad \overline{M}_{C2} = -1$$

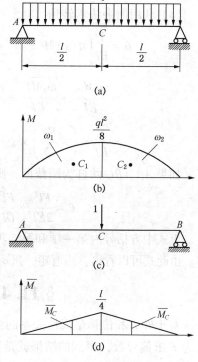

图 11-14

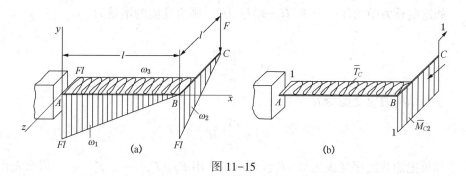

图 11-15

$$\omega_3 = l \times Fl = Fl^2, \ \overline{T}_C = 1$$

(4) 利用图乘法求转角

$$\theta = \frac{1}{EI} \int_l M(x)\overline{M}(x)\,\mathrm{d}x + \frac{1}{GI_p} \int_l T(x)\overline{T}(x)\,\mathrm{d}x$$

$$= \frac{\omega_1 \overline{M}_{C1}}{EI} + \frac{\omega_2 \overline{M}_{C2}}{EI} + \frac{\omega_3 \overline{T}_{C3}}{GI_p}$$

$$= \frac{1}{EI} \times \left(-\frac{Fl^2}{2} \right) \times (-1) + \frac{1}{GI_p} \times Fl^2 \times 1 = \frac{Fl^2}{2EI} + \frac{Fl^2}{GI_p}$$

如果 AB、BC 两杆为圆截面，则 $I_p = 2I$，再利用式 $E = 2(1+\mu)G$，上式变为

$$\theta = \frac{Fl^2}{2EI} + \frac{Fl^2}{GI_p} = \frac{Fl^2}{2EI}\left[1 + 2(1+\mu) \right]$$

上式中方括号内第一项和第二项分别是与弯曲变形和扭转变形相对应的角位移。由此式可以看出，当弯矩、扭矩同时存在时，扭矩项对变形的影响不能略去。

§11.4 卡 氏 定 理

对于外力和位移呈线性关系的弹性体，如果将外力看作变量，并将应变能对外力 F 求偏导数，得到的结果就是该力作用点处沿该力作用方向的位移。即使结构上有许多载荷作用时，这一规律仍然存在，这就是本节要讨论的卡氏定理。

设某一线弹性体上作用有外力 F_1，F_2，$\cdots$，F_i，$\cdots$，沿各力作用方向的位移分别为 δ_1，δ_2，$\cdots$，δ_i，$\cdots$。结构因外力作用而储存的应变能等于外力所做的功，应为 F_1，F_2，$\cdots$，F_i，$\cdots$的函数，即

$$V_\varepsilon = W = \frac{1}{2}F_1\delta_1 + \frac{1}{2}F_2\delta_2 + \cdots + \frac{1}{2}F_i\delta_i + \cdots$$

如这些外力中的任一个 F_i 有一增量 $\mathrm{d}F_i$，则应变能的增量为

$$\Delta V_\varepsilon = \frac{\partial V_\varepsilon}{\partial F_i}\mathrm{d}F_i$$

于是结构的应变能变为

$$V_\varepsilon + \frac{\partial V_\varepsilon}{\partial F_i}\mathrm{d}F_i \qquad\qquad (\mathrm{a})$$

如果把加载次序变成先加 $\mathrm{d}F_i$，然后再作用 F_1，F_2，$\cdots$，F_i，$\cdots$。那么先作

用 $\mathrm{d}F_i$ 时，其作用点沿 $\mathrm{d}F_i$ 方向的位移为 $\mathrm{d}\delta_i$，应变能为 $\frac{1}{2}\mathrm{d}F_i\mathrm{d}\delta_i$。再作用 F_1，F_2，$\cdots$，F_i，$\cdots$ 时，这些力所做的功仍然等于未曾作用 $\mathrm{d}F_i$ 时的应变能 V_ε，在此过程中，由于在 F_i 的方向产生了位移 δ_i，于是先加上去的 $\mathrm{d}F_i$ 在位移 δ_i 上会做功 $\delta_i\mathrm{d}F_i$。这样，在这种加载次序下，结构的应变能为

$$\frac{1}{2}\mathrm{d}F_i\mathrm{d}\delta_i + V_\varepsilon + \delta_i\mathrm{d}F_i \tag{b}$$

由于应变能与加载次序无关，前面的(a)、(b)两式应该相等，所以

$$\frac{1}{2}\mathrm{d}F_i\mathrm{d}\delta_i + V_\varepsilon + \delta_i\mathrm{d}F_i = V_\varepsilon + \frac{\partial V_\varepsilon}{\partial F_i}\mathrm{d}F_i$$

略去二阶微量 $\frac{1}{2}\mathrm{d}F_i\mathrm{d}\delta_i$，由上式可以得到

$$\delta_i = \frac{\partial V_\varepsilon}{\partial F_i} \tag{11-16}$$

可见，若将结构的应变能表示为载荷 F_1，F_2，$\cdots$，F_i，$\cdots$ 的函数，则应变能对任一载荷 F_i 的偏导数，等于 F_i 作用点沿 F_i 方向的位移 δ_i。这就是卡氏第二定理，简称卡氏定理。定理中的力和位移都应理解为广义的。它可以适用于所有的线弹性结构，例如梁、刚架、桁架、曲杆等。

下面把卡氏定理应用于几种常见的情况：

(1) 对于横力弯曲

$$\delta_i = \frac{\partial V_\varepsilon}{\partial F_i} = \frac{\partial}{\partial F_i}\left(\int_l \frac{M^2(x)\mathrm{d}x}{2EI}\right) = \int_l \frac{M(x)}{EI}\frac{\partial M(x)}{\partial F_i}\mathrm{d}x \tag{11-17}$$

(2) 对于圆轴扭转变形

$$\delta_i = \frac{\partial V_\varepsilon}{\partial F_i} = \frac{\partial}{\partial F_i}\left(\int_l \frac{T^2(x)\mathrm{d}x}{2GI_p}\right) = \int_l \frac{T(x)}{GI_p}\frac{\partial T(x)}{\partial F_i}\mathrm{d}x$$

(3) 对于桁架

$$\delta_i = \frac{\partial V_\varepsilon}{\partial F_i} = \sum_{j=1}^n \frac{F_{Nj}l_j}{EA_j}\frac{\partial F_{Nj}}{\partial F_i}$$

(4) 对于组合变形

$$\delta_I = \frac{\partial V_\varepsilon}{\partial F_i} = \int_l \frac{F_N(x)}{EA}\frac{\partial F_N(x)}{\partial F_i}\mathrm{d}x + \int_l \frac{F(x)}{GI_p}\frac{\partial F(x)}{\partial F_i}\mathrm{d}x + \int_l \frac{M(x)}{EI}\frac{\partial M(x)}{\partial F_i}\mathrm{d}x$$

【例 11-8】 图 11-16 所示悬臂梁自由端 A 处作用有 F 和 m，抗弯刚度 EI 为常量，试求自由端的挠度和转角(不计剪切对位移的影响)。

【解】 (1) 列梁的弯矩方程式，并对 F、m 分别求偏导数

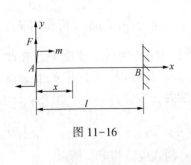

图 11-16

$$M(x) = m + Fx \quad (0 < x < l)$$

$$\frac{\partial M(x)}{\partial F} = x, \quad \frac{\partial M(x)}{\partial m} = 1$$

（2）根据卡氏定理求 A 点的挠度

$$\delta_A = \frac{\partial V_\varepsilon}{\partial F} = \int_l \frac{M(x)}{EI} \frac{\partial M(x)}{\partial F} \mathrm{d}x$$

$$= \frac{1}{EI} \int_0^l (m + Fx) \cdot x \cdot \mathrm{d}x = \frac{ml^2}{2EI} + \frac{Fl^3}{3EI} \quad (\uparrow)$$

（3）根据卡氏定理求 A 截面的转角

$$\theta_A = \frac{\partial V_\varepsilon}{\partial m} = \int_l \frac{M(x)}{EI} \frac{\partial M(x)}{\partial m} \mathrm{d}x$$

$$= \frac{1}{EI} \int_0^l (m + Fx) \cdot 1 \cdot \mathrm{d}x = \frac{ml}{EI} + \frac{Fl^2}{2EI} \quad (\curvearrowleft)$$

这里 δ_A 和 θ_A 都是正值，表示它们的方向分别与 F 和 m 相同。

利用卡氏定理求结构某处的位移时，该处需要有与所求位移相应的载荷。例如在上述例题中，要求 A 点的挠度和 A 截面的转角，而在 A 截面上恰好有与挠度和转角相对应的载荷 F 和 m。如果要计算某处的位移，而该处并无与该位移相应的载荷时，需在所求位移处虚设一个与所求位移相应的附加外力 F'。求线位移时附加集中力，求角位移时附加集中力偶。然后写出包括附加力 F' 在内的所有外力作用下的应变能 V_ε 表达式。将其对附加外力 F' 求偏导数后，再令 F' 等于零，便可得到所求的位移。

用卡氏定理求位移时，对于结构上作用有两个相同符号外力的情况，由于结构上的外力是独立的自变量，应特别注意在计算过程中，要把两个力区分开来，用不同的符号表示。下面用一个例题进行说明。

【例 11-9】 刚架所受载荷如图 11-17(a)所示，各杆的抗弯刚度 EI 相同。试求 A 截面的水平位移和铅垂位移(不计剪力和轴力对位移的影响)。

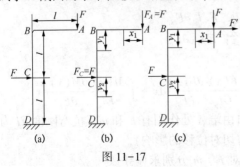

(a) (b) (c)

图 11-17

【解】 （1）求 A 截面的铅垂位移

用卡氏定理求位移时，结构上的外力是独立的自变量。本例中有两个相同的集中力 F，根据卡氏定理要求，应变能 V_ε 或弯矩 $M(x)$ 只能对与 A 点铅垂位移相应的 A 点铅垂集中力 F 求偏导数，而不是对 C 点的水平集中力 F 求偏导数。因此，在计算过程中需

将 A 处的 F 力和 C 处的 F 力分开，分别以 F_A 和 F_C 表示，如图 11-17(b)所示。

① 分段列弯矩方程并对 F_A 求偏导数

AB 段： $M(x_1)=-F_A x_1$, $\dfrac{\partial M(x_1)}{\partial F_A}=-x_1$

BC 段： $M(y_1)=-F_A l$, $\dfrac{\partial M(y_1)}{\partial F_A}=-l$

CD 段： $M(y_2)=-F_A l-F_C y_2$, $\dfrac{\partial M(y_2)}{\partial F_A}=-l$

② 根据卡氏定理求 A 截面的铅垂位移

$$\delta_{AV}=\frac{\partial V_\varepsilon}{\partial F_A}=\frac{1}{EI}\Bigg[\int_0^l M(x_1)\cdot\frac{\partial M(x_1)}{\partial F_A}\cdot dx_1+\int_0^l M(y_1)\cdot\frac{\partial M(y_1)}{\partial F_A}\cdot dy_1$$
$$+\int_0^l M(y_2)\cdot\frac{\partial M(y_2)}{\partial F_A}\cdot dy_2\Bigg]$$

代入数值，并令 $F_A=F_C=F$ 得到

$$\delta_{AV}=\frac{1}{EI}\Big[\int_0^l F x_1^2 dx_1+\int_0^l F l^2 dy_1+\int_0^l (Fl^2+Fly_2)dy_2\Big]$$

$$=\frac{17Fl^3}{6EI}\quad(\downarrow)$$

（2）求 A 截面的水平位移

因为 A 截面处没有水平外力作用，必须附加一个相应的水平集中力 F'，如图 11-17(c)所示，应用卡氏定理后，再令其等于零，即可得到 A 截面的水平位移。

① 分段列弯矩方程并对 F' 求偏导数

AB 段： $M(x_1)=-F x_1$, $\dfrac{\partial M(x_1)}{\partial F'}=0$

BC 段： $M(y_1)=-Fl-F'y_1$, $\dfrac{\partial M(y_1)}{\partial F'}=-y_1$

CD 段： $M(y_2)=-F(l+y_2)-F'(l+y_2)$, $\dfrac{\partial M(y_2)}{\partial F'}=-(l+y_2)$

② 根据卡氏定理求 A 截面的铅垂位移

$$\delta_{AH}=\frac{\partial V_\varepsilon}{\partial F'}=\frac{1}{EI}\Bigg[\int_0^l M(x_1)\cdot\frac{\partial M(x_1)}{\partial F'}\cdot dx_1+\int_0^l M(y_1)\cdot\frac{\partial M(y_1)}{\partial F'}\cdot dy_1+$$
$$\int_0^l M(y_2)\cdot\frac{\partial M(y_2)}{\partial F'}\cdot dy_2\Bigg]$$

$$= \frac{1}{EI} \Big\{ 0 + \int_0^l (-Fl - F'y_1)(-y_1) \mathrm{d}y_1 + \int_0^l [-F(l + y_2) -$$

$$F'(l + y_2)][-(l + y_2)] \mathrm{d}y_2 \Big\}$$

将 $F' = 0$ 代入上式得到

$$\delta_{AH} = \frac{1}{EI} \Big\{ \int_0^l (-Fl)(-y_1) \mathrm{d}y_1 + \int_0^l [-F(l + y_2)][-(l + y_2)] \mathrm{d}y_2 \Big\}$$

$$= \frac{17Fl^3}{6EI} \quad (\rightarrow)$$

§11.5 互 等 定 理

对于线弹性结构，利用应变能与加载次序无关的性质，还可以导出功的互等定理和位移互等定理。它们在结构分析中有重要作用。

设在线弹性结构上作用 F_1 和 F_2 [见图 11-18(a)]，引起两力作用点沿力作用方向的位移分别为 δ_1 和 δ_2。在此过程中 F_1 和 F_2 所做的功为 $\frac{1}{2} F_1 \delta_1 + \frac{1}{2} F_2 \delta_2$。然后，在结构上再作用 F_3 和 F_4，引起 F_3 和 F_4 作用点沿力作用方向的位移为 δ_3 和 δ_4 [图 11-18(b)]，并引起 F_1 和 F_2 作用点沿力作用方向的位移为 δ'_1 和 δ'_2。这样，除了 F_3 和 F_4 完成数量为 $\frac{1}{2} F_3 \delta_3 + \frac{1}{2} F_4 \delta_4$ 的功外，原已作用于结构上的 F_1 和 F_2 因又位移了 δ'_1 和 δ'_2，且在位移中 F_1 和 F_2 的大小不变，所以又完成了数量为 $F_1 \delta'_1 + F_2 \delta'_2$ 的功。因此按先加 F_1、F_2 后加 F_3、F_4 的次序加载，结构所存储的应变能为

$$V_{\varepsilon 1} = \frac{1}{2} F_1 \delta_1 + \frac{1}{2} F_2 \delta_2 + \frac{1}{2} F_3 \delta_3 + \frac{1}{2} F_4 \delta_4 + F_1 \delta'_1 + F_2 \delta'_2$$

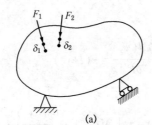
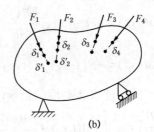

图 11-18

如改变加载次序，先加 F_3、F_4 后加 F_1、F_2。仿照上述步骤，可求得结构的应变能为

$$V_{\varepsilon2} = \frac{1}{2}F_3\delta_3 + \frac{1}{2}F_4\delta_4 + \frac{1}{2}F_1\delta_1 + \frac{1}{2}F_2\delta_2 + F_3\delta'_3 + F_4\delta'_4$$

其中 δ'_3 和 δ'_4 是后面作用 F_1、F_2 时，所引起的 F_3 和 F_4 作用点沿其作用方向的位移。

由于应变能只取决于载荷和位移的最终值，与加载的次序无关，所以 $V_{\varepsilon1} = V_{\varepsilon2}$，从而得出

$$F_1\delta'_1 + F_2\delta'_2 = F_3\delta'_3 + F_4\delta'_4 \qquad (11-18)$$

以上结果可以推广到线弹性体上作用有更多载荷的情况。即第一组载荷在第二组载荷引起的位移上所做的功，等于第二组载荷在第一组载荷引起的位移上所做的功。这就是功的互等定理。如果第一组载荷只有 F_1，第二组载荷只有 F_3，则上式转化为

$$F_1\delta'_1 = F_3\delta'_3 \qquad (11-19)$$

如果 $F_1 = F_3 = F$，则有

$$\delta'_1 = \delta'_3 \qquad (11-20)$$

此式表明，F_1 作用点沿 F_1 方向因作用 $F_3 = F$ 而引起的位移，等于 F_3 作用点沿 F_3 方向因作用 $F_1 = F$ 而引起的位移。这就是位移互等定理。

上述互等定理中的力和位移都应理解为是广义的。式中的各力可以是集中力或集中力偶，对应的位移可以是线位移也可以是角位移。它们适用于材料服从胡克定律且变形很小的任何线弹性体，例如梁、刚架、桁架、曲杆等。

习　题

在以下习题中，如无特殊说明，都假定材料是线弹性的。

11-1　计算图示各杆的应变能。

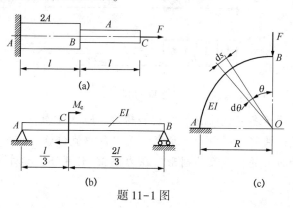

题 11-1 图

11-2 传动轴受力如图所示。轴的直径为 40mm，材料为 45 钢，$E =$ 210GPa，$G = 80$GPa。试计算轴的应变能。

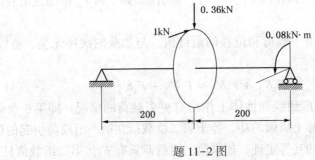

题 11-2 图

11-3 车床主轴如图所示，在转化为当量轴以后，其抗弯刚度 EI 可以作为常量。试求在载荷 F 作用下，截面 C 的挠度和前轴承 B 截面处的转角。

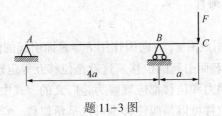

题 11-3 图

11-4 利用莫尔定理求梁在载荷作用下，C 截面的挠度和 A 截面的转角。EI 为已知，略去剪力对变形的影响。

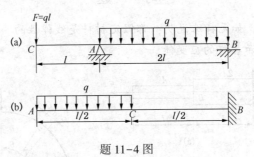

题 11-4 图

11-5 试求图示各梁截面 B 的挠度和转角。EI 为常数。

11-6 等截面曲杆如图所示。试求截面 B 的垂直位移、水平位移和转角。

11-7 图示折杆的横截面为圆形。在力偶 M_e 作用下，试求折杆自由端的线位移和角位移。

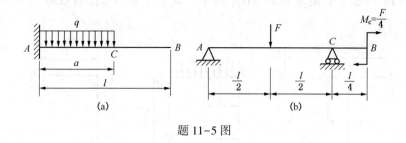

题 11-5 图

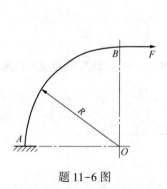

题 11-6 图

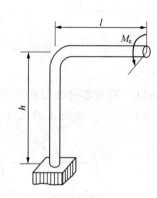

题 11-7 图

11-8 轴线为水平平面内四分之一圆周的曲杆如图所示，在自由端 B 作用垂直载荷 F。设 EI 和 GI_p 已知，试求截面 B 在垂直方向的位移。

11-9 圆截面杆 ABC 位于水平面内，已知杆直径 d 和材料的 E、G。如不计剪力影响，试求 C 截面的铅垂位移和角位移。

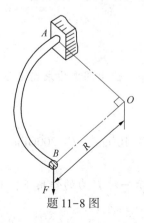

题 11-8 图

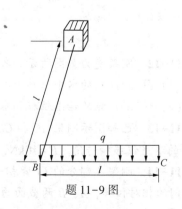

题 11-9 图

11-10 图示刚架各杆的 EI 皆相等。试求截面 A、B 的位移和截面 C 的转角。

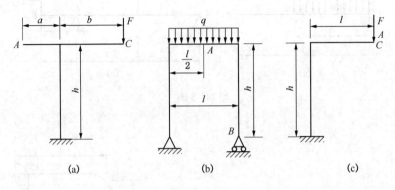

(a)　　　　　　(b)　　　　　　(c)

题 11-10 图

11-11 刚架各杆的材料相同，但截面尺寸不一，所以抗弯刚度 EI 不同。试求在 F 力作用下，截面 A 的位移和转角。

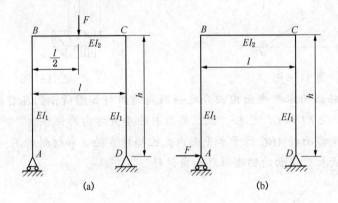

(a)　　　　　　　　　(b)

题 11-11 图

11-12 刚架受力如图所示。各杆的 EI 皆相等，试用图乘法求指定位移。

(1) 图(a) D 点的水平位移和截面 C 的转角；

(2) 图(b) C 点的铅垂位移和水平位移。

11-13 已知图示刚架 AC 和 CD 两部分的 $I=3\times10^{3}\,\mathrm{cm}^{4}$，$E=200\mathrm{GPa}$。试求截面 D 的水平位移和转角。$F=10\mathrm{kN}$，$l=1\mathrm{m}$。

11-14 刚架各部分的 EI 皆相等，试求在图示一对 F 力的作用下，A、B 两点之间的相对位移，A、B 两截面的相对转角。

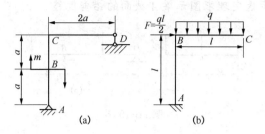

题 11-12 图

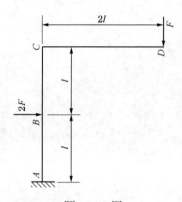

题 11-13 图

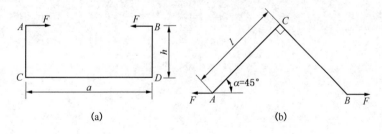

题 11-14 图

11-15 试用卡氏定理求图示梁截面 B 的转角和梁中点 C 的挠度。

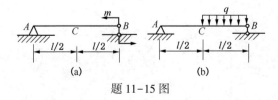

题 11-15 图

11-16 试用卡氏定理求图示梁 A 截面的铅垂位移。

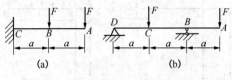

题 11-16 图

第十二章　超静定结构

§12.1　超静定结构概述

在介绍基本变形时，曾讨论过一些超静定问题，如第二章的拉、压超静定问题。而在实际工程中有许多结构属于比较复杂的超静定问题，如超静定的梁、桁架、刚架等，本章将对这些问题作进一步的探讨。

一、结构的超静定

在静定结构中，约束反力可由静力平衡方程求出。例如图 12-1(a)所示的悬臂梁，在固定端 A 处的约束反力有水平力、竖直力和力偶，而需要满足的平衡方程也有三个($\sum X = 0$，$\sum Y = 0$，$\sum m = 0$)，三个平衡方程恰好可以求解这三个未知约束反力，因而为静定结构。对于静定结构，其约束反力的数目等于静力平衡方程的数目。

当结构的约束反力不能仅仅根据平衡条件求出时，即称为超静定结构或静不定结构。例如在上述悬臂梁的 B 处增加一个铰支座[图 12-1(b)]，则约束反力相应增加一个，而需要满足的平衡方程仍有三个，这样利用平衡方程不能求解全部未知约束反力，因此成为超静定结构。对于超静定结构，其约束反力的数目大于静力平衡方程的数目。

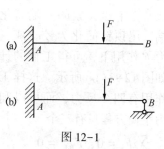

图 12-1

与静定结构不同，超静定结构的一些支座往往并不是维持结构的几何不变所必须的。例如，如果解除图 12-1(b)中的铰支座 B，它仍然是几何不变的结构。因此常把这类约束称为多余约束。与多余约束对应的约束力就称为多余约束反力或多余约束力。

二、超静定次数和基本静定系

对于超静定结构，通常用超静定次数来表示结构的超静定程度。而超静定次数等于约束反力数目减去平衡方程的数目。在图 12-1(b)所示的结构中，共有四个约束反力，可写三个平衡方程，因此为一次超静定问题。不难看出，结构中多余约束反力的数目也就等于结构的超静定次数。

去掉超静定结构上的多余约束后得到的静定结构，称为原超静定结构的基本静定系。例如图 12-1(a)可视为图 12-1(b)的基本静定系。

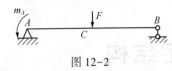

图 12-2

基本静定系可以有不同的选择，不是唯一的。例如图 12-1(b) 所示的一次超静定梁，除了可以把支座 B 看作多余约束解除，得到图 12-1(a) 所示的基本静定系之外，还可以去掉 A 处的转角约束，使 A 处变成固定铰支座，其基本静定系变成简支梁 AB(图 12-2)，其上作用载荷 F 和多余约束反力矩 m_A。有时把载荷和多余约束反力作用下的基本静定系称为相当系统，相当系统即与原超静定系统完全等效。

本章主要介绍用力法(即以多余约束反力为基本未知量)求解超静定梁、超静定刚架及超静定曲杆等结构的方法和步骤。

§12.2　弯曲超静定问题

工程实际中，为了提高受弯构件的强度或刚度，常常采用增加构件约束的方法。例如在图 12-3(a) 中所示的工件，其左端由卡盘夹紧。对细长的工件，为了减少变形，提高加工精度，在工件的右端又安装尾顶针。通常把卡盘夹紧的一端简化成固定端，尾顶针简化为铰支座。在切削力 F 作用下，可得工件的计算简图如图 12-3(b) 所示。这样工件上共作用有四个反力，而可以利用的静力平衡方程只有三个

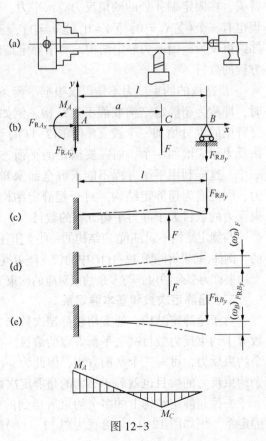

$$\sum F_x = 0,\quad F_{RA_x} = 0$$

$$\sum F_y = 0,\quad F - F_{RA_y} - F_{RB_y} = 0$$

$$\sum M_A = 0,\quad Fa - F_{RB_y}l - M_A = 0$$

由 3 个平衡方程不能求解全部 4 个未知力，所以这是一次超静定结构。现以此梁为例，说明求解弯曲超静定问题的方法。

首先解除多余约束即支座 B，并用多余约束反力 F_{RB_y} 来代替。得到的基本静定系为悬臂梁 AB。在基本静

图 12-3

定系上除原来的载荷 F 外，还作用着多余约束反力 F_{RB_y}［图 12-3(c)］。为了求出多余反力 F_{RB_y}，以基本静定系为研究对象。基本静定系的受力情况与超静定梁是相同的，要使基本静定系的变形情况也与超静定梁相同，则 B 点的挠度必须为零，这一条件称为变形谐调条件，即

$$\omega_B = (\omega_B)_F + (\omega_B)_{F_{RB_y}} = 0$$

根据叠加法，由表 8-3 查出

$$(\omega_B)_F = \frac{Fa^2}{6EI}(3l - a), \quad (\omega_B)_{F_{RB_y}} = -\frac{F_{RB_y}l^3}{3EI}$$

代入变形协调条件后可解出

$$F_{RB_y} = \frac{F}{2}\left(3\frac{a^2}{l^2} - \frac{a^3}{l^3}\right)$$

解出 F_{RB_y} 后，原来的超静定梁就相当于在 F 和 F_{RB_y} 共同作用下的悬臂梁。进一步的计算就与静定梁完全相同。例如，可以求出 C 和 A 两截面的弯矩分别为

$$M_C = -F_{RB_y}(l - a) = -\frac{F}{2}\left(3\frac{a^2}{l^2} - \frac{a^3}{l^3}\right)(l - a)$$

$$M_A = Fa - F_{RB_y}l = \frac{Fl}{2}\left(2\frac{a}{l} - 3\frac{a^2}{l^2} + \frac{a^3}{l^3}\right)$$

于是可画梁的弯矩图［图 12-3(f)］，并进行强度计算。同理，也可以进行变形和刚度计算。这里通过建立变形补充方程来求解超静定问题的方法，称为变形比较法。

由上面的讨论，可得到解超静定问题的基本方法为：

（1）判断超静定次数，去掉多余约束，得到基本静定系；

（2）用未知的多余约束反力代替去掉的多余约束加到基本静定系上（得到相当系统）；

（3）根据多余约束处的变形谐调条件及其相应的物理条件建立补充方程，解出多余未知反力；

（4）由基本静定系的平衡条件求出其他反力，画出内力图，并作强度或刚度计算。

不难看出，对前面所讨论的超静定梁，其内力和变形都远小于只在 A 端固定的悬臂梁（相当于左端夹紧、右端无尾顶针的情况）。这表明，由于增加了支座 B，超静定梁的强度和刚度都得到了提高。但是由于超静定结构存在多余约束，它对构件的制造和安装比静定结构有更高的精度要求，以避免在构件内部产生较大的装配应力。

§12.3 用力法解超静定结构

一、力法正则方程

通过弯曲超静定问题，讨论了求解超静定系统的基本方法。即解除多余约束，寻求变形协调条件，从而建立足够数目的补充方程以求解。下面所介绍的方法，将适用于各种超静定系统，而且这种方法所建立的补充方程具有标准的形式，称之为力法的正则方程或典型方程。

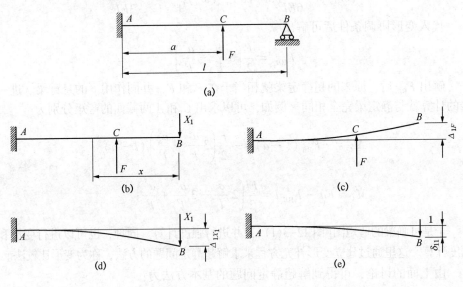

图 12-4

为了介绍力法，现仍以上一节中讨论的安装尾顶针的工件为例。工件简化为图 12-4(a)所示的梁，因为多出一个外部约束，所以它是一次超静定梁。解除多余支座 B，并以多余约束反力 X_1 代替它。于是，基本静定系[图 12-4(b)]上作用有载荷 F 和多余未知力 X_1。利用 B 点在 X_1 方向的位移为零这一条件，可写出变形协调条件为

$$\Delta_1 = \Delta_{1X_1} + \Delta_{1F} = 0$$

这里 Δ_{1X_1} 表示由于 X_1 作用在基本静定系上，X_1 作用点沿 X_1 方向的位移；Δ_{1F} 表示载荷作用在基本静定系上，X_1 作用点沿 X_1 方向的位移。即位移记号的第一个下标"1"表示产生位移的方位，第二个下标"X_1"或"F"表示引起位移的作用力。

在计算 Δ_{1X_1} 时，可以在基本静定系上沿 X_1 方向作用单位力[图 12-4(e)]，B 点沿 X_1 方向因这一单位力引起的位移记为 δ_{11}。对线弹性结构，位移与力成正

比，X_1 是单位力的 X_1 倍，故 Δ_{1X1} 也是 δ_{11} 的 X_1 倍。即

$$\Delta_{1X1} = \delta_{11} X_1$$

代入变形协调条件，得到

$$\delta_{11} X_1 + \Delta_{1F} = 0 \qquad\qquad (12-1)$$

上式中，X_1 以明显方式出现，只要已知系数 δ_{11} 和常数项 Δ_{1F}，便可解出多余未知力 $X_1(X_1$ 代表广义力)。

δ_{11} 和 Δ_{1F} 可用莫尔定理或图形互乘法计算。按图 12-4(b)所示的基本静定系，在只作用载荷 F[图 12-4(c)]和在 B 点沿 X_1 方向作用单位力[图 12-4(e)]这两种情况下，梁上的弯矩分别为

$$M(x) = [x - (l - a)] F, \quad \overline{M}(x) = -x$$

于是

$$\Delta_{1F} = \int_{l-a}^{l} \frac{M(x)\overline{M}(x)\,\mathrm{d}x}{EI} = -\frac{Fa^2}{6EI}(3l - \alpha)$$

$$\delta_{11} = \int_{0}^{l} \frac{\overline{M}(x)\overline{M}(x)\,\mathrm{d}x}{EI} = \frac{l^3}{3EI}$$

代入式(12-1)，便可求出

$$X_1 = \frac{Fa^2}{2l^3}(3l - a) \quad (\downarrow)$$

X_1 为正，表示所设方向与实际相同。

上述式(12-1)表示的这一补充方程，虽然是就图 12-4(a)的一次超静定梁写出的，但它可作为求解一次超静定系统的通式。因为它所表达的含意是：多余约束力 X_1 处沿 X_1 方向位移为零的变形协调条件。如果 X_1 是一个多余反力偶，则式(12-1)就表示反力偶作用面的角位移为零。又因该方程的形式为规则的一元一次方程式，且以力为基本未知量，故称为力法的正则方程。与上一节的变形比较法相比，这里除使用的记号略有差别外，并无原则上的不同。但力法的求解过程更为规范化，这对求解高次超静定结构，就更显出优越性。

以上讨论了结构存在一个多余约束时的力法正则方程及其解法。下面用类似方法写出结构不只有一个多余约束时的力法正则方程。图 12-5(a)所示为两端固定的圆形曲杆，它具有三个多余约束。若将 B 端三个约束解除，并设 B 点的三个多余约束反力分别为竖向力 X_1、水平力 X_2 和力偶矩 X_3[图 12-5(b)]。

以 Δ_{1F} 表示在载荷 F 作用下，B 点沿 X_1 方向的位移。以 δ_{11}、δ_{12} 和 δ_{13} 表示 X_1、X_2 和 X_3 分别为单位力，且分别单独作用时，B 点沿 X_1 方向的位移。

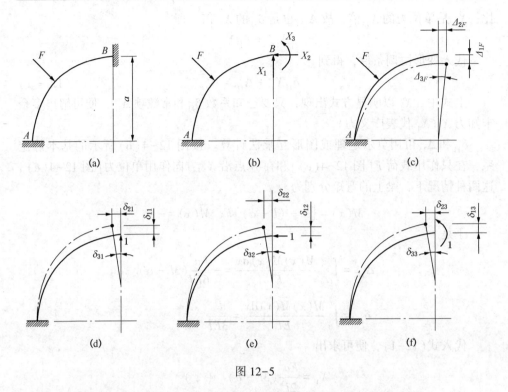

图 12-5

这些都已明确表示于图 12-5 中。这样，B 点在 X_1 方向的总位移应为

$$\Delta_1 = \delta_{11}X_1 + \delta_{12}X_2 + \delta_{13}X_3 + \Delta_{1F}$$

由于曲杆 B 端是固定端，B 点的竖向位移（X_1 方向的位移）Δ_1 理应为零。这样，变形协调条件就可以写成

$$\Delta_1 = \delta_{11}X_1 + \delta_{12}X_2 + \delta_{13}X_3 + \Delta_{1F} = 0$$

按照完全相同的方法，还可以写出 B 端在 X_2 方向的位移为零和在 X_3 方向的转角为零的条件。最后得出一组线性方程如下

$$\left.\begin{array}{l} \delta_{11}X_1 + \delta_{12}X_2 + \delta_{13}X_3 + \Delta_{1F} = 0 \\ \delta_{21}X_1 + \delta_{22}X_2 + \delta_{23}X_3 + \Delta_{2F} = 0 \\ \delta_{31}X_1 + \delta_{32}X_2 + \delta_{33}X_3 + \Delta_{3F} = 0 \end{array}\right\} \qquad (12-2)$$

这就是求解三次超静定系统的力法正则方程。由此方程可求出多余未知力 X_1、X_2 和 X_3。对于 n 次超静定结构，其力法正则方程可依此类推。

上式中，X_i 表示多余未知力（$i = 1, 2, 3$）；系数 δ_{ij}（$i = 1, 2, 3; j = 1, 2, 3$）表示单位力 $X_j = 1$ 在 X_i 作用处沿 X_i 方向引起的位移（线位移或角位移）。常

数项 Δ_{iF} 表示实际载荷 F 在 X_i 作用处沿 X_i 方向引起的位移。由位移互等定理可知，$\delta_{ij} = \delta_{ji}$，因此式（12-2）中独立的系数只有六个。

【例 12-1】　图 12-6（a）所示为一圆形曲杆。其 A 端固定，B 端铰支并受水平力 F 作用。曲杆的抗弯刚度为 EI，求解该超静定结构。

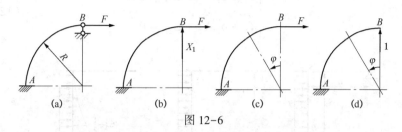

图 12-6

【解】　曲杆 A 端固定，B 端铰支，有一个多余约束，故为一次超静定问题。现以支座 B 为多余约束，并用多余约束反力 X_1 代替，得到图 12-6（b）所示的相当系统。再利用 B 处 X_1 方向位移为零的条件，可写出力法正则方程为

$$\delta_{11}X_1 + \Delta_{1F} = 0$$

其中系数 δ_{11} 和 Δ_{1F} 可用莫尔积分计算。按图 12-6（b）所示的基本静定系，在只作用载荷 F［图 12-6（c）］和只在 B 点沿 X_1 方向作用单位力［图 12-6（d）］这两种情况下，曲杆截面 φ 处的弯矩分别为

$$M = FR(1 - \cos\varphi), \quad \overline{M} = -R\sin\varphi$$

于是

$$\Delta_{1F} = \int_\varphi \frac{M\overline{M}}{EI}R\mathrm{d}\varphi = -\frac{FR^3}{EI}\int_0^{\pi/2}(1 - \cos\varphi)\sin\varphi\mathrm{d}\varphi$$

$$= -\frac{FR^3}{2EI}$$

$$\delta_{11} = \int_\varphi \frac{\overline{M}\,\overline{M}}{EI}R\mathrm{d}\varphi = \frac{R^3}{EI}\int_0^{\pi/2}(-\sin\varphi)^2\mathrm{d}\varphi = \frac{\pi R^3}{4EI}$$

代入式（12-1），可解得

$$X_1 = -\frac{\Delta_{1F}}{\delta_{11}} = \frac{2F}{\pi} \quad (\uparrow)$$

X_1 为正，表示所设方向与实际相同。

【例 12-2】　求解图 12-7（a）所示超静定刚架，并画弯矩。两杆的抗弯刚度均为 EI。

【解】　该刚架 A 端是固定铰链，B 端是固定端，约束反力有 5 个，平衡方程

有3个，故为二次超静定系统。若解除 A 端两个约束，并设竖直多余反力为 X_1，水平多余反力为 X_2，加到图 12-7(b) 所示的基本静定系上，利用 A 处沿 X_1 和 X_2 方向位移均为零的条件，可写出力法正则方程为

$$\delta_{11}X_1 + \delta_{12}X_2 + \Delta_{1F} = 0$$

$$\delta_{21}X_1 + \delta_{22}X_2 + \Delta_{2F} = 0 \tag{12 - 3}$$

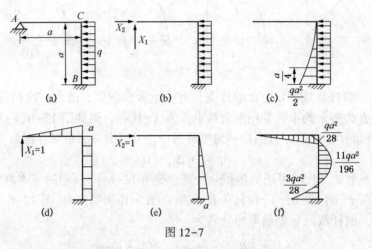

图 12-7

上式为二次超静定系统的力法正则方程。其中需计算三个系数 δ_{11}、δ_{22}、δ_{12} 和两个常数项 Δ_{1F}、Δ_{2F}。为此画出载荷弯矩图 [图 12-7(c)] 和单位力弯矩图 [图 12-7(d)、(e)]。由图乘法得

$$\delta_{11} = \frac{1}{EI}\left(\frac{a^2}{2} \times \frac{2a}{3} + a^2 \times a\right) = \frac{4a^3}{3EI}$$

$$\delta_{22} = \frac{1}{EI}\frac{a^2}{2} \times \frac{2a}{3} = \frac{a^3}{3EI}$$

$$\delta_{12} = \delta_{21} = \frac{1}{EI}\frac{a^2}{2} \times a = \frac{a^3}{2EI}$$

$$\Delta_{1F} = -\frac{1}{EI}\left(\frac{qa^2}{2} \times a\right)\left(\frac{1}{3} \times a\right) = -\frac{qa^4}{6EI}$$

$$\Delta_{2F} = -\frac{1}{EI}\left(\frac{qa^2}{2} \times a\right)\left(\frac{1}{3} \times \frac{3a}{4}\right) = -\frac{qa^4}{8EI}$$

代入式(12-3)，得补充方程为

$$\frac{4}{3}X_1 + \frac{1}{2}X_2 - \frac{qa}{6} = 0$$

$$\frac{1}{2}X_1 + \frac{1}{3}X_2 - \frac{qa}{8} = 0$$

联立解方程组，得

$$X_1 = -\frac{qa}{28} \quad (\downarrow), \quad X_2 = \frac{3qa}{7} \quad (\rightarrow)$$

多余反力确定后，可画出弯矩图[图12-7(f)]。

二、内力超静定系统

在以上分析的结构中，多余未知力均为结构的外部约束反力，称为外力超静定系统。但有些超静定结构，如封闭环和封闭框架等，在外力作用下，其多余约束反力为内力，故称为内力超静定系统。现举例说明其分析方法。

【例 12-3】　图 12-8(a)所示的悬臂梁 AB 和 CD，其自由端由杆 BC 铰接。设两个梁的 EI 和杆的 EA 均已知，试解此超静定系统。

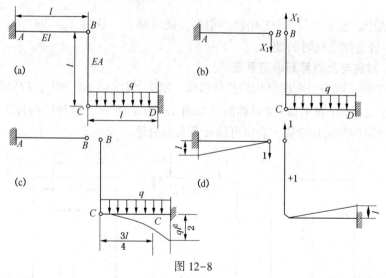

图 12-8

【解】　如果把杆在 B 处拆开，并用杆的轴力 X_1 代替，则结构为静定的。故知该结构为一次内力超静定系统。基本静系[图 12-8(b)]上作用有多余未知力 X_1 和载荷 q（q 在 CD 梁上）。针对图 12-8(b)所示的基本静系仍可采用式

213

（12-1）求轴力 X_1，即

$$\delta_{11}X_1 + \Delta_{1F} = 0$$

因为这里在 B 处施加的是一对 X_1 力，所以正则方程表示的是 X_1 作用面之间沿 X_1 方向的相对位移为零。

为了用图乘法求 δ_{11} 和 Δ_{1F}，画出载荷 q 和单位力 $X_1 = 1$ 单独作用时引起的弯矩图[图 12-8(c)、(d)]。注意图 12-8(c)中 BC 杆轴力为零，而图 12-8(d)中 BC 杆的轴力是 +1，故在计算 δ_{11} 时，除单位力弯矩图自乘外，还应当计入轴力 $X_1 = 1$ 引起的沿 X_1 方向的位移 $1 \times l / EA$，所以

$$\delta_{11} = \frac{1}{EI}\left(\frac{l \times l}{2} \times \frac{2l}{3}\right) \times 2 + \frac{1 \times l}{EA} = \frac{2l^3}{3EI} + \frac{l}{EA}$$

$$\Delta_{1F} = -\frac{1}{EI}\left(\frac{ql^2}{2} \times l \times \frac{1}{3}\right) \times \frac{3l}{4} = -\frac{ql^4}{8EI}$$

将 δ_{11} 和 Δ_{1F} 代入力法正则方程，得

$$X_1 = -\frac{\Delta_{1F}}{\delta_{11}} = \frac{ql^3}{8\left(\dfrac{2l^2}{3} + \dfrac{I}{A}\right)}$$

上式中，若 I/A 与 $2l^2/3$ 相比小很多，则可略去。这时 $X_1 = 3ql/16$，此值相当于 BC 杆为刚性杆时的轴力。

三、对称与反对称超静定系统

在工程实际中，有些结构的几何形状、刚度条件(指 EA、GI_p、EI)以及约束情况对于某个轴(或平面)是对称的，如图 12-9(a)所示，这种结构称为对称结构。利用结构的对称性质，有时可使计算大为简化。

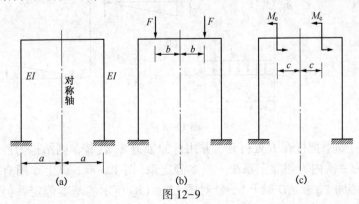

图 12-9

对称结构承受的载荷可以是各种各样的。如果载荷的作用位置、大小和方向也都对称于结构的对称轴[图12-9(b)]，则称为对称载荷。如两侧载荷的作用位置和大小仍然是对称的，但方向却是反对称的[图12-9(c)]，则称为反对称载荷。与此相似，杆件的内力也可分成对称和反对称的。例如，平面结构的杆件的横截面上，一般有剪力、弯矩和轴力三个内力(图12-10)。对所考察的截面来说，弯矩 M 和轴力 F_N 是对称的内力，剪力 F_S 则是反对称的内力。显然，在对称载荷作用下，对称结构的变形和内力

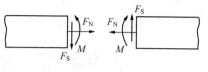

图 12-10

必然是对称的；反之，在反对称载荷作用下，对称结构的变形和内力也一定为反对称。

利用对称结构的这一特性，在分析对称结构的超静定问题时，可减少超静定次数，使计算大为简化。因为求解时可在对称轴(对称面)处将构件切开，取对称的基本静定系[图12-11(a)]。这样，在对称载荷作用下，对称面上只会有弯矩 M 和轴力 F_N，剪力 F_S 一定为零。原因是当剪力满足作用与反作用关系时，不可能满足对称性。而对称结构在反对称载荷作用下，对称面上只会作用有剪力 F_S，弯矩和轴力必然为零[图12-11(b)]。

综上可知，对称结构承受对称载荷时，对称轴处横截面(对称面)上的剪力为零；承受反对称载荷时，对称面上的轴力和弯矩为零。

【例12-4】　图12-12(a)所示刚架，在其对称轴的截面 C 处作用集中力偶 m，试绘刚架的弯矩图。设刚架的 EI 为常数。

【解】　刚架为三次超静定结构。利用结构的对称性，将力偶 m 分解为作用在截面 C 两侧、数值为 $m/2$ 的两个力偶，即构成反对称载荷。这样，沿截面 C 切开，对称面 C 上将只作用一个多余内力(剪力 F_S)，而弯矩和轴力为零[图12-12(b)]。所以，该结构可被当作一次内力超静定系统处理，使计算得到简化。设 $F_S = X_1$，截面 C 两侧沿 X_1 方向的相对位移为零的正则方程为

$$\delta_{11}X_1 + \Delta_{1F} = 0$$

分别画出基本静定系在载荷 $m/2$ 及单位力 $X_1 = 1$ 作用下的弯矩图[图12-12(c)、(d)]。由图乘法得

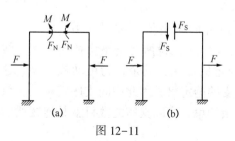

图 12-11

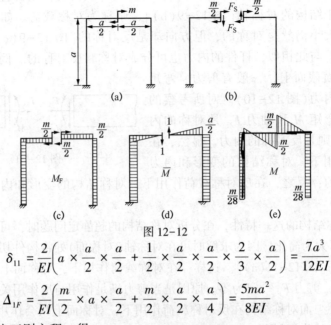

图 12-12

$$\delta_{11} = \frac{2}{EI}\left(a \times \frac{a}{2} \times \frac{a}{2} + \frac{1}{2} \times \frac{a}{2} \times \frac{a}{2} \times \frac{2}{3} \times \frac{a}{2}\right) = \frac{7a^3}{12EI}$$

$$\Delta_{1F} = \frac{2}{EI}\left(\frac{m}{2} \times a \times \frac{a}{2} + \frac{m}{2} \times \frac{a}{2} \times \frac{a}{4}\right) = \frac{5ma^2}{8EI}$$

代入力法正则方程，得

$$X_1 = -\frac{\Delta_{1F}}{\delta_{11}} = -\frac{15m}{14a}$$

多余内力 $X_1 = F_S$ 确定后，即可绘出刚架的弯矩图，如图 12-12(e)所示。

§12.4 连续梁及三弯矩方程

为了减小跨度很大直梁的弯曲变形和应力，工程上经常采用给梁增加支座的办法。例如机械中某些较长的精密丝杠，支撑于多个支点(超过三个)上，使丝杠由于自重引起的变形控制在规定范围之内，以保证较高的加工精度。像这类连续跨过一系列中间支座的多跨梁，一般称为连续梁。在建筑、桥梁以及机械工程中，连续梁的使用非常广泛。

对连续梁一般采用下述记号：从左到右把支座依次编号为 0，1，2，…[图 12-13(a)]，把跨度依次编号为 l_1，l_2，l_3，…。设所有支座均在同一水平线上，并无不同沉陷。且设只有支座 O 为固定铰支座，其余皆为可动铰支座。这样，如果撤去中间支座，该梁将是两端铰支的静定梁，因此中间支座就是其多余约束，有多少个中间支座，就有多少个多余约束，中间支座的数目就是连续梁的超静定次数。

连续梁是超静定结构，其基本静定系可有多种选择。如果选撤去中间支座为基本静定系，则因每个支座反力将对静定梁的每个中间支座位置上的位移有影响，因此正则方程中每个方程都将包含所有的多余约束反力，这将使计算非常繁琐。

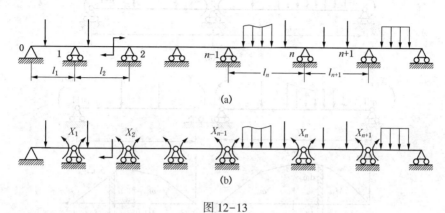

图 12-13

如果设想将每个中间支座上的梁切开并装上铰链［图 12-13(b)］，也就是解除了转角在支座处的连续性，将连续梁变成了若干个简支梁，而每个简支梁都是一个基本静定系。这相当于把每个支座上梁的内约束解除，即将这些截面上的内力弯矩作为多余约束力，并分别记为 X_1，X_2，$\cdots$，X_n，$\cdots$。所以在每个支座上方的铰链两侧截面上需加上大小相等、方向相反的一对力偶矩。

如从基本静定系中任意取出两个相邻跨度 l_n、l_{n+1}［图 12-14(a)］，由于是连续梁，挠曲线在 n 支座处光滑连续，其变形协调条件为

$$\theta_{n左} = \theta_{n右}$$

对于跨长为 l_n 的简支梁，其上同时受到多余约束力 X_{n-1}、X_n 和外载荷作用［图 12-14(b_1)］。该段梁在外载荷作用下的弯矩图示于图 12-14(c_1)，弯矩图的面积为 ω_n，其形心到左支座的距离为 a_n。该跨梁右端截面的转角 $\theta_{n左}$ 可以用叠加法也可用图乘法或莫尔积分来计算

$$\theta_{n左} = \frac{X_{n-1}l_n}{6EI_n} + \frac{X_n l_n}{3EI_n} + \frac{1}{EI_n}\omega_n\frac{a_n}{l_n}$$

同理，对于跨长为 l_{n+1} 的简支梁，其上同时受到多余约束力 X_n、X_{n+1} 和外载荷作用［图 12-14(b_2)］。该段梁在外载荷作用下的弯矩图示于图 12-14(c_2)，弯矩图的面积为 ω_{n+1}，其形心到右支座的距离为 b_{n+1}。其左端截面的转角 $\theta_{n右}$ 也同样可用叠加法、图乘法或莫尔积分来计算

217

$$\theta_{n右} = -\frac{X_n l_{n+1}}{3EI_{n+1}} - \frac{X_{n+1} l_{n+1}}{6EI_{n+1}} - \frac{1}{EI_{n+1}}\omega_{n+1}\frac{b^{n+1}}{l_{n+1}}$$

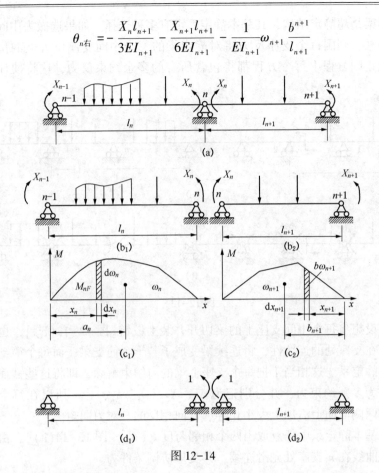

图 12-14

n 支座处左右两侧转角相同，$\theta_{n左}=\theta_{n右}$，所以有

$$X_{n-1}\frac{l_n}{I_n} + 2X_n\left(\frac{l_n}{I_n} + \frac{l_{n+1}}{I_{n+1}}\right) + X_{n+1}\frac{l_{n+1}}{I_{n+1}} = -\frac{6\omega_n a_n}{I_n l_n} - \frac{6\omega_{n+1} b_{n+1}}{I_{n+1} l_{n+1}}$$

如各跨的截面尺寸相同，即 $I_n = I_{n+1}$，则上述方程简化为

$$X_{n-1}l_n + 2X_n(l_n + l_{n+1}) + X_{n+1}l_{n+1} = -\frac{6\omega_n a_n}{l_n} - \frac{6\omega_{n+1} b_{n+1}}{l_{n+1}}$$

如把弯矩 X_{n-1}、X_n 和 X_{n+1} 改为习惯上使用的记号 M_{n-1}、M_n 和 M_{n+1}，则上式可以写成

$$M_{n-1}l_n + 2M_n(l_n + l_{n+1}) + M_{n+1}l_{n+1} = -\frac{6\omega_n a_n}{l_n} - \frac{6\omega_{n+1} b_{n+1}}{l_{n+1}} \qquad (12-4)$$

这就是三弯矩方程。因方程中包含三个未知的弯矩而得名。

对于连续梁的每一个中间支座都可以列出一个三弯矩方程。所以可能列出的方程式的数目恰好等于中间支座的数目，也就是等于超静定的次数。而且每一个方程式中只含有三个多余约束力偶矩，这就给计算带来一定的方便。

如果梁的一端为固定端，那么在固定端处，未知的约束反力将相应增加。为处理这一情况，可以用两个无限靠近的铰支座来代替固定端。因为当两个铰支座的间距趋近于零时，这两个无限靠近的铰支座具有固定端的约束性质，即转角趋于零。作这种替代后，便可按常规建立三弯矩方程。

【例 12-5】 求解图 12-15(a) 所示连续梁。

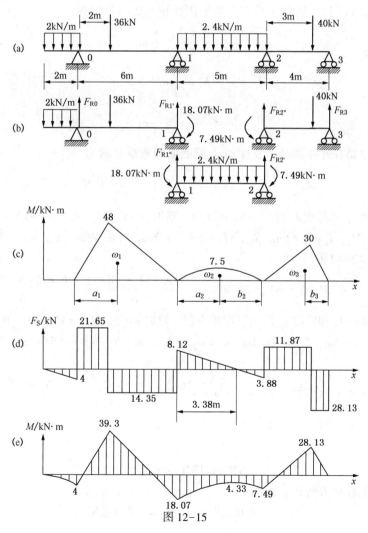

图 12-15

219

【解】 支座编号如图所示。$l_1 = 6\text{m}$，$l_2 = 5\text{m}$，$l_3 = 4\text{m}$。基本静定系的每个跨度皆为简支梁，这些简支梁在外载荷作用下的弯矩图如图 12-15(c)所示。由此可求得

$$\omega_1 = \frac{1}{2} \times 48 \times 6 = 144\text{kN} \cdot \text{m}^2$$

$$\omega_2 = \frac{2}{3} \times 7.5 \times 5 = 25\text{kN} \cdot \text{m}^2$$

$$\omega_3 = \frac{1}{2} \times 30 \times 4 = 60\text{kN} \cdot \text{m}^2$$

利用图 11-12，还可求得以上弯矩图面积的形心位置为

$$a_1 = \frac{6+2}{3} = \frac{8}{3}\text{m}$$

$$a_2 = b_2 = \frac{5}{2}\text{m}$$

$$b_3 = \frac{4+1}{3} = \frac{5}{3}\text{m}$$

梁在左端有外伸部分，支座 O 上梁截面的弯矩显然为

$$M_0 = -\frac{1}{2} \times (2\text{kN/m}) \times (2\text{m})^2 = -4\text{kN} \cdot \text{m}$$

对跨度 l_1 和跨度 l_2 写出三弯矩方程。这时 $n=1$，$M_{n-1} = M_0 = -4\text{kN} \cdot \text{m}$，$M_n = M_1$，$M_{n+1} = M_2$，$l_n = l_1 = 6\text{m}$，$l_{n+1} = l_2 = 5\text{m}$，$a_n = a_1 = (8/3)\text{m}$，$b_{n+1} = b_2 = (5/2)\text{m}$。代入公式(12-4)得

$$-4 \times 6 + 2M_1(6+5) \times M_2 \times 5 = -\frac{6 \times 144 \times (8/3)}{6} - \frac{6 \times 25 \times (5/2)}{5}$$

再对跨度 l_2 和跨度 l_3 写出三弯矩方程。这时 $n=2$，$M_{n-1} = M_1$，$M_n = M_2$，$M_{n+1} = M_3 = 0$，$l_n = l_2 = 5\text{m}$，$l_{n+1} = l_3 = 4\text{m}$，$a_n = a_2 = (5/2)\text{m}$，$b_{n+1} = b_3 = (5/3)\text{m}$。代入公式(12-4)得

$$M_1 \times 5 + 2M_2(5+4) + 0 \times 4 = -\frac{6 \times 25 \times (5/2)}{5} - \frac{6 \times 60 \times (5/3)}{4}$$

整理上面的两个三弯矩方程，得到

$$22M_1 + 5M_2 = -435$$
$$5M_1 + 18M_2 = -225$$

解以上联立方程组，可得

$$M_1 = -18.07\text{kN} \cdot \text{m}, \quad M_2 = -7.49\text{kN} \cdot \text{m}$$

求得 M_1 和 M_2 以后，连续梁三个跨度的受力情况如图 12-15(b) 所示。可以把三跨段看作是三个静定梁，而且载荷和端截面上的弯矩都是已知的。对每一跨度都可以求出支反力并可作剪力图和弯矩图，而把这些内力图连接起来就是连续梁的剪力图和弯矩图[图 12-15(d)、(e)]。进一步可作相应的强度计算和变形计算。

习　题

12-1　试判断下列结构的超静定次数。

12-2　用变形比较法解图示超静定梁，并计算 C 点的挠度。

12-3　图示结构中，梁为 16 号工字钢；拉杆的截面为圆形，$d=10\text{mm}$。两者均为 Q235 钢，$E=200\text{GPa}$。试求梁及拉杆内的最大正应力。

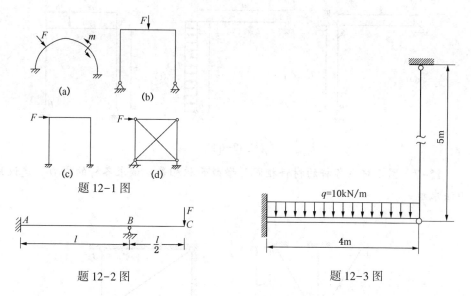

题 12-1 图

题 12-2 图

题 12-3 图

12-4　求图示超静定梁的两端反力。设固定端沿梁轴线的反力可以省略。

12-5　作图示刚架的弯矩图。设刚架各杆的 EI 相同。

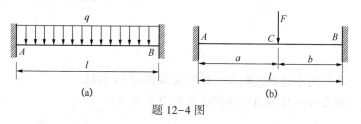

题 12-4 图

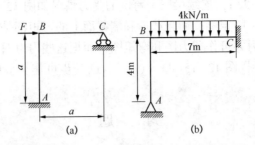

题 12-5 图

12-6 试用力法正则方程求解图示超静定刚架。设 EI 为常数(略去轴力影响)。

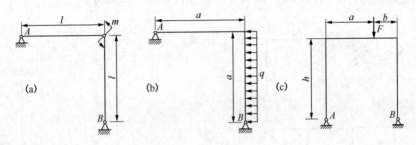

题 12-6 图

12-7 图示杆系各杆的材料相同,横截面积相等,试求各杆的内力。建议用力法求解。

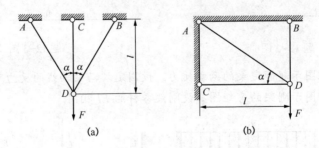

题 12-7 图

12-8 求解图示超静定刚架。设刚架各杆的 EI 相同。

12-9 链条的一环如图所示。试求环内最大弯矩。

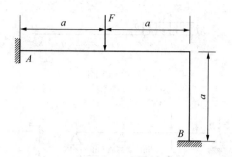

题 12-8 图

12-10 求解图示超静定刚架。

12-11 求解图示超静定刚架,并画弯矩图。设刚架各杆的 *EI* 相同。

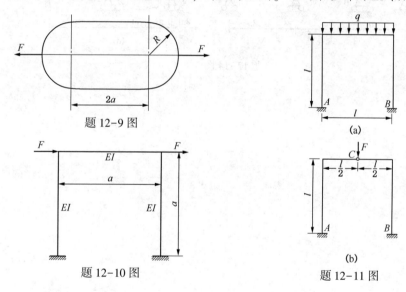

题 12-9 图

题 12-10 图

(a)

(b)

题 12-11 图

12-12 折杆截面为圆形,直径 $d = 2\text{cm}$。$a = 0.2\text{m}$,$l = 1\text{m}$,$F = 650\text{N}$,$E = 200\text{GPa}$,$G = 80\text{GPa}$。试求 *F* 力作用点的垂直位移。

12-13 用三弯矩方程求解图示连续梁,并画出剪力图和弯矩图。

12-14 作图示各梁的剪力图和弯矩图。设 *EI* 为常量。

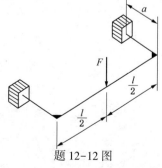

题 12-12 图

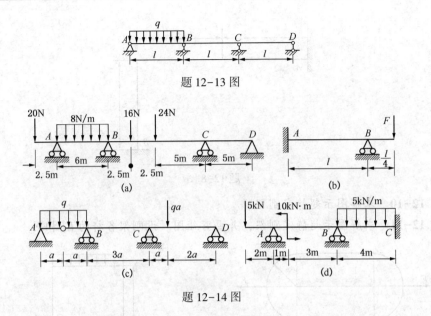

题 12-13 图

题 12-14 图

第十三章 压杆稳定

§13.1 引　言

工程中有很多受压的细长杆件。例如，内燃机配气机构中的挺杆(图13-1)，在它推动摇臂打开气阀时，受到压力作用。

又如，磨床液压装置中的活塞杆(图13-2)，当驱动工作台向右移动时，油缸活塞上的压力和工作台的阻力使活塞杆受到压缩。

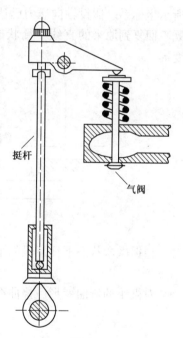

当这些受压杆件的压力逐渐增加，但小于某个数值时，在微小的侧向干扰下，压杆会暂时偏离其直线平衡位置。但一旦去除干扰后，压杆又能回复到原来的直线平衡位置。可见，压杆此时的直线平衡位置是稳定的，称此时压杆的平衡是"稳定平衡"。

但当压力逐渐增加达到了某个数值后，压杆在外界干扰下一旦偏离了其直线平衡位置，那么即使去除扰动后压杆也不能再回复到原来的直线平衡位置，而是在某个微弯状态下达到新的平衡，此时，如进一步增加杆件压力，杆件必然被进一步压弯，直至折断。

压杆从直线平衡形式到弯曲平衡形式的转变，称为"失稳"。而稳定的直线平衡形式与不稳定的曲线平衡形式之间的分界点，称为"临界点"。"临界点"所对应的压力，

图 13-1

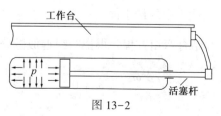

图 13-2

称为"临界压力"，用 F_{cr} 来表示。

压杆"失稳"致使压杆丧失其正常功能，因此压杆"失稳"是区别于强度和刚度失效之外的又一种失效形式。在本章主要讨论压杆临界压力的计算、压杆的稳定性校核以及提高压杆稳定性的主要措施。

§13.2 两端铰支细长压杆的临界压力

工程结构中的很多细长压杆，可简化为两端铰支的细长压杆，如前述内燃机配气机构中的挺杆，飞机起落架中承受轴向压力的斜撑杆等。

设两端铰支的细长压杆，轴线为直线，轴向压力与轴线重合，选取如图13-3所示坐标系。假设轴向压力已达"临界压力"，压杆处于微弯的平衡状态，即压杆既不回复到原来的直线平衡状态，也不偏离微弯的平衡位置而发生更大的弯曲变形。

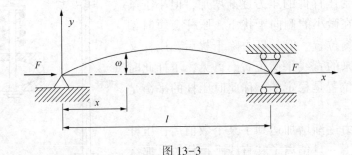

图 13-3

根据微弯状态下任意段的平衡条件，得到任意截面的弯矩方程为

$$M = -F\omega$$

对微小的弯曲变形，挠曲线近似微分方程为

$$\frac{d^2\omega}{dx^2} = \frac{M}{EI} = -\frac{F\omega}{EI}$$

由于简支梁两端是球形铰链约束，所以杆件可在任意纵向平面内发生弯曲变形，杆件的微小弯曲变形必定发生在抗弯能力最小的纵向平面内。于是，上式中的惯性矩应该是横截面惯性矩中的最小值。

引用记号 $k^2 = \dfrac{F}{EI}$，并结合弯矩方程，得挠曲线近似微分方程为

$$\frac{d^2\omega}{dx^2} + k^2\omega = 0 \tag{a}$$

（a）式的通解为

$$\omega = A\sin kx + B\cos kx \qquad (b)$$

该杆件边界条件的数学表达式为

$$\left.\begin{array}{l} x = 0 \\ x = l \end{array}\right\} \text{时，} \omega = 0$$

根据杆件的边界条件，通解中

$$B = 0, \quad A\sin kl = 0$$

于是挠曲线方程为

$$\omega = A\sin kx \qquad (c)$$

考虑到梁的边界条件（$\omega = A\sin kl = 0$）和梁处于微弯状态的事实（挠度不应处处为零），挠曲线方程中

$$\sin kl = 0$$

于是有

$$kl = n\pi \quad (n = 0, 1, 2, \cdots)$$

最终得确定临界压力的公式为

$$F = \frac{n^2\pi^2 EI}{l^2} \quad (n = 0, 1, 2, \cdots)$$

当 $n=0$ 时，临界压力和各点的挠度均为零，与梁处于微弯状态的事实不符，所以 $n \neq 0$。再考虑到轴向压力小于临界压力时，压杆应处于稳定的直线平衡状态，所以只能取 $n=1$。最终得到两端铰支细长压杆临界压力的计算公式为

$$F_{\text{cr}} = \frac{\pi^2 EI}{l^2} \qquad (13-1)$$

公式（13-1）式称为两端铰支细长压杆的欧拉公式。

由于两端铰支细长压杆的欧拉公式是基于挠曲线近似微分方程推导出来的，所以在使用该公式时应该注意的是材料须处于弹性范围内。

§13.3　其他支座条件下细长压杆的临界压力

工程中还有很多不能简化为两端铰支情形的压杆。例如，千斤顶螺杆的下端

可简化为固定端，上端可简化为自由端，如图 13-4 所示。又如，连杆在垂直于摆动面的平面内发生弯曲时，连杆的两端就可以简化成固定端支座。这些压杆由于支撑方式有异，所以边界条件不同，临界压力的计算公式也与两端铰支细长压杆有所不同。

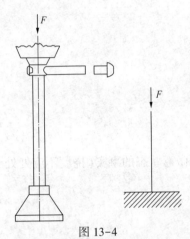

图 13-4

应用与上一节类似的方法，可以得到不同支承条件下压杆临界压力的计算公式。但为简化起见，通常是将各种不同支承条件下的压杆在临界状态时的微弯变形曲线，与两端铰支压杆的临界微弯变形曲线（半波正弦曲线）相比较，确定这些压杆微弯时与一个半波正弦曲线相当部分的长度，并用 μl 表示。然后用 μl 代替公式（13-1）中的 l，便得到计算各种支承条件下压杆临界力的一般公式（欧拉公式）

$$F_{cr} = \frac{\pi^2 EI}{(\mu l)^2} \qquad (13-2)$$

式中 μL 称为压杆的"相当长度"；μ 称为"长度系数"，它反映支承对压杆临界力的影响。图 13-5 中对四种常见支承压杆的微弯曲线作了比较，分别给出了两端铰支[图 13-5（a）]、一端固定一端自由[图 13-5（b）]、两端固定[图 13-5（c）]、一端固定一端铰支[图 13-5（d）]各情况下相应的 μ 值。对工程实际中其他的支承情况，其长度系数 μ 值可从相关的设计手册或规范中查到。

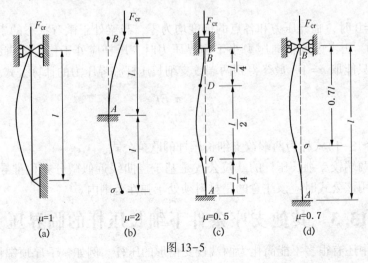

图 13-5

从图中可见，一端固定、另一端自由并在自由端承受轴向压力的压杆，其微弯曲线相当于半个正弦半波，因此，它与一个正弦半波相当的长度为 $2l$，所以有 $\mu=2$。

§13.4　欧拉公式的适用范围　经验公式

根据欧拉公式(13-2)，可得细长压杆临界应力 σ_{cr} 的计算公式为

$$\sigma_{cr} = \frac{F_{cr}}{A} = \frac{\pi^2 EI}{(\mu l)^2 A} = \frac{\pi^2 Ei^2}{(\mu l)^2}$$

式中 $i=\sqrt{\dfrac{I}{A}}$，为横截面的惯性半径。

引入记号 $\lambda=\dfrac{\mu l}{i}$ 后，细长压杆临界应力的计算公式变为

$$\sigma_{cr} = \frac{\pi^2 E}{\lambda^2} \qquad\qquad (13-3)$$

式中 λ 为压杆的柔度或长细比。

前已述及，使用欧拉公式的前提是材料处于线弹性范围内。于是，由欧拉公式计算的临界应力应该小于材料的比例极限 σ_p，即

$$\sigma_{cr} = \frac{\pi^2 E}{\lambda^2} \leqslant \sigma_p$$

由上式得到欧拉公式的适用范围为

$$\lambda \geqslant \sqrt{\frac{\pi^2 E}{\sigma_p}} = \lambda_1 \qquad\qquad (13-4)$$

也就是说，只有那些柔度大于或等于 λ_1 的压杆，其临界压力才可用欧拉公式求解。我们称柔度大于或等于 λ_1 的压杆为大柔度压杆或细长压杆。

当柔度小于 λ_1 时，材料已处于非线性阶段，属于超过比例极限的压杆稳定问题。此时，一般是采用以试验结果为依据的直线型经验公式或抛物线型经验公式计算压杆的临界应力。

计算临界应力的直线型经验公式为

$$\sigma_{cr} = a - b\lambda \qquad\qquad (13-5)$$

式中 a、b 为与材料相关的常数。表 13-1 中列出了一些常用材料的 a、b 值。

表 13-1   直线型经验公式中的 a、b 值

材　料 （σ_b、σ_s 的单位为 MPa）	a/MPa	b/MPa
Q235 钢 $\sigma_b \geqslant 372$ $\sigma_s = 235$	304	1.12
优质碳钢 $\sigma_b \geqslant 471$ $\sigma_s = 306$	461	2.568
硅钢 $\sigma_b \geqslant 510$ $\sigma_s = 353$	578	3.744
铬钼钢	9807	5.296
铸　铁	332.2	1.454
强　铝	373	2.15
松　木	28.7	0.19

抛物线型经验公式则是将临界应力和柔度的关系表示为抛物线关系

$$\sigma_{cr} = a_1 - b_1 \lambda^2 \qquad (13-6)$$

式中 a_1、b_1 也是与材料相关的常数。

随着柔度的减小，可能会有用直线经验公式计算的临界应力大于材料屈服极限（塑性材料）或强度极限（脆性材料）的情况出现，此时的压杆是因不满足强度条件而破坏。于是，对于塑性材料做成的压杆来说，在用直线型经验公式确定其临界应力时应该满足

$$\sigma_{cr} = a - b\lambda \leqslant \sigma_s$$

于是，得到应用直线型经验公式的柔度下限为

$$\lambda \geqslant \lambda_2 = \frac{a - \sigma_s}{b} \qquad (13-7)$$

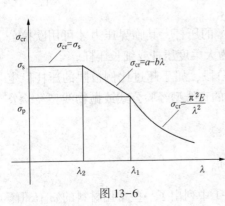

图 13-6

我们称 $\lambda_2 \leqslant \lambda \leqslant \lambda_1$ 的压杆为中柔度压杆。因此，直线经验公式适用于中柔度压杆，而大柔度压杆的临界压力则用欧拉公式进行求解。至于 $\lambda < \lambda_2$ 的小柔度压杆的临界应力就是材料的屈服极限或强度极限。压杆临界应力随柔度的变化趋势如图 13-6 所示，此图称为临界应力总图。

在稳定计算中，临界应力（力）的值总是取决于压杆的整体变形。而压杆横截面

的局部削弱，对杆件的整体变形影响很小。因而，在计算临界应力时，可采用未经削弱的惯性矩 I 和横截面积 A。

§13.5 压杆的稳定校核

我们计算压杆的临界压力或临界应力，其目的就是要据此进行压杆的稳定校核。对于工程结构中的压杆来说，我们要求其工作时的稳定安全系数大于其规定的稳定安全系数，即

$$n = \frac{F_{cr}}{F} \geqslant n_{st} \qquad (13-8)$$

式中 n 为工作时的稳定安全系数，n_{st} 为规定的稳定安全系数。

考虑到压杆的初弯曲、压力偏心、材料的不均匀和支座缺陷等因素的影响，稳定安全系数一般大于强度安全系数，稳定安全系数可从设计手册或相关的规范中查得到。

【例 13-1】 某蒸汽机的活塞杆由 Q255 钢制成，两端均可视为铰支。材料的 $\sigma_p = 240\text{MPa}$，$E = 210\text{GPa}$。长度 $l = 1.8\text{m}$，直径 $d = 75\text{mm}$。所受压力 $F = 120\text{kN}$，规定的稳定安全系数为 $n_{st} = 8$。试校核活塞杆的稳定性。

【解】 活塞杆为两端铰支的压杆，长度系数取 1。活塞杆的柔度为

$$\lambda = \frac{\mu l}{i} = \frac{\mu l}{\sqrt{\dfrac{I}{A}}} = \frac{l}{\dfrac{d}{4}} = 96$$

根据公式(13-4)可求出

$$\lambda_1 = \sqrt{\frac{\pi^2 E}{\sigma_p}} = \sqrt{\frac{\pi^2 \times 210 \times 10^9}{240 \times 10^6}} = 92.9$$

可见，$\lambda = 96 > \lambda_1 = 92.9$，所以活塞杆为大柔度压杆。用欧拉公式计算其临界力，得

$$F_{cr} = \frac{\pi^2 EI}{(\mu l)^2} = \frac{\pi^2 \times 210 \times 10^9 \times \dfrac{\pi}{64} \times 0.075^4}{(1 \times 1.8)^2}$$

$$= 993548\text{N} = 993.5\text{kN}$$

工作安全系数为

$$n = \frac{F_{cr}}{F} = \frac{993.5}{120} = 8.28 > n_{st}$$

所以，活塞杆满足稳定性要求，安全。

【例13-2】 某厂使用的简易起重机如图13-7所示。其压杆 *BD* 为20号槽钢，材料为 Q235 钢，材料的 $\sigma_p = 200\text{MPa}$，$E = 206\text{GPa}$。起重机的最大起重量为 $W = 40\text{kN}$，规定的稳定安全系数是 $n_{st} = 5$。试校核 *BD* 杆的稳定性。

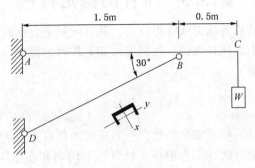

图 13-7

【解】 根据 AC 杆的平衡条件，得 *BD* 杆承受的最大压力为

$$F_{BD} = \frac{2W}{1.5 \times \sin 30^\circ} = 106.7\text{kN}$$

查本书附录中的表2，得20号槽钢的横截面面积和对两个惯性主轴的惯性半径分别为 $A = 32.83\text{cm}^2$，$i_x = 7.64\text{cm}$，$i_y = 2.09\text{cm}$。

由于柔度与惯性半径成反比，所以惯性半径越小则柔度越大。另外，从欧拉公式和直线公式来看，柔度越大临界应力就越小，即压杆的稳定性越差。于是，在压杆稳定性校核中我们取

$$i = i_y = 2.09\text{cm}$$

于是，得 *BD* 杆的柔度为

$$\lambda = \frac{\mu l}{i} = \frac{\mu l_{BD}}{i_y} = \frac{1 \times \dfrac{1.5}{\cos 30^\circ}}{0.0209} = 82.9$$

由表13-1查得低碳钢的 *a*、*b* 值，再根据公式(13-4)、公式(13-7)和已给条件，求出

$$\lambda_1 = \sqrt{\frac{\pi^2 E}{\sigma_p}} = \sqrt{\frac{\pi^2 \times 206 \times 10^9}{200 \times 10^6}} = 100.8$$

$$\lambda_2 = \frac{a - \sigma_s}{b} = \frac{304 - 235}{1.12} = 61.6$$

$\lambda_2 = 61.6 < \lambda = 82.9 < \lambda_1 = 100.8$，压杆 *BD* 为中柔度压杆，临界应力应该由经验公式计算。根据经验公式，*BD* 杆的临界应力为

$$\sigma_{\text{cr}} = a - b\lambda = 304 - 1.12 \times 82.9 = 211.2\text{MPa}$$

工作安全系数为

$$n = \frac{F_{\text{cr}}}{F_{\text{max}}} = \frac{\sigma_{\text{cr}}A}{F_{BD}} = \frac{211.2 \times 10^6 \times 32.83 \times 10^{-4}}{106.7 \times 10^3} = 6.5 > n_{\text{st}}$$

所以，BD 杆满足稳定性要求，安全。

综上，压杆稳定性校核的一般步骤包括：计算压杆最大的轴向压力；计算压杆的柔度；根据柔度采用相应的计算公式求压杆的临界压力或临界应力；计算工作稳定安全系数并与规定的稳定安全系数进行比较，以判断其稳定性是否满足要求。

§13.6　提高压杆稳定性的措施

从欧拉公式和经验公式可见，随着柔度的增加临界压力减小，压杆的稳定性就越差。因此，设法降低压杆的柔度，是提高压杆稳定性的主要措施。

一、选择合理的截面形状

由于柔度与惯性半径成反比，所以我们在同等条件下应该尽量选择惯性半径大的那种截面，以提高压杆的稳定性。

例如，对于横截面积相同的空心和实心圆截面，如用 α 表示空心圆截面的内、外径之比，则两者惯性半径的比值为

$$\frac{i_{\text{空心}}}{i_{\text{实心}}} = \sqrt{\frac{1 + \alpha^2}{1 - \alpha^2}} > 1$$

因此，空心圆管就比实心圆管的稳定性好。

又如，由四根等边角钢做成的压杆，其四根角钢分散放置在截面四角时的惯性半径，是集中放置在截面形心附近时的惯性半径的 2 倍左右。因此，在用四根角钢做起重臂时，宜采用如图 13-8(a) 所示的截面形状。

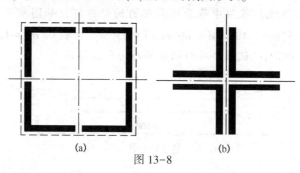

(a)　　　　　　　　(b)

图 13-8

233

二、改变压杆的约束条件

压杆的柔度还与长度系数密切相关。在同等条件下长度系数越大，压杆的柔度就越大，压杆就越不稳定。从表 13-1 中可见，两端固定压杆的长度系数最小，而一端固定另一端自由压杆的长度系数最大，因此应尽可能地选择比较牢固的约束形式，以利于提高压杆的稳定性。

除此之外，对于图 13-9(a)所示的两端铰支的压杆，如在中间增加一个铰链约束［图 13-9(b)］，则相当长度变成原来的二分之一，可大大提高压杆的临界压力(是原来的四倍)。因此，通过增加约束的办法，也能提高压杆的稳定性。

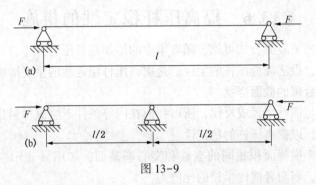

图 13-9

另外，对于大柔度压杆来说，其临界压力与压杆材料的线弹性模量成正比，因此选择线弹性模量大的材料(即优质钢材)，应该能够提高压杆的稳定性。但是由于各种钢材的线弹性模量大致相等，所以这种试图通过选用优质钢材来提高压杆稳定性的办法，效果并不明显。对于中柔度压杆来说，由于临界应力与材料的强度有关，所以选用优质钢材可一定程度上提高压杆的稳定性。

习　题

13-1　某型飞机起落架中承受轴向压力的斜撑杆，如图所示。杆件为空心圆管，外径 $D=52\text{mm}$，内径 $d=44\text{mm}$，$l=95\text{cm}$。材料的 $\sigma_p=1200\text{MPa}$，$\sigma_b=1600\text{MPa}$，$E=210\text{GPa}$。试求斜撑杆的临界压力和临界应力。

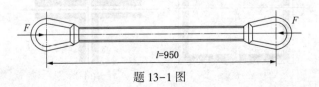

题 13-1 图

13-2　如图所示压杆，其直径均为 d，材料为 Q235 钢。试问：

（1）哪一根杆件的临界压力大？

（2）如 $d = 160\text{mm}$，$E = 205\text{GPa}$，$\sigma_p = 200\text{MPa}$，求两个杆件的临界力。

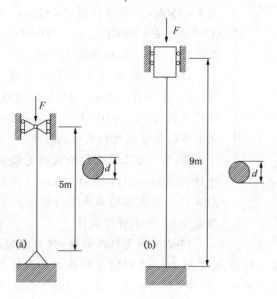

题 13-2 图

13-3　Q235 钢制成的矩形截面杆的受力和两端约束如图所示。在 A、B 处用螺栓夹紧。已知 $l = 2.3\text{m}$，$b = 40\text{mm}$，$h = 60\text{mm}$，材料的 $E = 205\text{GPa}$，$\sigma_p = 200\text{MPa}$。试求该杆的临界压力。

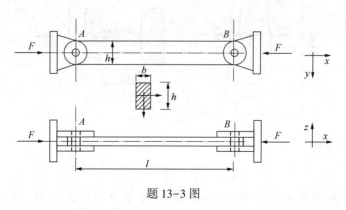

题 13-3 图

13-4　某型柴油机的挺杆长度 $l = 25.7\text{cm}$，圆形横截面的直径 $d = 8\text{mm}$，钢

材的 $E=210\mathrm{GPa}$，$\sigma_{\mathrm{p}}=240\mathrm{MPa}$。挺杆所受最大压力 $F=1.76\mathrm{kN}$。规定的稳定安全系数 $n_{\mathrm{st}}=2\sim5$。试校核该挺杆的稳定性。

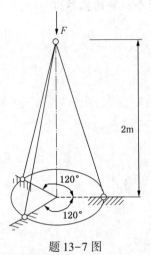

题 13-7 图

13-5 设如图 13-4 所示千斤顶的最大承载压力为 $F=150\mathrm{kN}$，螺杆内径 $d=52\mathrm{mm}$，$l=50\mathrm{cm}$。材料为 Q235 钢，$E=200\mathrm{GPa}$，$\sigma_{\mathrm{p}}=200\mathrm{MPa}$。规定的稳定安全系数为 $n_{\mathrm{st}}=3$。试校核其稳定性。

13-6 两端固定的管道长度为 2m，内径 $d=30\mathrm{mm}$，外径 $D=40\mathrm{mm}$。材料为 Q235 钢，$E=210\mathrm{GPa}$，线胀系数 $\alpha=125\times10^{-7}\mathrm{℃}^{-1}$。如安装时的温度为 10℃，试求不引起管道失稳的最高温度。

13-7 由三根钢管构成的支架如图所示。钢管的外径为 30mm，内径为 22mm，长度 $l=2.5\mathrm{m}$，$E=210\mathrm{GPa}$。在支架的顶点三杆铰接。如取稳定安全系数为 $n_{\mathrm{st}}=3$，试求许可载荷。

13-8 蒸气机车的连杆(可视为是等截面)如图所示，截面为工字形，材料为 Q235 钢。连杆所受的最大轴向压力为 465kN。连杆在摆动平面内发生弯曲时，两端可认为铰支；在与摆动平面垂直的平面内发生弯曲时，则可认为是两端固定。试确定其工作安全系数。

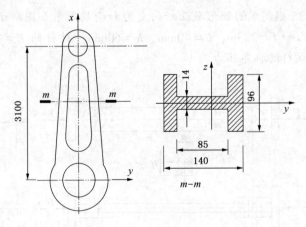

题 13-8 图

13-9 如图所示结构中，梁 AB 为 14 号普通热轧工字钢，支承柱的直径 $d=20\mathrm{mm}$，二者的材料均为 Q235 钢，$E=206\mathrm{GPa}$，$\sigma_{\mathrm{p}}=200\mathrm{MPa}$，$[\sigma]=165\mathrm{MPa}$。

A、C、D 三处均为球形铰链约束。已知 $F = 25\text{kN}$，$l_1 = 1.25\text{m}$，$l_2 = 0.55\text{m}$，规定的稳定安全系数 $n_{\text{st}} = 3.0$。试校核此结构是否安全。

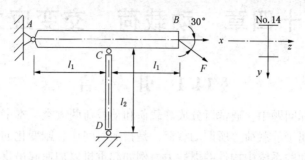

题 13-9

第十四章 动载荷 交变应力

§14.1 引 言

在工程实际问题中,通常可分成静载荷和动载荷两大类,本书中前面所出现的各种载荷均属于静载荷。所谓动载荷,是指随时间作急剧变化的载荷,以及作加速运动或转动的系统中构件的惯性力,例如起重机以加速起吊重物时吊索受到的惯性力和飞轮作匀速转动时轮缘上的惯性力等。动载荷作用下构件的应力和变形计算,通常仍可采用静载荷下的计算公式,但须作相应的修正,以考虑动载荷的效应。若构件内的应力随时间作交替变化,则称为交变应力。构件长期在交变应力作用下,虽然最大工作应力远低于材料的屈服强度,且无明显的塑性变形,却往往发生骤然断裂。这种破坏现象,称为疲劳破坏。因此,在交变应力作用下的构件还应校核疲劳强度。

本章主要讨论作匀加速直线运动或匀速转动的构件、受冲击荷载作用的构件的动应力计算,以及交变应力作用下构件的疲劳破坏和疲劳强度校核。

§14.2 构件作匀加速直线运动或匀速转动时的动应力计算

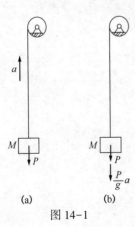

构件作变速运动时,构件内质点将产生惯性力。应用动静法求解动载荷问题是最简单有效的解法,即除外加载荷外,再在构件的各点处加上惯性力,然后按求解静载荷问题的程序,求得构件的动载荷。

下面举例来说明构件作匀加速直线运动或匀速转动时动应力的计算方法。

【例 14-1】 一钢索吊起重物 M[图 14-1(a)],以匀加速度 a 提升。重物 M 的重力为 P,钢索的横截面面积为 A,其重量与 P 相比甚小而可略去不计。试求钢索横截面上的动应力 σ_d。

【解】 由于钢索吊着重物 M 以匀加速度 a 提升,故钢索除受重力 P 作用外,还受动载荷(惯性力)作用。

(a)

(b)

图 14-1

根据动静法，将惯性力$\dfrac{P}{g}a$（其指向与加速度 a 的指向相反）加在重物上［图 14-1 （b）］，这样，就可按静载荷问题求得钢索横截面上的轴力 F_{Nd}，由静力平衡方程

$$F_{\text{Nd}} - P - \frac{P}{g}a = 0$$

解得

$$F_{\text{Nd}} = P + \frac{P}{g}a = P\left(1 + \frac{a}{g}\right)$$

从而可得钢索横截面上的动应力为

$$\sigma_{\text{d}} = \frac{F_{\text{Nd}}}{A} = \frac{P}{A}\left(1 + \frac{a}{g}\right) = \sigma_{\text{st}}\left(1 + \frac{a}{g}\right)$$

式中 $\sigma_{\text{st}} = \dfrac{P}{A}$ 为 P 作用时钢索横截面上的静应力。若将 $\left(1 + \dfrac{a}{g}\right)$ 看作动荷系数并用 K_{d} 表示，则上式又可改写为

$$\sigma_{\text{d}} = K_{\text{d}}\sigma_{\text{st}}$$

对于有动载荷作用的构件，常用动荷系数 K_{d} 来反映动荷载的效应，这在以后两节中将普遍采用。

【例 14-2】　一平均直径为 D 的薄圆环，以等角速度 ω 绕通过其圆心且垂直于环平面的轴转动［图 14-2（a）］。已知圆环的横截面面积 A 和材料的容重 γ，试求圆环横截面上的正应力。

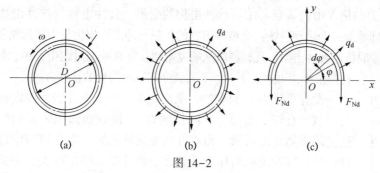

|（a）|（b）|（c）|

图 14-2

【解】　由于圆环壁很薄且作等角速度转动，因而可认为环内各点的向心加速度都与环轴线上各点的向心加速度相等。因环是等截面的，加在环上的惯性力必然是沿轴线均匀分布的，惯性力集度为

$$q_{\text{d}} = \frac{1 \cdot A \cdot \gamma}{g} a_{\text{n}} = \frac{A\gamma}{g}\omega^2\left(\frac{D}{2}\right) = \frac{A\gamma\omega^2 D}{2g}$$

方向背离圆心，如图 14-2(b)所示。

为求圆环横截面上的正应力，将圆环沿其一直径假想地截分为两部分，研究其中一部分半圆的受力平衡，如图 14-2(c)，由平衡方程 $\sum F_y = 0$ 得

$$2F_{Nd} = \int_0^\pi q_d \sin\varphi \cdot \frac{D}{2} d\varphi = q_d D = \frac{A\gamma\omega^2 D^2}{2g}$$

则

$$F_{Nd} = \frac{A\gamma\omega^2 D^2}{4g}$$

于是，横截面上的正应力 σ_d 为

$$\sigma_d = \frac{F_{Nd}}{A} = \frac{\gamma\omega^2 D^2}{4g}$$

§14.3　冲击时的动应力计算

在工程中经常遇到以重锤打桩、用铆钉枪进行铆接、高速转动的飞轮或砂轮突然刹车等情况，这些都属于冲击问题。当运动的物体碰撞到一静止的构件时，前者运动将受到阻碍而瞬间停止运动，这时构件就受到了冲击作用。在冲击过程中，运动中的物体称为冲击物，而阻止冲击物运动的构件则称为被冲击物。在冲击物与受冲击构件的接触区域内，应力状态异常复杂，且冲击持续时间非常短促，接触力随时间的变化难以准确分析，这些都使冲击问题的精确计算十分困难。在工程中，通常采用偏于安全的能量方法近似计算被冲击物内的冲击应力，在冲击应力的估算中，假定：①不计冲击物的变形，且冲击物与被冲击物接触后无回弹，即成为一个运动系统；②被冲击物的质量与冲击物相比很小可忽略不计，而冲击应力瞬时传遍被冲击物，且材料服从胡克定律；③在冲击过程中，声、热等能量耗损很小，可忽去不计。下面就介绍这种简化的计算方法。

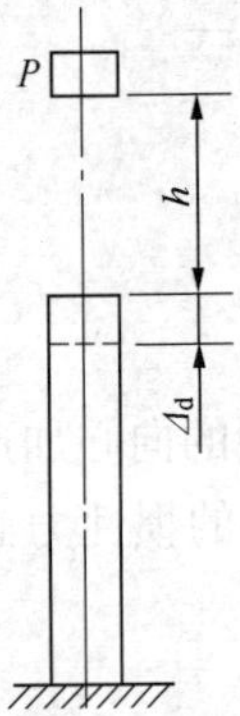

设有重量为 P 的重物，从高度 h 自由下落冲击到固定在地面上的等截面直杆上端处，杆的长度为 l，横截面面积为 A（图 14-3）。这里的重物是冲击物，而直杆则为被冲击物。应用机械能量守恒定律，来计算冲击载荷作用下被冲击物的最大动位移 Δ_d，并据此计算冲击应力 σ_d。

根据上述假设，在冲击过程中，当重物与直杆接触后速度降为零时，杆的上端就达到最底位置。这时，杆上端的最大位移为 Δ_d，与之相应的冲击载荷为 P_d。根据机械能守恒定律，冲击物在冲击过程中所减少的动能 T 和势能 V，应等于被冲击的杆所增加的应变能

图 14-3

U_d(因略去了杆的质量，故杆的动能和势能变化也略去不计)，即

$$T + V = U_\mathrm{d} \tag{a}$$

当杆的上端达到最底位置时，冲击物所减少的势能为

$$V = P(h + \Delta_\mathrm{d}) \tag{b}$$

由于冲击物的初速度和终速度均等于零，因而，其动能无变化，即

$$T = 0 \tag{c}$$

而杆所增加的应变能，则可通过冲击载荷对位移所做的功来计算。由于材料服从胡克定律，于是有

$$U_\mathrm{d} = \frac{1}{2} P_\mathrm{d} \Delta_\mathrm{d} \tag{d}$$

就杆而言

$$P_\mathrm{d} = \frac{EA}{l} \Delta_\mathrm{d} \tag{e}$$

将上式代入式(d)，即得

$$U_\mathrm{d} = \frac{1}{2} \left(\frac{EA}{l} \right) \Delta_\mathrm{d}^2 \tag{f}$$

将式(b)、式(c)和式(f)代入式(a)，即得

$$P(h + \Delta_\mathrm{d}) = \frac{1}{2} \left(\frac{EA}{l} \right) \Delta_\mathrm{d}^2 \tag{g}$$

注意到 $\dfrac{Pl}{EA} = \Delta_\mathrm{st}$，即重物 P 作为静载荷作用在杆上端时杆上端的静位移。于是，式(g)可简化为

$$\Delta_\mathrm{d}^2 - 2\Delta_\mathrm{st}\Delta_\mathrm{d} - 2\Delta_\mathrm{st} h = 0 \tag{h}$$

由上式解得 Δ_d 的两个根，并取其中大于 Δ_st 的根，即得

$$\Delta_\mathrm{d} = \Delta_\mathrm{st} \left(1 + \sqrt{1 + \frac{2h}{\Delta_\mathrm{st}}} \right) \tag{i}$$

将上式中的 Δ_d 代入式(e)，即得冲击载荷 P_d 为

$$P_\mathrm{d} = \frac{EA}{l} \Delta_\mathrm{st} \left(1 + \sqrt{1 + \frac{2h}{\Delta_\mathrm{st}}} \right) \tag{j}$$

显然，$\dfrac{EA}{l} \Delta_\mathrm{st} = P$，并将上式右端的括号记为

$$K_\mathrm{d} = 1 + \sqrt{1 + \frac{2h}{\Delta_\mathrm{st}}} \tag{14-1}$$

上式中的 K_d 称为冲击动载荷系数。于是，式(j)可改写为

$$P_d = K_d P \qquad (14-2)$$

由此可见，冲击动荷系数 K_d 表示冲击载荷 P_d 与冲击物重量 P 的比值。在自由落体冲击这一特殊情况下，冲击动载荷系数 K_d 可按式(14-1)计算。而在其他的冲击问题中，冲击动载荷系数的计算公式与式(14-1)并不相同。

求得冲击动载荷系数后，杆横截面上的冲击应力可表达为

$$\sigma_d = \frac{P_d}{A} = K_d \frac{P}{A} = K_d \sigma_{st} \qquad (14-3)$$

即为静应力 σ_{st} 的 K_d 倍。可见，冲击位移、冲击载荷和冲击应力均等于将冲击物的重量 P 作为静载荷作用时，相应的量乘以同一个动载荷系数 K_d。由此可见，冲击载荷问题计算的关键，在于确定相应的冲击动载荷系数。对于其他如受迫振动等动载荷问题的计算，也具有类似的性质。

由式(14-1)可见，增大相应的静位移 Δ_{st} 值，可降低冲击动载荷系数 K_d。因此，为减少冲击的影响，可在直杆上端放置一个弹簧。例如机车、汽车等车辆在车体与轮轴之间均设有缓冲弹簧，以减轻乘客所感受到的由于轨道或路面不平而引起的冲击作用。此外，由式(14-1)还可以看出，减小冲击物自由下落的高度 h，也将降低冲击动载荷系数 K_d。当 $h \to 0$ 时，即相当于重物骤加在杆件上，称为骤加载荷，其冲击动载荷系数为

$$K_d = 2 \qquad (14-4)$$

也即由骤加载荷引起的动应力是将重物缓慢地作用所引起的静应力的两倍。若重物从很高的地方落下，这时式(14-1)中根号内 $2h/\Delta_{st}$ 项将远大于 1，从而有

$$K_d \approx \sqrt{\frac{2h}{\Delta_{st}}} \qquad (14-5)$$

图 14-4 为一重量为 P 的重物，从高度 h 自由下落冲击简支梁的中点。重物的速度降为零时，冲击点处的冲击挠度达到最大值 Δ_d，与之相应的冲击荷载值为 P_d。假设梁在最大位移时，仍在线弹性范围内工作，则重物 P 落至最大位移位置时所减少的势能 V，将等于积蓄在梁内的应变能 U_d，即

$$U_d = V \qquad (a)$$

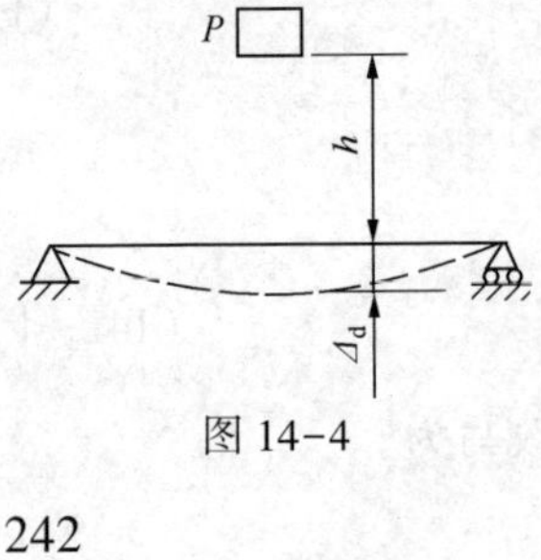

重物 P 落至最大位移位置 $(h+\Delta_d)$ 时所减少的势能为

$$V = P(h + \Delta_d) \qquad (b)$$

在冲击过程中，力 P_d 与位移 Δ_d 都由零增至最大值，所以当梁在线弹性范围内工作时，$U_d = \frac{1}{2} P_d \Delta_d$。而

$$\Delta_d = \frac{P_d l^3}{48EI} \qquad (c)$$

图 14-4

或

$$P_{\mathrm{d}} = \frac{48EI}{l^3}\Delta_{\mathrm{d}} \qquad\qquad (\mathrm{d})$$

将式(d)中的 P_{d} 代入 U_{d} 的表达式，得

$$U_{\mathrm{d}} = \frac{1}{2}\left(\frac{48EI}{l^3}\right)\Delta_{\mathrm{d}} \qquad\qquad (\mathrm{e})$$

将式(b)、式(e)代入式(a)，得

$$P(h + \Delta_{\mathrm{d}}) = \frac{1}{2}\left(\frac{48EI}{l^3}\right)\Delta_{\mathrm{d}}^2$$

或

$$\frac{Pl^3}{48EI}(h + \Delta_{\mathrm{d}}) = \frac{1}{2}\Delta_{\mathrm{d}}^2 \qquad\qquad (\mathrm{f})$$

将冲击物的重量 P 当作静荷载作用在梁上时，梁在被冲击点(梁中点)处的静挠度为 $\Delta_{\mathrm{st}} = \dfrac{Pl^3}{48EI}$。于是，可将式(f)改写为

$$\Delta_{\mathrm{d}}^2 - 2\Delta_{\mathrm{st}}\Delta_{\mathrm{d}} - 2\Delta_{\mathrm{st}}h = 0 \qquad\qquad (\mathrm{g})$$

由此就可以解出 Δ_{d} 的两个根，并取两个根中大于 Δ_{st} 的一个，得

$$\Delta_{\mathrm{d}} = \left(1 + \sqrt{1 + \frac{2h}{\Delta_{\mathrm{st}}}}\right)\Delta_{\mathrm{st}} \qquad\qquad (\mathrm{h})$$

于是得动载荷系数 K_{d} 为

$$K_{\mathrm{d}} = 1 + \sqrt{1 + \frac{2h}{\Delta_{\mathrm{st}}}} \qquad\qquad (\mathrm{i})$$

而式(h)可改写为

$$\Delta_{\mathrm{d}} = K_{\mathrm{d}}\Delta_{\mathrm{st}} \qquad\qquad (\mathrm{j})$$

由式(i)可见，动载荷系数 K_{d} 与公式(14-1)是相同的，只是在本问题中，Δ_{st} 表示梁在冲击点处的静挠度。

如果梁的两端支承在刚度为 C 的弹簧上，则可先计算出梁在冲击点处沿冲击方向的静位移。此时梁在跨中截面的静位移由静挠度和两端支承弹簧的静位移两部分组成，即

$$\Delta_{\mathrm{st}} = \frac{Pl^3}{48EI} + \frac{P}{2C} \qquad\qquad (\mathrm{k})$$

冲击时的动载荷系数按公式(i)计算，只需将其中的 Δ_{st} 用式(k)代入，即得动载荷系数 K_{d} 为

$$K_d = 1 + \sqrt{1 + \frac{2h}{\dfrac{Pl^3}{48EI} + \dfrac{P}{2C}}} \tag{1}$$

将式(k)和式(1)代入式(j)，便可得两端支承在两个刚度相同的弹簧上的梁跨中点处的最大挠度为

$$\Delta_d = K_d \Delta_{st} = \left[1 + \sqrt{1 + \frac{2h}{\dfrac{Pl^3}{48EI} + \dfrac{P}{2C}}} \right] \left(\frac{Pl^3}{48EI} + \frac{P}{2C} \right) \tag{m}$$

为了定量地说明，取 $P = 2\text{kN}$，$h = 20\text{mm}$，$EI = 5.25 \times 10^3 \text{kN} \cdot \text{m}^2$，$C = 300\text{kN/m}$，$l = 3\text{m}$。将已知数据代入上式，可分别求得该梁的冲击动荷系数为：

无弹簧支承时，$K_d = 14.7$；

有弹簧支承时，$K_d = 4.5$。

以上结果充分说明梁在有弹簧支承时，弹簧起到了很大的缓冲作用。

以上介绍的用量法计算冲击载荷的方法只是近似的。在实际冲击过程中，不可避免地会有声、热等其他能量损耗，因此，被冲击构件内所增加的应变能 U_d 将小于冲击物所减少的能量($T+V$)。这说明由机械能守恒定律所计算出来的冲击动载荷系数 K_d[式(14-1)]是偏大的，因而，这种近似计算方法是偏于安全的。

【例 14-3】 钢吊索 AC 的下端悬挂一重量为 $P = 20\text{kN}$ 的重物[图 14-5(a)]，并以等速度 $v = 1\text{m/s}$ 下降。当吊索长度 $l = 20\text{m}$ 时，滑轮 D 突然被卡住。试求吊索受到的冲击载荷 P_d 及冲击应力 σ_d。已知吊索内钢丝的横截面面积 $A = 414\text{mm}^2$，吊索材料的弹性模量 $E = 170\text{GPa}$，滑轮的重量可略去不计。若在上述情况下，在吊索与重物之间安置一个刚度 $C = 300\text{kN/m}$ 的弹簧，则吊索受到的冲击载荷又是多少？

【解】 当滑轮突然被卡住时，重物下降的速度从 v 突然变到零，此时，吊索将受到冲击，由于吊索的自重与重物的重量相比很小，故可忽略不计。

先计算在冲击过程中的重物(冲击物)所减少的能量，其动能的减少为 $T = \dfrac{P_v^2}{2g}$，其位能的减少为 $V = P(\Delta_d - \Delta_{st})$，$(\Delta_d - \Delta_{st})$ 是重物在冲击过程中下降的距离。这里的 Δ_d

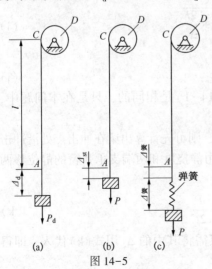

图 14-5

为滑轮被卡住后，长度为 l 的一段吊索（被冲击物）在冲击载荷 P_d 作用下的总伸长 [图 14-5（a）]，$\Delta_d = \dfrac{P_d l}{EA}$；$\Delta_{st}$ 为这一段吊索由于重量 P 所引起的静伸长 [图 14-5（b）]，$\Delta_{st} = \dfrac{Pl}{EA}$。因此，重物在冲击过程中所减少的总能量为

$$T + V = \frac{Pv^2}{2g} + P(\Delta_d - \Delta_{st})$$

在滑轮被卡住前一瞬间，吊索内已有应变能 $U_1 = \dfrac{1}{2}P\Delta_{st}$，而在滑轮被卡住后，吊索内的应变能则增为 $U_2 = \dfrac{1}{2}P_d\Delta_d$。吊索内所增加的应变能 U_d 就等于这两个应变能之差

$$U_d = \frac{1}{2}P_d\Delta_d - \frac{1}{2}P\Delta_{st}$$

根据机械守恒定律，并利用 $P_d = \dfrac{EA}{l}\Delta_d$ 的关系，可得

$$\frac{Pv^2}{2g} + P(\Delta_d - \Delta_{st}) = \frac{1}{2}\left(\frac{EA}{l}\Delta_d^2 - P\Delta_{st}\right)$$

利用 $\Delta_{st} = \dfrac{Pl}{EA}$ 的关系，可以将上式化简为

$$\Delta_d^2 - 2\Delta_{st}\Delta_d - \Delta_{st}^2\left(1 - \frac{v^2}{g\Delta_{st}}\right) = 0$$

由此就可以解出 Δ_d 的两个根，并取两个根中大于 Δ_{st} 的一个，得动位移为

$$\Delta_d = \Delta_{st}\left[1 + \sqrt{\frac{v^2}{g\Delta_{st}}}\right]$$

于是，可以求得 K_d 为

$$K_d = \frac{\Delta_d}{\Delta_{st}} = 1 + \sqrt{\frac{v^2}{g\Delta_{st}}} = 1 + v\sqrt{\frac{EA}{gPl}}$$

将已知数据及 $g = 9.81\text{m/s}^2$ 代入上式，可得 K_d 为

$$K_d = 1 + v\sqrt{\frac{EA}{gPl}} = 1 + 1 \times \sqrt{\frac{1.7 \times 10^{11} \times 414 \times 10^{-6}}{9.81 \times 20 \times 10^3 \times 20}} = 5.24$$

于是，吊索受到的冲击载荷 P_d 为

$$P_d = K_d P = 5.24 \times 20 = 104.8\text{kN}$$

此时吊索的冲击应力为

$$\sigma_{\mathrm{d}} = \frac{P_{\mathrm{d}}}{A} = \frac{104.8 \times 10^3}{414 \times 10^{-6}} = 253.1 \mathrm{MPa}$$

由于吊索材料的比例极限一般都高于 253.1MPa，所以可按上述方法计算动荷系数。

由上面的分析可知，在滑轮突然被卡住时，吊索受到的载荷增加为重物重量的 5 倍。如果在重物下降前，在吊索与重物间安置一个刚度 $C = 300 \mathrm{kN/m}$ 的弹簧［图 14-5(c)］，则当吊索长度 $l = 20 \mathrm{m}$ 时，在滑轮被突然卡住前瞬间，由重物 P 所引起的静伸长应为吊索的伸长量与弹簧沿重物 P 方向的位移之和，即

$$\Delta_{\mathrm{st}} = \frac{Pl}{EA} + \frac{P}{C} = \frac{20 \times 10^3 \times 20}{1.7 \times 10^{11} \times 414 \times 10^{-6}} + \frac{20}{300} = 0.07235 \mathrm{m}$$

于是便可求得安置有弹簧时的动载荷 K_{d} 为

$$K_{\mathrm{d}} = 1 + v \sqrt{\frac{1}{g\Delta_{\mathrm{st}}}} = 1 + 1 \times \sqrt{\frac{1}{9.81 \times 0.07235}} = 2.19 \mathrm{kN}$$

此时吊索受到的冲击载荷 P_{d} 为

$$P_{\mathrm{d}} = K_{\mathrm{d}}P = 2.19 \times 20 = 43.8 \mathrm{kN}$$

这说明，在吊索与重物之间加一个缓冲弹簧后，使重物在冲击过程中所减少的能量，大部分转变为弹簧的应变能，从而降低了吊索在冲击过程中所增加的应变能使动荷系数降低 58.2%。在其他冲击问题中，也可以采用缓冲弹簧来达到同样的目的。

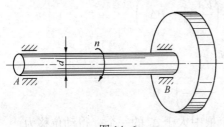

图 14-6

【例 14-4】 直径 $d = 100 \mathrm{mm}$ 的圆轴，一端有重量 $P = 0.6 \mathrm{kN}$、直径 $D = 400 \mathrm{mm}$ 的飞轮，以转速 $n = 1000 \mathrm{r/min}$ 匀速转动，如图 14-6(a) 所示。已知轴长 $l = 2 \mathrm{m}$，轴的剪变模量 $G = 80 \mathrm{GPa}$，轴的质量可略去不计。(1)若在轴的另一端施加制动外力偶而使其在 $t = 0.01 \mathrm{s}$ 内停车，试求轴内最大动切应力 τ_{dmax1}；(2)若轴在 A 端被骤然刹车卡紧，试求轴内的最大切应力 τ_{dmax2}。

【解】 (1)轮与轴的转动角速度为

$$\omega_0 = \frac{n\pi}{30} \mathrm{rad/s}$$

当飞轮与轴同时作均匀减速转动时，其角加速度为

$$\varepsilon = \frac{\omega_1 - \omega_0}{t} = \frac{0 - \dfrac{n\pi}{30}}{t} = -\frac{n\pi}{30t} (\mathrm{rad/s^2})$$

按动静法，在飞轮上加上方向与 ε 方向相反[如图 14-6(b)所示]的惯性力偶矩 M_{d}，且

$$M_{\mathrm{d}} = -I_{\mathrm{n}}\varepsilon = -I_{\mathrm{n}}\left(-\frac{n\pi}{30t}\right) = \frac{n\pi I_{\mathrm{n}}}{30t}$$

式中 I_{n} 为飞轮的转动惯量，$I_{\mathrm{n}} = \frac{1}{2}m\left(\frac{D}{2}\right)^2 = \frac{PD^2}{8g}$。

设作用于轴上的摩擦力矩为 M_{t}，有平衡方程 $\sum M_x = 0$，求得：$M_{\mathrm{t}} = M_{\mathrm{d}}$。横截面上的扭矩为

$$T = M_{\mathrm{d}} = \frac{n\pi I_{\mathrm{n}}}{30t}$$

横截面上的最大扭转切应力为

$$\tau_{\mathrm{dmax1}} = \frac{T}{W_{\mathrm{t}}} = \frac{\dfrac{n\pi I_{\mathrm{n}}}{30t}}{\dfrac{\pi}{16}d^3} = \frac{n\pi PD^2}{15\pi g d^3} = 65.2\,\mathrm{MPa}$$

(2)当在 A 端被骤然刹车卡紧时，可以认为 B 端飞轮的动能全部转变为轴的应变能而使轴受到扭转冲击，即

$$\frac{1}{2}I_{\mathrm{n}}\omega^2 = \frac{T_{\mathrm{d}}^2 l}{2GI_{\mathrm{p}}}$$

由此可得

$$T_{\mathrm{d}} = \omega\sqrt{\frac{I_{\mathrm{n}}GI_{\mathrm{p}}}{l}}$$

轴横截面上的最大切应力为

$$\tau_{\mathrm{dmax2}} = \frac{T_{\mathrm{d}}}{W_{\mathrm{t}}} = \frac{\omega}{\dfrac{\pi d^3}{16}}\sqrt{\frac{I_{\mathrm{n}}G\cdot\dfrac{\pi d^4}{32}}{l}} = \frac{\omega}{d}\sqrt{\frac{8I_{\mathrm{n}}G}{\pi l}}$$

由此可见，在扭转冲击时，轴内最大冲击切应力与飞轮的转动惯量 I_{n}、轴的直径 d 和轴的长度 l 等因素有关。将已知数据代入上式，可得

$$\tau_{\mathrm{dmax2}} = \frac{\dfrac{\pi\times1000}{30}}{0.1}\sqrt{\frac{8\times1.223\times8\times10^{10}}{\pi\times2}} = 369.5\,\mathrm{MPa}$$

可见骤停时轴内最大切应力 τ_{dmax2} 为 τ_{dmax1} 的 5.7 倍。对一般轴用钢材而言，其许用切应力 $[\tau] = 80\sim100\,\mathrm{MPa}$，骤然刹车时的 τ_{dmax} 已经超过了许用切应力。因此，为了保证轴的安全，在停车时应尽量避免骤然刹车。

§14.4 交变应力与疲劳破坏

一、交变应力与疲劳失效概念

在工程实际中，某些零件在工作时承受随时间作周期性变化的应力。例如，图 14-7 所示的悬壁梁上放置一台电动机。由于制造误差等方面的原因，其转子部分有一个偏心质量 m，设偏心距为 e，电动机的转动角速度为 σ。由达朗贝尔原理知，在电动机转动时，偏心质量 m 上的法向惯性力的大小为 $F_g = me\omega^2$，该力随转子的转动而不断改变方向。它在铅垂轴 y 上的投影为

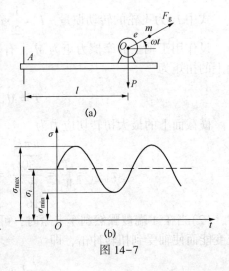

图 14-7

$$F_{gy} = me\omega^2 \sin\omega t$$

这个惯性力将引起梁的横向震动。由于该力随时间按正弦规律变化，因而梁中弯曲正应力亦随时间按同一规律变化，于是梁中应力变为交变应力。设电机重为 P，梁重不计，则这时梁中 A 点的正应力为

$$\sigma_A = \sigma_{stA} + \sigma_A' = \frac{Pl}{W} + \frac{me\omega^2 l}{W}\sin\omega t$$

式中 σ_{stA} 为 A 点静应力，σ_A' 为由交变载荷引起的动应力部分。该交变应力随时间变化的函数关系曲线如图 14-7(b) 所示。

图 14-8(a) 所示的两个齿轮啮合时，每个齿根处的啮合应力也是一种交变应

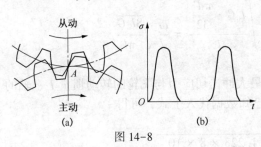

图 14-8

力。以齿 A 为例，齿轮每转一周，A 齿啮合一次，齿根处有啮合应力，而当 A 齿脱离啮合位置时，齿根处不再有应力。其应力随时间变化的曲线如图 14-8(b) 所示。

再如图 14-9(a) 所示车轮轴随轮一起旋转时，轮轴上的载荷 P 虽然不变，但轴相对于载荷的位置却不断变化，从而轴中弯曲正应力也随时间作周期性变化，其变化规律如图 14-9(b) 所示。

随时间作周期性变化的应力称为交变应力。交变应力也是一种动应力，它

可以由随时间作周期性变化的动载荷而引起，也可以由构件本身的周期性运动而引起。

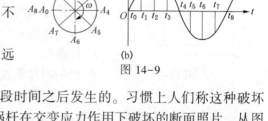

图 14-9

在交变应力的作用下构件的破坏形式与静载荷下的破坏完全不同，其特点有：

（1）破坏形式为突然断裂。即使是塑性性质很好的材料，破坏之前也不会有明显的塑性变形。

（2）破坏时构件的最大应力往往远低于材料的静强度指标。

（3）破坏总是在交变应力作用一段时间之后发生的。习惯上人们称这种破坏为疲劳破坏。图 14-10 所示为一根蜗杆在交变应力作用下破坏的断面照片，从图中可看到破坏断面分成一个光滑区和一个粗糙区。

图 14-10

疲劳的说法来自于人们早期对这种破坏现象的一种误解，即认为这种破坏是由于材料长期受交变应力作用而疲劳，并导致其结构变为脆性结构而造成的。现代研究的有关结果否定了这一说法。目前关于疲劳破坏机理的一般解释是：构件长期受交变应力作用，首先在其内部某些有缺陷的地方产生一些微观的裂纹，并在裂纹处形成高度的应力集中，进而使裂纹不断扩展。图 14-10 中蜗杆破坏断口处的光滑区域正是裂纹扩展过程中断面两边的材料挤合摩擦的结果。当裂纹扩展到一定程度时，截面已经被严重削弱，最后便会沿着这个截面发生脆性断裂。图 14-10 中蜗杆破坏断口处的粗糙区就是最后断裂时形成的。由此可见，导致构件疲劳破坏的主要原因是应力集中，不过人们现在仍在习惯性地称这种破坏为疲劳破坏。

构件的疲劳破坏常导致严重的后果。研究表明，许多机器零部件和结构构件的破坏都属于疲劳破坏。因此研究在交变应力作用下构件疲劳破坏的规律进而采取预防措施是很有意义的。

二、交变应力的基本参量疲劳极限

下面介绍描述交变应力时用到的几个重要概念和参数。

1. 应力循环和循环次数

构件在交变应力下工作，其中应力每重复变化一次，称为一个应力循环。重复变化的次数称为循环次数。

在某种交变应力作用下，构件的疲劳破坏发生于一定的应力循环次数之后。因此循环次数是反映构件抵抗疲劳破坏能力的重要参数之一。

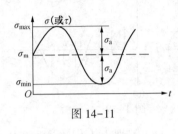

图 14-11

2. 应力循环曲线

交变应力随时间变化的函数关系曲线称为应力循环曲线。对于交变正应力和交变切应力，可分别作出正应力循环曲线（σ-t 曲线）和切应力循环曲线（τ-t 曲线）。图 14-11 所示为一交变正应力的循环曲线。

应力循环曲线中的最高点和最低点分别对应着交变应力中的最大应力 σ_{max} 和最小应力 σ_{min}，它们是描述交变应力性质的重要指标。

3. 循环特征

应力循环中最小应力与最大应力之比称为交变应力的循环特征，记为 r，则有

$$r = \sigma_{min}/\sigma_{max} \qquad (14-6)$$

循环特征也是描述交变应力性质的基本指标之一。在一般情况下有

$$-1 \leqslant r \leqslant +1$$

交变应力的循环特征越小，则该种交变应力越容易使构件发生疲劳破坏。

4. 平均应力和应力幅度

应力循环中最大应力与最小应力的平均值 σ_m 称为交变应力的平均应力（见图 14-11），即

$$\sigma_m = \frac{1}{2}(\sigma_{max} + \sigma_{min}) \qquad (14-7)$$

交变应力相对于平均应力变化的幅度称为应力幅度，记为 σ_a，则有

$$\sigma_a = \frac{1}{2}(\sigma_{max} - \sigma_{min}) \qquad (14-8)$$

将图 14-11 与图 14-7(b) 对比可知：平均应力相当于交变应力中的静应力部分，而应力幅度则相当于其中的动应力部分。

5. 交变应力的分类

首先，按照交变应力中最大与最小应力的数值是否变化，可将交变应力分成稳定与不稳定的交变应力。若各应力循环中的最大应力与最小应力数值均相同，则称为稳定交变应力，否则是不稳定的交变应力。本书仅讨论稳定交变应力。

在稳定交变应力中，又可按照应力循环特性将其分为对称循环、非对称循环、脉动循环和静载荷四种情况。

图 14-9（b）所示的应力循环曲线中，最大应力与最小应力数值相等，符号相反，这种交变应力称为对称循环。对称循环交变应力的循环特征 $r=-1$。

图 14-8（b）和图 14-11 所示的应力循环曲线表示的交变应力称为非对称循环。非对称循环是交变应力的普遍情况，它可以看作是一个对称循环和一个静载荷的叠加。

在非对称循环的交变应力中，还有两种特殊情况值得一提。一种是脉动循环，其应力循环曲线见图 14-8（b），脉动循环的循环特征是 $r=0$。另一种是静载荷，它可以作为交变的特殊情况，其循环特征是 $r=1$。

6. 材料的持久极限及其测定

疲劳破坏与静强度破坏具有完全不同的性质，必须确定用于疲劳强度计算的指标。材料抵抗疲劳破坏的能力可以用破坏前所经历的交变应力的循环次数来衡量，其方法是用标准试件在疲劳试验机上进行疲劳实验。实验表明，用所测材料做成的标准试件发生疲劳破坏前所能经受的循环次数，与应力循环中的最大应力 σ_{max} 的取值有很大关系。在相同的循环特征下，σ_{max} 越小，试件所能经受的循环次数就越多；当 σ_{max} 低于某个极限值时，试件可以经历无穷多次应力循环而不发生疲劳破坏。

使试件可以经历无穷多次应力循环也不破坏的最大应力的极限值，称为该种材料的持久极限或疲劳极限。不同材料的持久极限是不同的，相同材料在不同循环特征下的持久极限也是不同的。一般地说，循环特征 r 越小，材料的持久极限越低。因此在描述材料的持久极限时，必须说明该持久极限所对应的循环特征。如 σ_{-1} 表示对称循环下材料的持久极限；σ_0 表示脉动循环下材料的持久极限。

由于在对称循环下材料的持久极限最低，并且对称循环的实验设备构造比较简单，因此通常的疲劳试验，都是在对称循环下进行的。图 14-12 所示为纯弯曲疲劳试验机简图。试件每转一周，交变正应力经过一个对称循环。其中最大正应力为 $\sigma_{max}=M/W=Pa/W$。实验一般用直径为 7～10mm，表面磨光处理的光滑小试件进行，每组试件 6～10 根。先取材料强度极限的大约 60% 作为第一根试件的 σ_{max}，设经过 N_1 次循环后试件断裂；再将最大应力略微降低后作为第二根试件

的 σ_{max}，又经过 N_2 次循环后试件断裂；依次做下去，得出一组 σ_{max} 与 N 的数据。以循环次数 N 为横坐标，以最大应力 σ_{max} 为纵坐标，画出一条曲线如图 14-13 所示，该曲线称为应力-寿命曲线或 S-N 曲线。不难看出，试件破坏前所经历的循环次数随最大应力的减小而迅速增大，并逐渐趋近于一条水平渐近线，这条水平渐近线的纵坐标所对应的应力值，就是所测材料的持久极限 σ_{-1}。

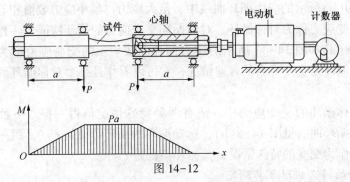

图 14-12

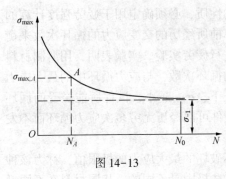

图 14-13

实际上，实验不可能无限次循环地进行下去，因此需要规定一个循环次数 N_0，称为循环基数。就把经过 N_0 次循环下试件仍未破坏的最大应力，取为该材料的持久极限。一般来说，对于钢材取 $N_0 = 10^7$；对于有色金属，由于其 S-N 曲线无明显趋于水平的直线部分，通常取 $N_0 = 10^8$。

还要指出：同一种材料在不同的加载方式下测得的持久极限也是不同的。因此有时还要说明材料的某个持久极限值是在何种加载方式下测得的。如 σ_{-1} 表示对称循环的弯曲交变正应力下的持久极限，而 τ_0 则表示脉动循环下扭转交变切应力的持久极限等。

实验数据表明：材料的持久极限与其静强度之间存在着某种近似关系。例如钢在对称循环时的持久极限之间有如下近似关系：

$$\left. \begin{array}{l} (\sigma_{-1})_{弯} \approx 0.4\sigma_b \\ (\sigma_{-1})_{拉} \approx 0.28\sigma_b \\ (\sigma_{-1})_{扭} \approx 0.22\sigma_b \end{array} \right\} \qquad (14-9)$$

利用这个关系，可以由已知的强度极限近似地估算材料的持久极限。

三、影响构件持久极限的因素

由于实际工程构件在形状、尺寸、表面加工质量等方面与标准试件之间有较大差异，所以由标准试件测得的材料的持久极限，还不能直接用于实际工程构件的疲劳强度计算。这些客观因素的存在一般使得实际工程构件的持久极限低于由标准试件测得的材料的持久极限。下面就介绍影响构件持久极限的几种主要因素。

1. 构件外形的影响

实际构件的外形形状常因工程需要而带有某些突变，如开槽、孔、缺口、轴肩等，在这些突变处会形成应力集中，因而更易出现裂纹从而使构件的持久极限显著降低。

设在对称循环下用无应力集中的标准试件测得的持久极限为 σ_{-1}，而用带有应力集中因素的试件测得的持久极限为 $(\sigma_{-1})_k$，则二者的比值

$$K_\sigma = \frac{\sigma_{-1}}{(\sigma_{-1})_k} \qquad (14-10)$$

称为有效应力集中系数。

K_σ 是一个大于 1 的数值，它与构件外形尺寸和形状有关，也与材料本身的机械性能有关，其具体数值由实验测出后，以曲线或表格的形式收集于机械设计手册中，以便于查阅。表 14-1 与表 14-2 分别给出了有关圆界面构件在对称的弯曲循环下，轴间圆角或环槽处的有效应力集中系数。由表中可以看出，材料的强度极限越高，则有效应力集中系数越大，说明高强度材料对应力集中更敏感。

2. 构件尺寸的影响

构件尺寸一般都大于标准试件，这也会导致材料持久极限的降低。这是因为大构件中的高应力区面积比小试件要大，材料本身的缺陷也多，更容易形成疲劳裂纹。设同一种材料，用光滑小试件测得的持久极限为 σ_{-1}，在同样条件下用大试件测得的持久极限为 $(\sigma_{-1})_\varepsilon$，则二者比值

$$\varepsilon_\sigma = \frac{(\sigma_{-1})_\varepsilon}{\sigma_{-1}} \qquad (14-11)$$

称为尺寸系数。其值小于 1，可由机械设计手册查出。表 14-3 给出了钢材分别在弯曲正应力和扭转切应力的对称循环下的绝对尺寸系数。

表 14-1　轴肩圆角度处的有效应力集中系数

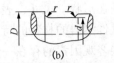

(a)　　　　　　　　　(b)

$\dfrac{D-d}{r}$	$\dfrac{r}{d}$	σ_b/MPa							
		392	490	588	686	784	882	980	1176
2	0.01	1.34	1.36	1.38	1.40	1.41	1.43	1.45	1.49
	0.02	1.41	1.44	1.47	1.49	1.52	1.54	1.57	1.62
	0.03	1.59	1.63	1.67	1.71	1.76	1.80	1.84	1.92
	0.05	1.54	1.59	1.64	1.69	1.73	1.78	1.83	1.93
	0.10	1.38	1.44	1.50	1.55	1.61	1.66	1.72	1.83
4	0.01	1.51	1.54	1.57	1.59	1.62	1.64	1.67	1.72
	0.02	1.76	1.81	1.86	1.91	1.96	2.01	2.06	2.16
	0.03	1.76	1.82	1.88	1.94	1.99	2.05	2.11	2.23
	0.05	1.70	1.76	1.82	1.88	1.95	2.01	2.07	2.19
6	0.01	1.86	1.94	1.94	1.99	2.03	2.08	2.12	2.21
	0.02	1.90	2.02	2.02	2.08	2.13	2.19	2.25	2.37
	0.03	1.89	2.03	2.03	2.10	2.16	2.23	2.30	2.44
10	0.01	2.07	2.12	2.17	2.23	2.28	2.34	2.39	2.50
	0.02	2.09	2.16	2.23	2.30	2.38	2.45	2.52	2.66

表 14-2　环槽处的有效应力集中系数

$\dfrac{D-d}{r}$	$\dfrac{r}{d}$	σ_b/MPa							
		392	490	588	686	784	882	980	1176
2	0.01	1.88	1.93	1.98	2.04	2.09	2.15	2.20	2.31
	0.02	1.79	1.84	1.89	1.95	2.00	2.06	2.11	2.22
	0.03	1.72	1.77	1.82	1.87	1.92	1.97	2.02	2.12
	0.05	1.61	1.66	1.71	1.77	1.82	1.88	1.93	2.04
	0.10	1.44	1.48	1.52	1.55	1.59	1.62	1.66	1.73

续表

$\dfrac{D-d}{r}$	$\dfrac{r}{d}$	σ_b/MPa							
		392	490	588	686	784	882	980	1176
4	0.01	2.09	2.15	2.21	2.27	2.33	2.39	2.45	2.57
	0.02	1.99	2.05	2.11	2.17	2.23	2.28	2.35	2.49
	0.03	1.91	1.97	2.03	2.08	2.14	2.19	2.25	2.36
	0.05	1.79	1.85	1.91	1.97	2.03	2.09	2.15	2.27
6	0.01	2.29	2.36	2.43	2.50	2.56	2.63	2.70	2.81
	0.02	2.18	2.25	2.32	2.38	2.45	2.51	2.58	2.71
	0.03	2.10	2.16	2.22	2.28	2.35	2.41	2.47	2.59
10	0.01	2.38	2.47	2.56	2.64	2.73	2.81	2.90	3.07
	0.02	2.28	2.35	2.42	2.49	2.56	2.63	2.70	2.81

表 14-3 钢材绝对尺寸系数

直径 d/mm	ε_σ		ε_τ
	碳 钢	合金钢	各种钢
>20~30	0.91	0.83	0.89
>30~40	0.88	0.77	0.81
>40~50	0.84	0.73	0.78
>50~60	0.81	0.70	0.76
>60~70	0.78	0.68	0.74
>70~80	0.75	0.66	0.73
>80~100	0.73	0.64	0.72
>100~120	0.70	0.62	0.70
>120~150	0.68	0.60	0.68
>150~500	0.60	0.54	0.60

3. 构件表面质量影响

构件表面加工质量也将影响其持久极限。若构件表面加工粗糙，如加工后留有刀痕、淬火裂纹等，则在这些地方更容易形成应力集中，从而降低构件的持久极限。反之，提高构件表面加工质量，则构件的持久极限就会相应提高。

若由光滑小试件测得的极限持久为 σ_{-1}，而由各种表面质量不同的试件测得的持久极限为 $(\sigma_{-1})_\beta$，则比值

$$\beta = \frac{(\sigma_{-1})_\beta}{\sigma_{-1}} \qquad (14-12)$$

称为表面质量系数。当构件表面加工质量低于标准试件时，$\beta<1$，而当构件表面经过各种强化处理如高频淬火、喷丸硬化等，其表面质量可能远远高于光滑小试件，这时 β 就会大于 1。

表 14-4 给出了普通加工表面构件的表面质量系数。经过强化处理的构件表面质量系数可查阅机械设计手册。

表 14-4　表面质量系数 β

加工方法	轴表面粗糙度	σ_b/MPa		
		392	784	1176
磨削	$Ra0.2 \sim 0.1$	1.00	1.00	1.00
车削	$Ra1.6 \sim 0.4$	0.95	0.90	0.80
粗车	$Ra12.5 \sim 3.2$	0.85	0.80	0.65
未加工表面	—	0.75	0.65	0.45

综合以上三方面影响，实际工程构件的持久极限应在材料持久极限的基础上进行修正，其修正公式为

$$\sigma_{-1}^0 = \frac{\varepsilon_\sigma \beta}{K_\sigma} \sigma_{-1} \tag{14-13}$$

式中 σ_{-1}^0 表示实际构件的持久极限。进行疲劳强度计算时，可将它取作疲劳强度指标，相当于静强度计算时的屈服极限或者强度极限。

总而言之，影响构件疲劳强度的主要因素是应力集中。因此，为了提高构件的疲劳强度，应当采取各种消除或改善应力集中的措施。

四、对称循环下构件的疲劳强度计算

在进行构件对称循环下的疲劳强度计算时，首先应当取式(14-13)所确定的构件持久极限 σ_{-1}^0 作为极限应力，适当选取安全系数 n，从而定出疲劳强度计算时的许用应力，记为 $[\sigma_{-1}]$。

即有

$$[\sigma_{-1}] = \frac{\sigma_{-1}^0}{n} = \frac{\varepsilon_\sigma \beta}{K_\sigma} \frac{\sigma_{-1}}{n} \tag{14-14}$$

于是构件疲劳强度条件为

$$\sigma_{max} \leqslant [\sigma_{-1}] \tag{14-15}$$

或写成

$$\sigma_{max} \leqslant [\sigma_{-1}] = \frac{\sigma_{-1}^0}{n}$$

从而有

$$\frac{\sigma_{-1}^0}{\sigma_{max}} \geqslant n$$

式中 $\sigma_{-1}^0 / \sigma_{\max}$ 为构件持久极限与最大工作应力之比，称为构件的工作安全系数，记为 n_σ，于是有

$$n_\sigma = \frac{\sigma_{-1}^0}{\sigma_{\max}} \geq n \qquad (14-16)$$

这就是用安全系数表示构件的疲劳强度条件。至于安全系数 n 的选定，可以依据有关的工程规范或查阅有关手册。

【例14-5】 传动轴的一段如图14-14所示。该轴受对称循环的交变应力。材料的强度极限 $\sigma_b = 490\text{MPa}$，持久极限为 250MPa。轴径分别为 $D = 60\text{mm}$，$d = 56\text{mm}$，$r = 2\text{mm}$。轴上弯距 $M = 800\text{N} \cdot \text{m}$，规定的安全系数 $n = 2$。试较核轴肩处的疲劳强度。

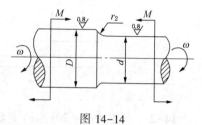

图 14-14

【解】 首先计算构件的持久极限。为此需先求公式(14-13)中的各个系数。

由 $\sigma_b = 490\text{MPa}$，$\dfrac{D-d}{r} = 2$，$\dfrac{r}{d} = 0.036$，利用插值法可求出有效应力集中系数 K_σ。由表14-2知：$r/d = 0.03$ 时，$K_\sigma = 1.63$；$r/d = 0.05$ 时，$K_\sigma = 1.59$，于是有

$$K_\sigma = 1.63 - (1.63 - 1.59) \times \frac{0.036 - 0.03}{0.05 - 0.03} = 1.618$$

由 $d = 56\text{mm}$，材料为碳钢，可查表14-3，得绝对尺寸系数

$$\varepsilon_\sigma = 0.81$$

由轴的表面粗糙度为 $Ra = 0.8\mu\text{m}$，按插值法利用表14-4，可求得表面质量系数

$$\beta = 0.95 - (0.95 - 0.90) \times \frac{490 - 392}{784 - 392} = 0.938$$

于是由式(14-13)，得构件的持久极限

$$\sigma_{-1}^0 = \frac{\varepsilon_\sigma \beta}{K_\sigma} \sigma_{-1} = \frac{0.81 \times 0.938}{1.618} \times 250 = 117.4\text{MPa}$$

再校核轴的疲劳强度。轴的最大应力为

$$\sigma_{\max} = \frac{M}{W} = \frac{800}{\dfrac{\pi}{32} \times (56)^3 \times 10^{-9}} = 46.4\text{MPa}$$

$$n_\sigma = \frac{\sigma_{-1}^0}{\sigma_{\max}} = \frac{117.4}{46.4} = 2.53 > 2$$

轴的疲劳强度足够。

习 题

14-1 用两根吊索平行地匀加速起吊一根 14 号工字钢,加速度 $a=10\text{m/s}^2$,工字钢长度为 12m,吊索横截面积 $A=72\text{mm}^2$。若只考虑工字钢自重而不计吊索重量,试计算工字钢中的最大动应力和吊索的动应力。

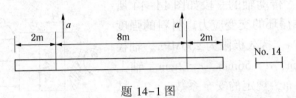

题 14-1 图

14-2 一重为 $P=20\text{kN}$ 的重物悬挂在钢绳上。钢绳由 500 根直径为 0.5mm 的细钢丝组成,材料的弹性模量 $E=220\text{GPa}$。鼓轮的角加速度 $\varepsilon=101/\text{s}^2$,鼓轮转动并将重物吊起,当钢索为 5m 时,求其最大正应力和绝对伸长量。设鼓轮直径 $D=50\text{cm}$。

14-3 离心机转鼓是一薄壁圆筒,壁厚 $t=1.2\text{cm}$,平均半径 $R=600\text{mm}$,鼓壁材料的密度 $\rho=7.96\times10^{-6}\text{kg/mm}^3$,鼓的转速 $n=1000\text{r/min}$,鼓壁上作用着物料的压力 $P=1.2\times10^{-2}\text{N/mm}$,求鼓壁的周向应力。

14-4 图示机车车轮以 $n=300\text{r/min}$ 的转速旋转。平行连杆 AB 的横截面为矩形,$h=5.6\text{cm}$,$b=2.8\text{cm}$,杆长 $l=2\text{m}$,$r=25\text{cm}$,材料的密度 $\rho=7.8\text{g/cm}^3$。试确定平行杆最危险的位置和杆内最大正应力。

题 14-2 图

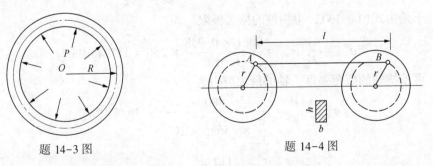

题 14-3 图　　　　　　　　　　　题 14-4 图

14-5 直径 $d=300\text{mm}$、长为 $l=6\text{m}$ 的圆木桩,下端固定,上端受重 $P=5\text{kN}$

的重物作用。木材的 $E_1 = 10\text{GPa}$。求下列三种情况下木桩的最大应力：

（1）重物以突加载荷的方式作用于木桩；

（2）重物自桩顶上方 1m 处自由下落；

（3）在桩顶放置直径为 150mm、厚为 20mm 的橡皮垫，弹性模量 $E_2 = 8\text{MPa}$。重物也从桩顶上方 1m 处自由下落。

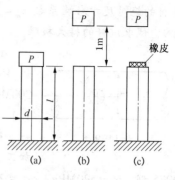

题 14-5 图

14-6　图示两根 20a 号工字钢组成简支梁，上面固结着绞车和吊盘。今有重物 $P = 1\text{kN}$，自高度 40cm 处下落到吊盘上，试求钢索中和梁内的最大正应力。已知钢索横截面积 $A = 1.75\text{cm}^2$，弹性模量 $E_1 = 170\text{GPa}$，梁的弹性模量 $E_2 = 210\text{GPa}$，计算时可不计梁的自重。

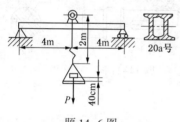

题 14-6 图

14-7　图示钢杆下端有一固定圆盘，盘上放置弹簧。弹簧在 1kN 的静载荷作用下缩短 0.0625cm，钢杆直径 $d = 4\text{cm}$，$l = 4\text{m}$，许用应力 $[\sigma] = 120\text{MPa}$，$E = 200\text{GPa}$。若有重为 15kN 的重物落下，求其许可的高度 H。又若没有弹簧，则许可高度 H 将为多少？

14-8　火车轮轴受力情况如图所示。$a = 500\text{mm}$，$l = 1435\text{mm}$，轴中段直径 $d = 15\text{cm}$。若 $P = 50\text{kN}$，试求轮轴中段截面边缘上任一点的最大应力、最小应力和循环特征，并作出 σ-t 曲线。

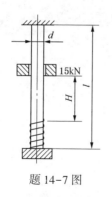

题 14-7 图

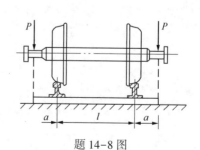

题 14-8 图

14-9　在直径为 $D = 40\text{mm}$ 的钢制圆轴上，穿一个直径为 $d = 6\text{mm}$ 的横圆孔，如图所示。圆杆受对称循环拉-压交变载荷作用，材料的 (σ_{-1}) 拉-压 $= 200\text{MPa}$，圆杆的绝对尺寸影响系数 $\varepsilon_\sigma = 1$，有效应集中系数 $K_\sigma = 1.8$，表面质量系数 $\beta = 0.9$，试求该杆的持久极限。

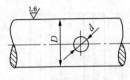

题 14-9 图

14-10 钢制转轴如图所示，其上作用一不变的弯矩 $M = 2400\text{N·m}$。轴材料的 $\sigma_b = 500\text{MPa}$，$\sigma_{-1} = 200\text{MPa}$。试求轴的持久极限。若规定的安全系数 $n = 1.4$，试求该轴的疲劳强度。

14-11 某减速器的第一轴如图所示。键槽为端铣加工，$A-A$ 截面上的弯矩为 $M = 850\text{N·m}$。轴材料为 Q275 钢，$\sigma_b = 520\text{MPa}$，$\sigma_{-1} = 220\text{MPa}$，若有效应力集中系数 $K_b = 1.65$，规定的安全系数 $n = 1.4$，试校核 $A-A$ 截面的疲劳强度。

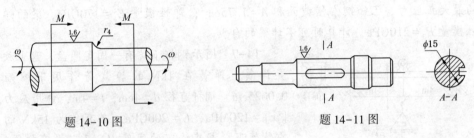

题 14-10 图　　　　　　　　题 14-11 图

附录　型钢截面尺寸、截面面积、理论重量及截面特性（GB/T 706—2016）

表 1　工字钢截面尺寸、理论重量及截面特性

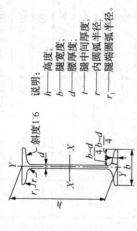

说明:
h——高度;
b——腿宽度;
d——腰厚度;
t——腿中间厚度;
r——内圆弧半径;
r_1——腿端圆弧半径。

型号	截面尺寸/mm						截面面积/ cm²	理论重量/ (kg/m)	外表面积/ (m²/m)	惯性矩/cm⁴		惯性半径/cm		截面模数/cm³	
	h	b	d	t	r	r_1				I_x	I_y	i_x	i_y	W_x	W_y
10	100	68	4.5	7.6	6.5	3.3	14.33	11.3	0.432	245	33.0	4.14	1.52	49.0	9.72
12	120	74	5.0	8.4	7.0	3.5	17.80	14.0	0.493	436	46.9	4.95	1.62	72.7	12.7
12.6	126	74	5.0	8.4	7.0	3.5	18.10	14.2	0.505	488	46.9	5.20	1.61	77.5	12.7
14	140	80	5.5	9.1	7.5	3.8	21.50	16.9	0.553	712	64.4	5.76	1.73	102	16.1
16	160	88	6.0	9.9	8.0	4.0	26.11	20.5	0.621	1130	93.1	6.58	1.89	141	21.2
18	180	94	6.5	10.7	8.5	4.3	30.74	24.1	0.681	1660	122	7.36	2.00	185	26.0

续表

型号	截面尺寸/mm						截面面积/cm²	理论重量/(kg/m)	外表面积/(m²/m)	惯性矩/cm⁴		惯性半径/cm		截面模数/cm³	
	h	b	d	t	r	r_1				I_x	I_y	i_x	i_y	W_x	W_y
20a	200	100	7.0	11.4	9.0	4.5	35.55	27.9	0.742	2370	158	8.15	2.12	237	31.5
20b	200	102	9.0	11.4	9.0	4.5	39.55	31.1	0.746	2500	169	7.96	2.06	250	33.1
22a	220	110	7.5	12.3	9.5	4.8	42.10	33.1	0.817	3400	225	8.99	2.31	309	40.9
22b	220	112	9.5	12.3	9.5	4.8	46.50	36.5	0.821	3570	239	8.78	2.27	325	42.7
24a	240	116	8.0	13.0	10.0	5.0	47.71	37.5	0.878	4570	280	9.77	2.42	381	48.4
24b	240	118	10.0	13.0	10.0	5.0	52.51	41.2	0.882	4800	297	9.57	2.38	400	50.4
25a	250	116	8.0	13.0	10.0	5.0	48.51	38.1	0.898	5020	280	10.2	2.40	402	48.3
25b	250	118	10.0	13.0	10.0	5.0	53.51	42.0	0.902	5280	309	9.94	2.40	423	52.4
27a	270	122	8.5	13.7	10.5	5.3	54.52	42.8	0.958	6550	345	10.9	2.51	485	56.6
27b	270	124	10.5	13.7	10.5	5.3	59.92	47.0	0.962	6870	366	10.7	2.47	509	58.9
28a	280	122	8.5	13.7	10.5	5.3	55.37	43.5	0.978	7110	345	11.3	2.50	508	56.6
28b	280	124	10.5	13.7	10.5	5.3	60.97	47.9	0.982	7480	379	11.1	2.49	534	61.2
30a	300	126	9.0	14.4	11.0	5.5	61.22	48.1	1.031	8950	400	12.1	2.55	597	63.5
30b	300	128	11.0	14.4	11.0	5.5	67.22	52.8	1.035	9400	422	11.8	2.50	627	65.9
30c	300	130	13.0	14.4	11.0	5.5	73.22	57.5	1.039	9850	445	11.6	2.46	657	68.5
32a	320	130	9.5	15.0	11.5	5.8	67.12	52.7	1.084	11100	460	12.8	2.62	692	70.8
32b	320	132	11.5	15.0	11.5	5.8	73.52	57.7	1.088	11600	502	12.6	2.61	726	76.0
32c	320	134	13.5	15.0	11.5	5.8	79.92	62.7	1.092	12200	544	12.3	2.61	760	81.2
36a	360	136	10.0	15.8	12.0	6.0	76.44	60.0	1.185	15800	552	14.4	2.69	875	81.2
36b	360	138	12.0	15.8	12.0	6.0	83.64	65.7	1.189	16500	582	14.1	2.64	919	84.3
36c	360	140	14.0	15.8	12.0	6.0	90.84	71.3	1.193	17300	612	13.8	2.60	962	87.4

附录　型钢截面尺寸、截面面积、理论重量及截面特性

型号	截面尺寸/mm						截面面积/cm²	理论重量/(kg/m)	外表面积/(m²/m)	惯性矩/cm⁴		惯性半径/cm		截面模数/cm³	
	h	b	d	t	r	r_1				I_x	I_y	i_x	i_y	W_x	W_y
40a	400	142	10.5	16.5	12.5	6.3	86.07	67.6	1.285	21700	660	15.9	2.77	1090	93.2
40b		144	12.5	16.5	12.5	6.3	94.07	73.8	1.289	22800	692	15.6	2.71	1140	96.2
40c		146	14.5	16.5	12.5	6.3	102.1	80.1	1.293	23900	727	15.2	2.65	1190	99.6
45a	450	150	11.5	18.0	13.5	6.8	102.4	80.4	1.411	32200	855	17.7	2.89	1430	114
45b		152	13.5	18.0	13.5	6.8	111.4	87.4	1.415	33800	894	17.4	2.84	1500	118
45c		154	15.5	18.0	13.5	6.8	120.4	94.5	1.419	35300	938	17.1	2.79	1570	122
50a	500	158	12.0	20.0	14.0	7.0	119.2	93.6	1.539	46500	1120	19.7	3.07	1860	142
50b		160	14.0	20.0	14.0	7.0	129.2	101	1.543	48600	1170	19.4	3.01	1940	146
50c		162	16.0	20.0	14.0	7.0	139.2	109	1.547	50600	1220	19.0	2.96	2080	151
55a	550	166	12.5	21.0	14.5	7.3	134.1	105	1.667	62900	1370	21.6	3.19	2290	164
55b		168	14.5	21.0	14.5	7.3	145.1	114	1.671	65600	1420	21.2	3.14	2390	170
55c		170	16.5	21.0	14.5	7.3	156.1	123	1.675	68400	1480	20.9	3.08	2490	175
56a	560	166	12.5	21.0	14.5	7.3	135.4	106	1.687	65600	1370	22.0	3.18	2340	165
56b		168	14.5	21.0	14.5	7.3	146.6	115	1.691	68500	1490	21.6	3.16	2450	174
56c		170	16.5	21.0	14.5	7.3	157.8	124	1.695	71400	1560	21.3	3.16	2550	183
63a	630	176	13.0	22.0	15.0	7.5	154.6	121	1.862	93900	1700	24.5	3.31	2980	193
63b		178	15.0	22.0	15.0	7.5	167.2	131	1.866	98100	1810	24.2	3.29	3160	204
63c		180	17.0	22.0	15.0	7.5	179.8	141	1.870	102000	1920	23.8	3.27	3300	214

注：表中 r、r_1 的数据用于孔型设计，不作交货条件。

263

表 2 槽钢截面尺寸、截面面积、理论重量及截面特性

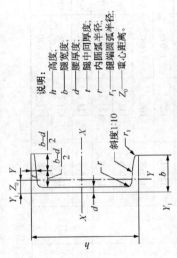

说明:
h——高度;
b——腿宽度;
d——腰厚度;
t——腿中间厚度;
r——内圆弧半径;
r_1——腿端圆弧半径;
Z_0——重心距离。

斜度1:10

型号	截面尺寸/mm						截面面积/cm²	理论重量/(kg/m)	外表面积/(m²/m)	惯性矩/cm⁴			惯性半径/cm		截面模数/cm³		重心距离/cm
	h	b	d	t	r	r_1				I_x	I_y	I_{y1}	i_x	i_y	W_x	W_y	Z_0
5	50	37	4.5	7.0	7.0	3.5	6.925	5.44	0.226	26.0	8.30	20.9	1.94	1.10	10.4	3.55	1.35
6.3	63	40	4.8	7.5	7.5	3.8	8.446	6.63	0.262	50.8	11.9	28.4	2.45	1.19	16.1	4.50	1.36
6.5	65	40	4.3	7.5	7.5	3.8	8.292	6.51	0.267	55.2	12.0	28.3	2.54	1.19	17.0	4.59	1.38
8	80	43	5.0	8.0	8.0	4.0	10.24	8.04	0.307	101	16.6	37.4	3.15	1.27	25.3	5.79	1.43
10	100	48	5.3	8.5	8.5	4.2	12.74	10.0	0.365	198	25.6	54.9	3.95	1.41	39.7	7.80	1.52
12	120	53	5.5	9.0	9.0	4.5	15.36	12.1	0.423	346	37.4	77.7	4.75	1.56	57.7	10.2	1.62
12.6	126	53	5.5	9.0	9.0	4.5	15.69	12.3	0.435	391	38.0	77.1	4.95	1.57	62.1	10.2	1.59
14a	140	58	6.0	9.5	9.5	4.8	18.51	14.5	0.480	564	53.2	107	5.52	1.70	80.5	13.0	1.71
14b	140	60	8.0	9.5	9.5	4.8	21.31	16.7	0.484	609	61.1	121	5.35	1.69	87.1	14.1	1.67
16a	160	63	6.5	10.0	10.0	5.0	21.95	17.2	0.538	866	73.3	144	6.28	1.83	108	16.3	1.80
16b	160	65	8.5	10.0	10.0	5.0	25.15	19.8	0.542	935	83.4	161	6.10	1.82	117	17.6	1.75

续表

型号	截面尺寸/mm						截面面积/cm²	理论重量/(kg/m)	外表面积/(m²/m)	惯性矩/cm⁴			惯性半径/cm		截面模数/cm³		重心距离/cm
	h	b	d	t	r	r_1				I_x	I_y	I_{y1}	i_x	i_y	W_x	W_y	Z_0
18a	180	68	7.0	10.5	10.5	5.2	25.69	20.2	0.596	1270	98.6	190	7.04	1.96	141	20.0	1.88
18b	180	70	9.0	10.5	10.5	5.2	29.29	23.0	0.600	1370	111	210	6.84	1.95	152	21.5	1.84
20a	200	73	7.0	11.0	11.0	5.5	28.83	22.6	0.654	1780	128	244	7.86	2.11	178	24.2	2.01
20b	200	75	9.0	11.0	11.0	5.5	32.83	25.8	0.658	1910	144	268	7.64	2.09	191	25.9	1.95
22a	220	77	7.0	11.5	11.5	5.8	31.83	25.0	0.709	2390	158	298	8.67	2.23	218	28.2	2.10
22b	220	79	9.0	11.5	11.5	5.8	36.23	28.5	0.713	2570	176	326	8.42	2.21	234	30.1	2.03
24a	240	78	7.0	12.0	12.0	6.0	34.21	26.9	0.752	3050	174	325	9.45	2.25	254	30.5	2.10
24b	240	80	9.0	12.0	12.0	6.0	39.01	30.6	0.756	3280	194	355	9.17	2.23	274	32.5	2.03
24c	240	82	11.0	12.0	12.0	6.0	43.81	34.4	0.760	3510	213	388	8.96	2.21	293	34.4	2.00
25a	250	78	7.0	12.0	12.0	6.0	34.91	27.4	0.722	3370	176	322	9.82	2.24	270	30.6	2.07
25b	250	80	9.0	12.0	12.0	6.0	39.91	31.3	0.776	3530	196	353	9.41	2.22	282	32.7	1.98
25c	250	82	11.0	12.0	12.0	6.0	44.91	35.3	0.780	3690	218	384	9.07	2.21	295	35.9	1.92
27a	270	82	7.5	12.5	12.5	6.2	39.27	30.8	0.826	4360	216	393	10.5	2.34	323	35.5	2.13
27b	270	84	9.5	12.5	12.5	6.2	44.67	35.1	0.830	4690	239	428	10.3	2.31	347	37.7	2.06
27c	270	86	11.5	12.5	12.5	6.2	50.07	39.3	0.834	5020	261	467	10.1	2.28	372	39.8	2.03
28a	280	82	7.5	12.5	12.5	6.2	40.02	31.4	0.846	4760	218	388	10.9	2.33	340	35.7	2.10
28b	280	84	9.5	12.5	12.5	6.2	45.62	35.8	0.850	5130	242	428	10.6	2.30	366	37.9	2.02
28c	280	86	11.5	12.5	12.5	6.2	51.22	40.2	0.854	5500	268	463	10.4	2.29	393	40.3	1.95

续表

型号	截面尺寸/mm						截面面积/cm²	理论重量/(kg/m)	外表面积/(m²/m)	惯性矩/cm⁴			惯性半径/cm		截面模数/cm³		重心距离/cm
	h	b	d	t	r	r_1				I_x	I_y	I_{y1}	i_x	i_y	W_x	W_y	Z_0
30a	300	85	7.5	13.5	13.5	6.8	43.89	34.5	0.897	6050	260	467	11.7	2.43	403	41.1	2.17
30b		87	9.5				49.89	39.2	0.901	6500	289	515	11.4	2.41	433	44.0	2.13
30c		89	11.5				55.89	43.9	0.905	6950	316	560	11.2	2.38	463	46.4	2.09
32a	320	88	8.0	14.0	14.0	7.0	48.50	38.1	0.947	7600	305	552	12.5	2.50	475	46.5	2.24
32b		90	10.0				54.90	43.1	0.951	8140	336	593	12.2	2.47	509	49.2	2.16
32c		92	12.0				61.30	48.1	0.955	8690	374	643	11.9	2.47	543	52.6	2.09
36a	360	96	9.0	16.0	16.0	8.0	60.89	47.8	1.053	11900	455	818	14.0	2.73	660	63.5	2.44
36b		98	11.0				68.09	53.5	1.057	12700	497	880	13.6	2.70	703	66.9	2.37
36c		100	13.0				75.29	59.1	1.061	13400	536	948	13.4	2.67	746	70.0	2.34
40a	400	100	10.5	18.0	18.0	9.0	75.04	58.9	1.144	17600	592	1070	15.3	2.81	879	78.8	2.49
40b		102	12.5				83.04	65.2	1.148	18600	640	1140	15.0	2.78	932	82.5	2.44
40c		104	14.5				91.04	71.5	1.152	19700	688	1220	14.7	2.75	986	86.2	2.42

注: 表中 r、r_1 的数据用于孔型设计, 不作交货条件。

表3 等边角钢截面尺寸、截面面积、理论重量及截面特性

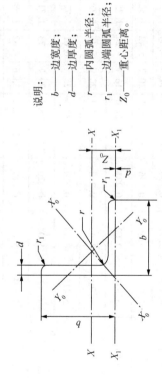

说明:
b——边宽度;
d——边厚度;
r——内圆弧半径;
r_1——边端圆弧半径;
Z_0——重心距离。

型号	截面尺寸/mm			截面面积/cm²	理论重量/(kg/m)	外表面积/(m²/m)	惯性矩/cm⁴				惯性半径/cm			截面模数/cm³			重心距离/cm
	b	d	r				I_x	I_{x1}	I_{x0}	I_{y0}	i_x	i_{x0}	i_{y0}	W_x	W_{x0}	W_{y0}	Z_0
2	20	3	3.5	1.132	0.89	0.078	0.40	0.81	0.63	0.17	0.59	0.75	0.39	0.29	0.45	0.20	0.60
		4		1.459	1.15	0.077	0.50	1.09	0.78	0.22	0.58	0.73	0.38	0.36	0.55	0.24	0.64
2.5	25	3		1.432	1.12	0.098	0.82	1.57	1.29	0.34	0.76	0.95	0.49	0.46	0.73	0.33	0.73
		4		1.859	1.46	0.097	1.03	2.11	1.62	0.43	0.74	0.93	0.48	0.59	0.92	0.40	0.76
3.0	30	3	4.5	1.749	1.37	0.117	1.46	2.71	2.31	0.61	0.91	1.15	0.59	0.68	1.09	0.51	0.85
		4		2.276	1.79	0.117	1.84	3.63	2.92	0.77	0.90	1.13	0.58	0.87	1.37	0.62	0.89
3.5	36	3		2.109	1.66	0.141	2.58	4.68	4.09	1.07	1.11	1.39	0.71	0.99	1.61	0.76	1.00
		4		2.756	2.16	0.141	3.29	6.25	5.22	1.37	1.09	1.38	0.70	1.28	2.05	0.93	1.04
		5		3.382	2.65	0.141	3.95	7.84	6.24	1.65	1.08	1.36	0.7	1.56	2.45	1.00	1.07

续表

型号	截面尺寸/mm			截面面积/cm²	理论重量/(kg/m)	外表面积/(m²/m)	惯性矩/cm⁴					惯性半径/cm			截面模数/cm³			重心距离/cm
	b	d	r				I_x	I_{x1}	I_{x0}	I_{y0}		i_x	i_{x0}	i_{y0}	W_x	W_{x0}	W_{y0}	Z_0
4	40	3	5	2.359	1.85	0.157	3.59	6.41	5.69	1.49		1.23	1.55	0.79	1.23	2.01	0.96	1.09
		4		3.086	2.42	0.157	4.60	8.56	7.29	1.91		1.22	1.54	0.79	1.60	2.58	1.19	1.13
		5		3.792	2.98	0.156	5.53	10.7	8.76	2.30		1.21	1.52	0.78	1.96	3.10	1.39	1.17
4.5	45	3	5	2.659	2.09	0.177	5.17	9.12	8.20	2.14		1.40	1.76	0.89	1.58	2.58	1.24	1.22
		4		3.486	2.74	0.177	6.65	12.2	10.6	2.75		1.38	1.74	0.89	2.05	3.32	1.54	1.26
		5		4.292	3.37	0.176	8.04	15.2	12.7	3.33		1.37	1.72	0.88	2.51	4.00	1.81	1.30
		6		5.077	3.99	0.176	9.33	18.4	14.8	3.89		1.36	1.70	0.80	2.95	4.64	2.06	1.33
5	50	3	5.5	2.971	2.33	0.197	7.18	12.5	11.4	2.98		1.55	1.96	1.00	1.96	3.22	1.57	1.34
		4		3.897	3.06	0.197	9.26	16.7	14.7	3.82		1.54	1.94	0.99	2.56	4.16	1.96	1.38
		5		4.803	3.77	0.196	11.2	20.9	17.8	4.64		1.53	1.92	0.98	3.13	5.03	2.31	1.42
		6		5.688	4.46	0.196	13.1	25.1	20.7	5.42		1.52	1.91	0.98	3.68	5.85	2.63	1.46
5.6	56	3	6	3.343	2.62	0.221	10.2	17.6	16.1	4.24		1.75	2.20	1.13	2.48	4.08	2.02	1.48
		4		4.39	3.45	0.220	13.2	23.4	20.9	5.46		1.73	2.18	1.11	3.24	5.28	2.52	1.53
		5		5.415	4.25	0.220	16.0	29.3	25.4	6.61		1.72	2.17	1.10	3.97	6.42	2.98	1.57
		6		6.42	5.04	0.220	18.7	35.3	29.7	7.73		1.71	2.15	1.10	4.68	7.49	3.40	1.61
		7		7.404	5.81	0.219	21.2	41.2	33.6	8.82		1.69	2.13	1.09	5.36	8.49	3.80	1.64
		8		8.367	6.57	0.219	23.6	47.2	37.4	9.89		1.68	2.11	1.09	6.03	9.44	4.16	1.68

续表

| 型号 | 截面尺寸/mm | | | 截面面积/cm² | 理论重量/(kg/m) | 外表面积/(m²/m) | 惯性矩/cm⁴ | | | | 惯性半径/cm | | | 截面模数/cm³ | | | 重心距离/cm |
	b	d	r				I_x	I_{x1}	I_{x0}	I_{y0}	i_x	i_{x0}	i_{y0}	W_x	W_{x0}	W_{y0}	Z_0
6	60	5	6.5	5.829	4.58	0.236	19.9	36.1	31.6	8.21	1.85	2.33	1.19	4.59	7.44	3.48	1.67
		6		6.914	5.43	0.235	23.4	43.3	36.9	9.60	1.83	2.31	1.18	5.41	8.70	3.98	1.70
		7		7.977	6.26	0.235	26.4	50.7	41.9	11.0	1.82	2.29	1.17	6.21	9.88	4.45	1.74
		8		9.02	7.08	0.235	29.5	58.0	46.7	12.3	1.81	2.27	1.17	6.98	11.0	4.88	1.78
6.3	63	4	7	4.978	3.91	0.248	19.0	33.4	30.2	7.89	1.96	2.46	1.26	4.13	6.78	3.29	1.70
		5		6.143	4.82	0.248	23.2	41.7	36.8	9.57	1.94	2.45	1.25	5.08	8.25	3.90	1.74
		6		7.288	5.72	0.247	27.1	50.1	43.0	11.2	1.93	2.43	1.24	6.00	9.66	4.46	1.78
		7		8.412	6.60	0.247	30.9	58.6	49.0	12.8	1.92	2.41	1.23	6.88	11.0	4.98	1.82
		8		9.515	7.47	0.247	34.5	67.1	54.6	14.3	1.90	2.40	1.23	7.75	12.3	5.47	1.85
		10		11.66	9.15	0.246	41.1	84.3	64.9	17.3	1.88	2.36	1.22	9.39	14.6	6.36	1.93
7	70	4	8	5.570	4.37	0.275	26.4	45.7	41.8	11.0	2.18	2.74	1.40	5.14	8.44	4.17	1.86
		5		6.876	5.40	0.275	32.2	57.2	51.1	13.3	2.16	2.73	1.39	6.32	10.3	4.95	1.91
		6		8.160	6.41	0.275	37.8	68.7	59.9	15.6	2.15	2.71	1.38	7.48	12.1	5.67	1.95
		7		9.424	7.40	0.275	43.1	80.3	68.4	17.8	2.14	2.69	1.38	8.59	13.8	6.34	1.99
		8		10.67	8.37	0.274	48.2	91.9	76.4	20.0	2.12	2.68	1.37	9.68	15.4	6.98	2.03

续表

型号	截面尺寸/mm			截面面积/cm²	理论重量/(kg/m)	外表面积/(m²/m)	惯性矩/cm⁴				惯性半径/cm			截面模数/cm³			重心距离/cm
	b	d	r				I_x	I_{x1}	I_{x0}	I_{y0}	i_x	i_{x0}	i_{y0}	W_x	W_{x0}	W_{y0}	Z_0
7.5	75	5		7.412	5.82	0.295	40.0	70.6	63.3	16.6	2.33	2.92	1.50	7.32	11.9	5.77	2.04
		6		8.797	6.91	0.294	47.0	84.6	74.4	19.5	2.31	2.90	1.49	8.64	14.0	6.67	2.07
		7		10.16	7.98	0.294	53.6	98.7	85.0	22.2	2.30	2.89	1.48	9.93	16.0	7.44	2.11
		8	9	11.50	9.03	0.294	60.0	113	95.1	24.9	2.28	2.88	1.47	11.2	17.9	8.19	2.15
		9		12.83	10.1	0.294	66.1	127	105	27.5	2.27	2.86	1.46	12.4	19.8	8.89	2.18
		10		14.13	11.1	0.293	72.0	142	114	30.1	2.26	2.84	1.46	13.6	21.5	9.56	2.22
8	80	5		7.912	6.21	0.315	48.8	85.4	77.3	20.3	2.48	3.13	1.60	8.34	13.7	6.66	2.15
		6		9.397	7.38	0.314	57.4	103	91.0	23.7	2.47	3.11	1.59	9.87	16.1	7.65	2.19
		7		10.86	8.53	0.314	65.6	120	104	27.1	2.46	3.10	1.58	11.4	18.4	8.58	2.23
		8		12.30	9.66	0.314	73.5	137	117	30.4	2.44	3.08	1.57	12.8	20.6	9.46	2.27
		9		13.73	10.8	0.314	81.1	154	129	33.6	2.43	3.06	1.56	14.3	22.7	10.3	2.31
		10		15.13	11.9	0.313	88.4	172	140	36.8	2.42	3.04	1.56	15.6	24.8	11.1	2.35
9	90	6		10.64	8.35	0.354	82.8	146	131	34.3	2.79	3.51	1.80	12.6	20.6	9.95	2.44
		7		12.30	9.66	0.354	94.8	170	150	39.2	2.78	3.50	1.78	14.5	23.6	11.2	2.48
		8		13.94	10.9	0.353	106	195	169	44.0	2.76	3.48	1.78	16.4	26.6	12.4	2.52
		9	10	15.57	12.2	0.353	118	219	187	48.7	2.75	3.46	1.77	18.3	29.4	13.5	2.56
		10		17.17	13.5	0.353	129	244	204	53.3	2.74	3.45	1.76	20.1	32.0	14.5	2.59
		12		20.31	15.9	0.352	149	294	236	62.2	2.71	3.41	1.75	23.6	37.1	16.5	2.67

续表

型号	截面尺寸/mm b	d	r	截面面积/cm²	理论重量/(kg/m)	外表面积/(m²/m)	惯性矩/cm⁴ I_x	I_{x1}	I_{x0}	I_{y0}	惯性半径/cm i_x	i_{x0}	i_{y0}	截面模数/cm³ W_x	W_{x0}	W_{y0}	重心距离/cm Z_0
10	100	6	6	11.93	9.37	0.393	115	200	182	47.9	3.10	3.90	2.00	15.7	25.7	12.7	2.67
		7		13.80	10.8	0.393	132	234	209	54.7	3.09	3.89	1.99	18.1	29.6	14.3	2.71
		8		15.64	12.3	0.393	148	267	235	61.4	3.08	3.88	1.98	20.5	33.2	15.8	2.76
		9		17.46	13.7	0.392	164	300	260	68.0	3.07	3.86	1.97	22.8	36.8	17.2	2.80
		10		19.26	15.1	0.392	180	334	285	74.4	3.05	3.84	1.96	25.1	40.3	18.5	2.84
		12		22.80	17.9	0.391	209	402	331	86.8	3.03	3.81	1.95	29.5	46.8	21.1	2.91
		14		26.26	20.6	0.391	237	471	374	99.0	3.00	3.77	1.94	33.7	52.9	23.4	2.99
		16		29.63	23.3	0.390	263	540	414	111	2.98	3.74	1.94	37.8	58.6	25.6	3.06
11	110	7	12	15.20	11.9	0.433	177	311	281	73.4	3.41	4.30	2.20	22.1	36.1	17.5	2.96
		8		17.24	13.5	0.433	199	355	316	82.4	3.40	4.28	2.19	25.0	40.7	19.4	3.01
		10		21.26	16.7	0.432	242	445	384	100	3.38	4.25	2.17	30.6	49.4	22.9	3.09
		12		25.20	19.8	0.431	283	535	448	117	3.35	4.22	2.15	36.1	57.6	26.2	3.16
		14		29.06	22.8	0.431	321	625	508	133	3.32	4.18	2.14	41.3	65.3	29.1	3.24
12.5	125	8	14	19.75	15.5	0.492	297	521	471	123	3.88	4.88	2.50	32.5	53.3	25.9	3.37
		10		24.37	19.1	0.491	362	652	574	149	3.85	4.85	2.48	40.0	64.9	30.6	3.45
		12		28.91	22.7	0.491	423	783	671	175	3.83	4.82	2.46	41.2	76.0	35.0	3.53
		14		33.37	26.2	0.490	482	916	764	200	3.80	4.78	2.45	54.2	86.4	39.1	3.61
		16		37.74	29.6	0.489	537	1050	851	224	3.77	4.75	2.43	60.9	96.3	43.0	3.68

续表

型号	截面尺寸/mm			截面面积/cm²	理论重量/(kg/m)	外表面积/(m²/m)	惯性矩/cm⁴				惯性半径/cm			截面模数/cm³			重心距离/cm
	b	d	r				I_x	I_{x1}	I_{x0}	I_{y0}	i_x	i_{x0}	i_{y0}	W_x	W_{x0}	W_{y0}	Z_0
14	140	10	14	27.37	21.5	0.551	515	915	817	212	4.34	5.46	2.78	50.6	82.6	39.2	3.82
		12		32.51	25.5	0.551	604	1100	959	249	4.31	5.43	2.76	59.8	96.9	45.0	3.90
		14		37.57	29.5	0.550	689	1280	1090	284	4.28	5.40	2.75	68.8	110	50.5	3.98
		16		42.54	33.4	0.549	770	1470	1220	319	4.26	5.36	2.74	77.5	123	55.6	4.06
15	150	8	14	23.75	18.6	0.592	521	900	827	215	4.69	5.90	3.01	47.4	78.0	38.1	3.99
		10		29.37	23.1	0.591	638	1130	1010	262	4.66	5.87	2.99	58.4	95.5	45.5	4.08
		12		34.91	27.4	0.591	749	1350	1190	308	4.63	5.84	2.97	69.0	112	52.4	4.15
		14		40.37	31.7	0.590	856	1580	1360	352	4.60	5.80	2.95	79.5	128	58.8	4.23
		15		43.06	33.8	0.590	907	1690	1440	374	4.59	5.78	2.95	84.6	136	61.9	4.27
		16		45.74	35.9	0.589	958	1810	1520	395	4.58	5.77	2.94	89.6	143	64.9	4.31
16	160	10	16	31.50	24.7	0.630	780	1370	1240	322	4.98	6.27	3.20	66.7	109	52.8	4.31
		12		37.44	29.4	0.630	917	1640	1460	377	4.95	6.24	3.18	79.0	129	60.7	4.39
		14		43.30	34.0	0.629	1050	1910	1670	432	4.92	6.20	3.16	91.0	147	68.2	4.47
		16		49.07	38.5	0.629	1180	2190	1870	485	4.89	6.17	3.14	103	165	75.3	4.55
18	180	12	16	42.24	33.2	0.710	1320	2330	2100	543	5.59	7.05	3.58	101	165	78.4	4.89
		14		48.90	38.4	0.709	1510	2720	2410	622	5.56	7.02	3.56	116	189	88.4	4.97
		16		55.47	43.5	0.709	1700	3120	2700	699	5.54	6.98	3.55	131	212	97.8	5.05
		18		61.96	48.6	0.708	1880	3500	2990	762	5.50	6.94	3.51	146	235	105	5.13

续表

型号	截面尺寸/mm b	d	r	截面面积/cm²	理论重量/(kg/m)	外表面积/(m²/m)	惯性矩/cm⁴ I_x	I_{x1}	I_{x0}	I_{y0}	惯性半径/cm i_x	i_{x0}	i_{y0}	截面模数/cm³ W_x	W_{x0}	W_{y0}	重心距离/cm Z_0
20	200	14	18	54.64	42.9	0.788	2100	3730	3340	864	6.20	7.82	3.98	145	236	112	5.46
		16		62.01	48.7	0.788	2370	4270	3760	971	6.18	7.79	3.96	164	266	124	5.54
		18		69.30	54.4	0.787	2620	4810	4160	1080	6.15	7.75	3.94	182	294	136	5.62
		20		76.51	60.1	0.787	2870	5350	4550	1180	6.12	7.72	3.93	200	322	147	5.69
		24		90.66	71.2	0.785	3340	6460	5290	1380	6.07	7.64	3.90	236	374	167	5.87
22	220	16	21	68.67	53.9	0.866	3190	5680	5060	1310	6.81	8.59	4.37	200	326	154	6.03
		18		76.75	60.3	0.866	3540	6400	5620	1450	6.79	8.55	4.35	223	361	168	6.11
		20		84.76	66.5	0.865	3870	7110	6150	1590	6.76	8.52	4.34	245	395	182	6.18
		22		92.68	72.8	0.865	4200	7830	6670	1730	6.73	8.48	4.32	267	429	195	6.26
		24		100.5	78.9	0.864	4520	8550	7170	1870	6.71	8.45	4.31	289	461	208	6.33
		26		108.3	85.0	0.864	4830	9280	7690	2000	6.68	8.41	4.30	310	492	221	6.41
25	250	18	24	87.84	69.0	0.985	5270	9380	8370	2170	7.75	9.76	4.97	290	473	224	6.84
		20		97.05	76.2	0.984	5780	10400	9180	2380	7.72	9.73	4.95	320	519	243	6.92
		22		106.2	83.3	0.983	6280	11500	9970	2580	7.69	9.69	4.93	349	564	261	7.00
		24		115.2	90.4	0.983	6770	12500	10700	2790	7.67	9.66	4.92	378	608	278	7.07
		26		124.2	97.5	0.982	7240	13600	11500	2980	7.64	9.62	4.90	406	650	295	7.15
		28		133.0	104	0.982	7700	14600	12200	3180	7.61	9.58	4.89	433	691	311	7.22
		30		141.8	111	0.981	8160	15700	12900	3380	7.58	9.55	4.88	461	731	327	7.30
		32		150.5	118	0.981	8600	16800	13600	3570	7.56	9.51	4.87	488	770	342	7.37
		35		163.4	128	0.980	9240	18400	14600	3850	7.52	9.46	4.86	527	827	364	7.48

注：截面图中的 $r_1 = 1/3d$ 及表中 r 的数据用于孔型设计，不作交货条件。

表 4 不等边角钢截面尺寸、截面面积、理论重量及截面特性

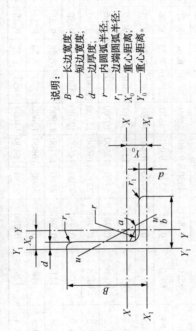

说明:
B——长边宽度;
b——短边宽度;
d——边厚度;
r——内圆弧半径;
r₁——边端圆弧半径;
X_0——重心距离;
Y_0——重心距离。

型号	截面尺寸/mm				截面面积/cm²	理论重量/(kg/m)	外表面积/(m²/m)	惯性矩/cm⁴					惯性半径/cm			截面模数/cm³			tanα	重心距离/cm	
	B	b	d	r				I_x	I_{x1}	I_y	I_{y1}	I_u	i_x	i_y	i_u	W_x	W_y	W_u		X_0	Y_0
2.5/1.6	25	16	3	3.5	1.162	0.91	0.080	0.70	1.56	0.22	0.43	0.14	0.78	0.44	0.34	0.43	0.19	0.16	0.392	0.42	0.86
			4		1.499	1.18	0.079	0.88	2.09	0.27	0.59	0.17	0.77	0.43	0.34	0.55	0.24	0.20	0.381	0.46	0.90
3.2/2	32	20	3	3.5	1.492	1.17	0.102	1.53	3.27	0.46	0.82	0.28	1.01	0.55	0.43	0.72	0.30	0.25	0.382	0.49	1.08
			4		1.939	1.52	0.101	1.93	4.37	0.57	1.12	0.35	1.00	0.54	0.42	0.93	0.39	0.32	0.374	0.53	1.12
4/2.5	40	25	3	4	1.890	1.48	0.127	3.08	5.39	0.93	1.59	0.56	1.28	0.70	0.54	1.15	0.49	0.40	0.385	0.59	1.32
			4		2.467	1.94	0.127	3.93	8.53	1.18	2.14	0.71	1.36	0.69	0.54	1.49	0.63	0.52	0.381	0.63	1.37
4.5/2.8	45	28	3	5	2.149	1.69	0.143	4.45	9.10	1.34	2.23	0.80	1.44	0.79	0.61	1.47	0.62	0.51	0.383	0.64	1.47
			4		2.806	2.20	0.143	5.69	12.1	1.70	3.00	1.02	1.42	0.78	0.60	1.91	0.80	0.66	0.380	0.68	1.51
5/3.2	50	32	3	5.5	2.431	1.91	0.161	6.24	12.5	2.02	3.31	1.20	1.60	0.91	0.70	1.84	0.82	0.68	0.404	0.73	1.60
			4		3.177	2.49	0.160	8.02	16.7	2.58	4.45	1.53	1.59	0.90	0.69	2.39	1.06	0.87	0.402	0.77	1.65

续表

型号	B	b	d	r	截面面积/cm²	理论重量/(kg/m)	外表面积/(m²/m)	I_x	I_{x1}	I_y	I_{y1}	I_u	i_x	i_y	i_u	W_x	W_y	W_u	$\tan\alpha$	X_0	Y_0
								惯性矩/cm⁴					惯性半径/cm			截面模数/cm³				重心距离/cm	
5.6/3.6	56	36	3	6	2.743	2.15	0.181	8.88	17.5	2.92	4.7	1.73	1.80	1.03	0.79	2.32	1.05	0.87	0.408	0.80	1.78
			4		3.590	2.82	0.180	11.5	23.4	3.76	6.33	2.23	1.79	1.02	0.79	3.03	1.37	1.13	0.408	0.85	1.82
			5		4.415	3.47	0.180	13.9	29.3	4.49	7.94	2.67	1.77	1.01	0.78	3.71	1.65	1.36	0.404	0.88	1.87
6.3/4	63	40	4	7	4.058	3.19	0.202	16.5	33.5	5.23	8.63	3.12	2.02	1.14	0.88	3.87	1.70	1.40	0.398	0.92	2.04
			5		4.993	3.92	0.202	20.0	41.6	6.31	10.9	3.76	2.00	1.12	0.87	4.74	2.07	1.71	0.396	0.95	2.08
			6		5.908	4.64	0.201	23.4	50.0	7.29	13.1	4.34	1.96	1.11	0.86	5.59	2.43	1.99	0.393	0.99	2.12
			7		6.802	5.34	0.201	26.5	58.1	8.24	15.5	4.97	1.98	1.10	0.86	6.40	2.78	2.29	0.389	1.03	2.15
7/4.5	70	45	4	7.5	4.553	3.57	0.226	23.2	45.9	7.55	12.3	4.40	2.26	1.29	0.98	4.86	2.17	1.77	0.410	1.02	2.24
			5		5.609	4.40	0.225	28.0	57.1	9.13	15.4	5.40	2.23	1.28	0.98	5.92	2.65	2.19	0.407	1.06	2.28
			6		6.644	5.22	0.225	32.5	68.4	10.6	18.6	6.35	2.21	1.26	0.98	6.95	3.12	2.59	0.404	1.09	2.32
			7		7.658	6.01	0.225	37.2	80.0	12.0	21.8	7.16	2.20	1.25	0.97	8.03	3.57	2.94	0.402	1.13	2.36
7.5/5	75	50	5	8	6.126	4.81	0.245	34.9	70.0	12.6	21.0	7.41	2.39	1.44	1.10	6.83	3.3	2.74	0.435	1.17	2.40
			6		7.260	5.70	0.245	41.1	84.3	14.7	25.4	8.54	2.38	1.42	1.08	8.12	3.88	3.19	0.435	1.21	2.44
			8		9.467	7.43	0.244	52.4	113	18.5	34.2	10.9	2.35	1.40	1.07	10.5	4.99	4.10	0.429	1.29	2.52
			10		11.59	9.10	0.244	62.7	141	22.0	43.4	13.1	2.33	1.38	1.06	12.8	6.04	4.99	0.423	1.36	2.60
8/5	80	50	5	8	6.376	5.00	0.255	42.0	85.2	12.8	21.1	7.66	2.56	1.42	1.10	7.78	3.32	2.74	0.388	1.14	2.60
			6		7.560	5.93	0.255	49.5	103	15.0	25.4	8.85	2.56	1.41	1.08	9.25	3.91	3.20	0.387	1.18	2.65
			7		8.724	6.85	0.255	56.2	119	17.0	29.8	10.2	2.54	1.39	1.08	10.6	4.48	3.70	0.384	1.21	2.69
			8		9.867	7.75	0.254	62.8	136	18.9	34.3	11.4	2.52	1.38	1.07	11.9	5.03	4.16	0.381	1.25	2.73

续表

型号	截面尺寸/mm				截面面积/cm²	理论重量/(kg/m)	外表面积/(m²/m)	惯性矩/cm⁴					惯性半径/cm			截面模数/cm³			tanα	重心距离/cm	
	B	b	d	r				I_x	I_{x1}	I_y	I_{y1}	I_u	i_x	i_y	i_u	W_x	W_y	W_u		X_0	Y_0
9/5.6	90	56	5	9	7.212	5.66	0.287	60.5	121	18.3	29.5	11.0	2.90	1.59	1.23	9.92	4.21	3.49	0.385	1.25	2.91
			6		8.557	6.72	0.286	71.0	146	21.4	35.6	12.9	2.88	1.58	1.23	11.7	4.96	4.13	0.384	1.29	2.95
			7		9.881	7.76	0.286	81.0	170	24.4	41.7	14.7	2.86	1.57	1.23	13.5	5.70	4.72	0.382	1.33	3.00
			8		11.18	8.78	0.286	91.0	194	27.2	47.9	16.3	2.85	1.56	1.22	15.3	6.41	5.29	0.380	1.36	3.04
10/6.3	100	63	6	10	9.618	7.55	0.320	99.1	200	30.9	50.5	18.4	3.21	1.79	1.38	14.6	6.35	5.25	0.394	1.43	3.24
			7		11.11	8.72	0.320	113	233	35.3	59.1	21.0	3.20	1.78	1.38	16.9	7.29	6.02	0.394	1.47	3.28
			8		12.58	9.88	0.319	127	266	39.4	67.9	23.5	3.18	1.77	1.37	19.1	8.21	6.78	0.391	1.50	3.32
			10		15.47	12.1	0.319	154	333	47.1	85.7	28.3	3.15	1.74	1.35	23.3	9.98	8.24	0.387	1.58	3.40
10/8	100	80	6	10	10.64	8.35	0.354	107	200	61.2	103	31.7	3.17	2.40	1.72	15.2	10.2	8.37	0.627	1.97	2.95
			7		12.30	9.66	0.354	123	233	70.1	120	36.2	3.16	2.39	1.72	17.5	11.7	9.60	0.626	2.01	3.00
			8		13.94	10.9	0.353	138	267	78.6	137	40.6	3.14	2.37	1.71	19.8	13.2	10.8	0.625	2.05	3.04
			10		17.17	13.5	0.353	167	334	94.7	172	49.1	3.12	2.35	1.69	24.2	16.1	13.1	0.622	2.13	3.12
11/7	110	70	6	10	10.64	8.35	0.354	133	266	42.9	69.1	25.4	3.54	2.01	1.54	17.9	7.90	6.53	0.403	1.57	3.53
			7		12.30	9.66	0.354	153	310	49.0	80.8	29.0	3.53	2.00	1.53	20.6	9.09	7.50	0.402	1.61	3.57
			8		13.94	10.9	0.353	172	354	54.9	92.7	32.5	3.51	1.98	1.53	23.3	10.3	8.45	0.401	1.65	3.62
			10		17.17	13.5	0.353	208	443	65.9	117	39.2	3.48	1.96	1.51	28.5	12.5	10.3	0.397	1.72	3.70
12.5/8	125	80	7	11	14.10	11.1	0.403	228	455	74.4	120	43.8	4.02	2.30	1.76	26.9	12.0	9.92	0.408	1.80	4.01
			8		15.99	12.6	0.403	257	520	83.5	138	49.2	4.01	2.28	1.75	30.4	13.6	11.2	0.407	1.84	4.06
			10		19.71	15.5	0.402	312	650	101	173	59.5	3.98	2.26	1.74	37.3	16.6	13.6	0.404	1.92	4.14
			12		23.35	18.3	0.402	364	780	117	210	69.4	3.95	2.24	1.72	44.0	19.4	16.0	0.400	2.00	4.22

续表

型号	截面尺寸/mm B	b	d	r	截面面积/cm²	理论重量/(kg/m)	外表面积/(m²/m)	惯性矩/cm⁴ I_x	I_{x1}	I_y	I_{y1}	I_u	惯性半径/cm i_x	i_y	i_u	截面模数/cm³ W_x	W_y	W_u	tanα	重心距离/cm X_0	Y_0
14/9	140	90	8	12	18.04	14.2	0.453	366	731	121	196	70.8	4.50	2.59	1.98	38.5	17.3	14.3	0.411	2.04	4.50
			10		22.26	17.5	0.452	446	913	140	246	85.8	4.47	2.56	1.96	47.3	21.2	17.5	0.409	2.12	4.58
			12		26.40	20.7	0.451	522	1100	170	297	100	4.44	2.54	1.95	55.9	25.0	20.5	0.406	2.19	4.66
			14		30.46	23.9	0.451	594	1280	192	349	114	4.42	2.51	1.94	64.2	28.5	23.5	0.403	2.27	4.74
15/9	150	90	8	12	18.84	14.8	0.473	442	898	123	196	74.1	4.84	2.55	1.98	43.9	17.5	14.5	0.364	1.97	4.92
			10		23.26	18.3	0.472	539	1120	149	246	89.9	4.81	2.53	1.97	54.0	21.4	17.7	0.362	2.05	5.01
			12		27.60	21.7	0.471	632	1350	173	297	105	4.79	2.50	1.95	63.8	25.1	20.8	0.359	2.12	5.09
			14		31.86	25.0	0.471	721	1570	196	350	120	4.76	2.48	1.94	73.3	28.8	23.8	0.356	2.20	5.17
			15		33.95	26.7	0.471	764	1680	207	376	127	4.74	2.47	1.93	78.0	30.5	25.3	0.354	2.24	5.21
			16		36.03	28.3	0.470	806	1800	217	403	134	4.73	2.45	1.93	82.6	32.3	26.8	0.352	2.27	5.25
16/10	160	100	10	13	25.32	19.9	0.512	669	1360	205	337	122	5.14	2.85	2.19	62.1	26.6	21.9	0.390	2.28	5.24
			12		30.05	23.6	0.511	785	1640	239	406	142	5.11	2.82	2.17	73.5	31.3	25.8	0.388	2.36	5.32
			14		34.71	27.2	0.510	896	1910	271	476	162	5.08	2.80	2.16	84.6	35.8	29.6	0.385	2.43	5.40
			16		39.28	30.8	0.510	1000	2180	302	548	183	5.05	2.77	2.16	95.3	40.2	33.4	0.382	2.51	5.48
18/11	180	110	10	14	28.37	22.3	0.571	956	1940	278	447	167	5.80	3.13	2.42	79.0	32.5	26.9	0.376	2.44	5.89
			12		33.71	26.5	0.571	1120	2330	325	539	195	5.78	3.10	2.40	93.5	38.3	31.7	0.374	2.52	5.98
			14		38.97	30.6	0.570	1290	2720	370	632	222	5.75	3.08	2.39	108	44.0	36.3	0.372	2.59	6.06
			16		44.14	34.6	0.569	1440	3110	412	726	249	5.72	3.06	2.38	122	49.4	40.9	0.369	2.67	6.14
20/12.5	200	125	12	14	37.91	29.8	0.641	1570	3190	483	788	286	6.44	3.57	2.74	117	50.0	41.2	0.392	2.83	6.54
			14		43.87	34.4	0.640	1800	3730	551	922	327	6.41	3.54	2.73	135	57.4	47.3	0.390	2.91	6.62
			16		49.74	39.0	0.639	2020	4260	615	1060	366	6.38	3.52	2.71	152	64.9	53.3	0.388	2.99	6.70
			18		55.53	43.6	0.639	2240	4790	677	1200	405	6.35	3.49	2.70	169	71.7	59.2	0.385	3.06	6.78

注：截面图中的 $r_1 = 1/3d$ 及表中 r 的数据用于孔型设计，不作交货条件。

习 题 答 案

第二章 轴向拉伸和压缩

2-1 （a）$F_{N1-1} = 50\text{kN}$，$F_{N2-2} = 10\text{kN}$，$F_{N3-3} = -20\text{kN}$

（b）$F_{N1-1} = F$，$F_{N2-2} = 0$，$F_{N3-3} = -F$

（c）$F_{N1-1} = 0$，$F_{N2-2} = 4F$，$F_{N3-3} = 3F$

2-2 $\sigma_{\max} = 67.8\text{MPa}$

2-3 $\sigma_{1-1} = 0$，$\sigma_{2-2} = 102\text{MPa}$，$\sigma_{3-3} = 53\text{MPa}$

2-4 $\sigma = 76.4\text{MPa}$

2-5 $\sigma_1 = 127\text{MPa}$，$\sigma_2 = 63.7\text{MPa}$

2-6 螺栓内径 $d_1 \geqslant 22.6\text{mm}$

2-7 $\sigma = 37.1\text{MPa} < [\sigma]$，安全

2-8 $b \geqslant 116\text{mm}$，$h \geqslant 162\text{mm}$

2-9 $d_{AB} \geqslant 17.2\text{mm}$，$d_{BC} \geqslant d_{BD} \geqslant 17.2\text{mm}$

2-10 $p = 6.5\text{MPa}$

2-11 $F = 40.4\text{ kN}$

2-12 （1）$d_{\max} \leqslant 17.8\text{mm}$；（2）$A_{CD} \geqslant 833\text{mm}^2$；（3）$F_{\max} \leqslant 15.7\text{kN}$

2-13 $\sigma = 32.7\text{MPa} < [\sigma]$，安全

2-14 $\theta = 54.8°$

2-15 $\Delta l = 0.075\text{mm}$

2-16 每一立柱受到的轴向力 $F_1 = 312.8\text{kN}$，水压机的中心载荷 $F = 1250\text{kN}$

2-17 $x = \dfrac{l l_1 E_2 A_2}{l_1 E_2 A_2 + l_2 E_1 A_1}$

2-18 $F = 698\text{kN}$

2-19 $F_{RA} = \dfrac{Fb}{a+b}$，$F_{RB} = \dfrac{Fa}{a+b}$

2-20 $e = \dfrac{b(E_1 - E_2)}{2(E_1 + E_2)}$

2-21 $F_{N1} = \dfrac{5}{6}F$, $F_{N2} = \dfrac{1}{3}F$, $F_{N3} = -\dfrac{1}{6}F$

2-22 $F_{N1} = 3.6\text{kN}$, $F_{N2} = 7.2\text{kN}$; $F_{RA} = 4.8\text{kN}$

第三章 剪 切

3-1 略

3-2 $\tau = 70.7\text{MPa} > [\tau]$, 销钉强度不够, 应改为 $d \geq 32.6\text{mm}$ 的销钉

3-3 $\tau_U = 89.1\text{MPa}$; $n = 1.1$

3-4 $d \geq 50\text{mm}$, $b \geq 100\text{mm}$

3-5 $F \geq 771\text{kN}$

3-6 $D = 50.1\text{mm}$

3-7 $M_e = 145\text{N} \cdot \text{m}$

3-8 $\dfrac{d}{h} = 2.4$

3-9 $\tau = 0.952\text{MPa}$, $\sigma_{bs} = 7.41\text{MPa}$

第四章 扭 转

4-1 (a) $T_1 = 2\text{kN} \cdot \text{m}$, $T_2 = -2\text{kN} \cdot \text{m}$

(b) $T_1 = 20\text{kN} \cdot \text{m}$, $T_2 = -10\text{kN} \cdot \text{m}$, $T_3 = -5\text{kN} \cdot \text{m}$

4-4 $\tau_\rho = 35\text{MPa}$, $\tau_{max} = 87.6\text{MPa}$

4-5 $\tau_{max} = 19.2\text{MPa} < [\tau]$, 安全

4-6 $\tau_{AB max} = 17.9\text{MPa} < [\tau]$, 安全

$\tau_{1 max} = 17.5\text{MPa} < [\tau]$, 安全

$\tau_{2 max} = 16.6\text{MPa} < [\tau]$, 安全

4-7 $\tau_{AC max} = 49.4\text{MPa} < [\tau]$, $\tau_{DB} = 21.3\text{MPa} < [\tau]$,

$\theta_{max} = 1.77°/\text{m} < [\theta]$, 安全

4-8 $\tau_{max} = 15.3\text{MPa}$, $\varphi_{AD} = 1.91 \times 10^{-3}\text{rad}$

4-9 $d \geq 32.2\text{mm}$

4-10 $d_1 \geq 45\text{mm}$, $D_2 \geq 46\text{mm}$

4-11 $\varphi_B = \dfrac{ml^2}{2GI_p}$

4-12 $d \geq 63\text{mm}$

4-13 (1) $d_1 \geq 84.6\text{mm}$, $d_2 \geq 74.5\text{mm}$

(2) $d \geqslant 84.6\text{mm}$

(3) 主动轮 1 放在从动轮 2、3 之间比较合理

4-15 力偶矩的许可值 $M_e = 4\text{kN} \cdot \text{m}$

第五章 平面图形的几何性质

5-1 $(a) y_c = 0$，$z_c = 0.141\text{m}$；$(b) y_c = z_c = \dfrac{5}{6}a$

5-2 $I_{y_c} = 0.00686d^4$

5-3 $I_y = \dfrac{bh^3}{3}$，$I_z = \dfrac{hb^3}{3}$，$I_{yz} = -\dfrac{b^2 h^2}{4}$

5-4 $(a) y_c = 0$，$z_c = 2.85r$；$I_{y_c} = 10.38r^4$，$I_{z_c} = 2.06r^4$

$(b) y_c = 0$，$z_c = 103\text{mm}$；$I_{y_c} = 3.91 \times 10^{-5}\text{m}^4$；$I_{z_c} = 2.34 \times 10^{-5}\text{m}^4$

5-5 $(1) \alpha_0 = -13°30'$ 或 $76°30'$；$I_{y_0} = 76.1 \times 10^4 \text{mm}^4$；$I_{z_0} = 19.9 \times 10^4 \text{mm}^4$

$(2) \alpha_0 = 22°30'$ 或 $112°30'$；$I_{y_0} = 34.9 \times 10^4 \text{mm}^4$；$I_{z_0} = 6.61 \times 10^4 \text{mm}^4$

第六章 弯 曲 内 力

6-1 $(a) F_{S1} = -qa$，$M_1 = -\dfrac{qa^2}{2}$；$F_{S2} = -qa$，$M_2 = -\dfrac{qa^2}{2}$；$F_{S3} = 0$，$M_3 = 0$

$(b) F_{S1} = -100\text{N}$，$M_1 = -20\text{N} \cdot \text{m}$；$F_{S2} = -100\text{N}$，$M_2 = -40\text{N} \cdot \text{m}$；

$\quad F_{S3} = 200\text{N}$，$M_3 = -40\text{N} \cdot \text{m}$

$(c) F_{S1} = -qa$，$M_1 = -\dfrac{qa^2}{2}$；$F_{S2} = -\dfrac{3}{2}qa$，$M_2 = -2qa^2$

$(d) F_{S1} = -\dfrac{1}{2}qa$，$M_1 = -\dfrac{qa^2}{6}$；$F_{S2} = \dfrac{1}{12}qa$，$M_2 = -\dfrac{1}{6}qa^2$

6-3 $(a) |F_S|_{max} = 2qa$，$|M|_{max} = 3qa^2$

$(b) |F_S|_{max} = F$，$|M|_{max} = Fa$

$(c) |F_S|_{max} = \dfrac{5}{8}qa$，$|M|_{max} = \dfrac{1}{8}qa^2$

$(d) |F_S|_{max} = 30\text{kN}$，$|M|_{max} = 15\text{kN} \cdot \text{m}$

6-4 $|F_S|_{max} = 75\text{kN}$，$|M|_{max} = 200\text{kN} \cdot \text{m}$

6-5 $(a) |M|_{max} = 4.5qa^2$

$(b) |M|_{max} = \dfrac{1}{2}qa^2$

6-6 （a）$| F_S |_{max} = \dfrac{3}{4} ql$，$| M |_{max} = \dfrac{7}{24} ql^2$

（b）$| F_S |_{max} = \dfrac{455}{6} kN$，$| M |_{max} = 80 kN \cdot m$

第七章　弯 曲 应 力

7-1 实心轴 $\sigma_{max} = 159 MPa$，空心轴 $\sigma_{max} = 93.6 MPa$；

空心截面比实心截面的最大正应力减少了 41%

7-2 $b \geqslant 277 mm$，$h \geqslant 416 mm$

7-3 $F = 56.8\ kN$

7-4 $b = 510 mm$

7-5 $F = 44.3 kN$

7-6 $\sigma_{tmax} = 26.4 MPa < [\sigma_t]$，$\sigma_{cmax} = 52.8 MPa < [\sigma_c]$，安全

7-7 $\sigma_a = 6.04 MPa$，$\tau_a = 0.379 MPa$；$\sigma_b = 12.9 MPa$，$\tau_b = 0$

7-8 $\sigma_{max} = 102 MPa$，$\tau_{max} = 3.39 MPa$

7-9 $M = 10.7 kN \cdot m$

7-10 No. 28a 工字钢；$\tau_{max} = 13.9 MPa < [\tau]$，安全

7-11 $F = 3.75 kN$

7-12 $\tau = 16.2\ MPa < [\tau]$，安全

7-13 $a = \dfrac{l \cdot W_2}{W_1 + W_2}$

第八章　弯 曲 变 形

8-1 （a）$\omega = -\dfrac{7Fa^3}{2EI}$，$\theta = -\dfrac{5Fa^2}{2EI}$

（b）$\omega = -\dfrac{41q(2q)^4}{384EI}$，$\theta = -\dfrac{7q(2a)^3}{48EI}$

8-2 $\theta_A = -\theta_B = -\dfrac{11qa^3}{6EI}$，$\omega_{max} = \omega_{\frac{l}{2}} = -\dfrac{19qa^4}{8EI}$

8-3 $\omega_C = \dfrac{-Fa^2(l+a)}{3EI} - \dfrac{F(l+a)^2}{Kl^2}$，$\theta_A = \dfrac{-F(l+a)}{Kl^2} + \dfrac{Fal}{6EI}$

8-4 （a）$\omega_A = -\dfrac{Fl^3}{6EI}$，$\theta_B = -\dfrac{9Fl^2}{8EI}$

$$(b) \omega_A = -\frac{Fa}{6EI}(3b^2+6ab+2a^2), \quad \theta_B = \frac{Fa(a+2b)}{2EI}$$

8-5 $(a) \omega = \frac{qal^2}{24EI}(5l+6a), \quad \theta = \frac{ql^2}{24EI}(5l+12a)$

$$(b) \omega = -\frac{5qa^4}{24EI}, \quad \theta = -\frac{qa^3}{4EI}$$

8-6 $\omega_C = \frac{3Fl^3}{256EI}$

8-7 $\omega = -\frac{F}{3E}\left(\frac{l_1^3}{I_1}+\frac{l_2^3}{I_2}\right)-\frac{Fl_1l_2}{EI_2}(l_1+l_2), \quad \theta = -\frac{Fl_1^2}{2EI_1}-\frac{Fl_2}{EI_2}\left(\frac{l_2}{2}+l_1\right)$

8-8 $\omega_{max} = 12.1\text{mm} < [\omega]$, 安全

8-9 $d \geqslant 112\text{mm}$

8-10 $I \geqslant 6.7 \times 10^4 \text{cm}^4$

8-11 $\omega_B = -\frac{2Fa^3}{EI}$

8-12 $y = \frac{Fx^3}{3EI}$

8-13 $\omega_D = -\frac{Fa^3}{3EI}$

第九章 应力状态与强度理论

9-4 $(1) \sigma_{+30°} = 60\text{MPa}, \quad \tau_{+30°} = 52\text{MPa}$

$(2) \alpha = +60°, \quad \tau_\alpha = 52\text{MPa}; \quad \alpha = -60°, \quad \tau_\alpha = -52\text{MPa}$

9-5 $(a) \sigma_\alpha = 35\text{MPa}, \quad \tau_a = 60.6\text{MPa}$

$(b) \sigma_\alpha = 70\text{MPa}, \quad \tau_\alpha = 0$

$(c) \sigma_\alpha = 62.5\text{MPa}, \quad \tau_\alpha = 21.6\text{MPa}$

$(d) \sigma_\alpha = -12.5\text{MPa}, \quad \tau_\alpha = 65\text{MPa}$

9-6 $(a) \sigma_1 = 57\text{MPa}, \quad \sigma_3 = -7\text{MPa}, \quad \alpha_0 = -19°20'; \quad \tau_{max} = 32\text{MPa}$

$(b) \sigma_1 = 57\text{MPa}, \quad \sigma_3 = -7\text{MPa}, \quad \alpha_0 = 19°20'; \quad \tau_{max} = 32\text{MPa}$

$(c) \sigma_1 = 25\text{MPa}, \quad \sigma_3 = -25\text{MPa}, \quad \alpha_0 = -45°; \quad \tau_{max} = 25\text{MPa}$

$(d) \sigma_1 = 11.2\text{MPa}, \quad \sigma_3 = -71.2\text{MPa}, \quad \alpha_0 = -37°59'; \quad \tau_{max} = 41.2\text{MPa}$

$(e) \sigma_1 = 4.7\text{MPa}, \quad \sigma_3 = -84.7\text{MPa}, \quad \alpha_0 = -13°17'; \quad \tau_{max} = 44.7\text{MPa}$

$(f) \sigma_1 = 37\text{MPa}, \quad \sigma_3 = -27\text{MPa}, \quad \alpha_0 = 19°20'; \quad \tau_{max} = 32\text{MPa}$

9-7 （a）$\sigma_\alpha = -27.3\mathrm{MPa}$，$\tau_\alpha = -27.3\mathrm{MPa}$

（b）$\sigma_\alpha = 52.3\mathrm{MPa}$，$\tau_\alpha = -18.7\mathrm{MPa}$

（c）$\sigma_\alpha = -10\mathrm{MPa}$，$\tau_\alpha = -30\mathrm{MPa}$

9-10 （a）$\sigma_1 = 51.1\mathrm{MPa}$，$\sigma_2 = 0\mathrm{MPa}$，$\sigma_3 = -41.1\mathrm{MPa}$，$\tau_{\max} = 46.1\mathrm{MPa}$

（b）$\sigma_1 = 80\mathrm{MPa}$，$\sigma_2 = 50\mathrm{MPa}$，$\sigma_3 = -50\mathrm{MPa}$，$\tau_{\max} = 65\mathrm{MPa}$

（c）$\sigma_1 = 57.7\mathrm{MPa}$，$\sigma_2 = 50\mathrm{MPa}$，$\sigma_3 = -27.7\mathrm{MPa}$，$\tau_{\max} = 42.7\mathrm{MPa}$

9-11 （a）$\sigma_{r3} = p$，$\sigma_{r4} = p$

（b）$\sigma_{r3} = \dfrac{1-2\mu}{1-\mu}p$，$\sigma_{r4} = \dfrac{1-2\mu}{1-\mu}p$

9-13 按第三和第四强度理论计算的 t 相同，都等于 4.68mm

9-14 $\sigma_{r3} = 300\mathrm{MPa} = [\sigma]$，$\sigma_{r4} = 264\mathrm{MPa} < [\sigma]$，安全

9-15 $\sigma_{r3} = 900\mathrm{MPa}$，$\sigma_{r4} = 842\mathrm{MPa}$

第十章　组 合 变 形

10-4 $\sigma_{\max} = 28\dfrac{F}{bh}$，$\sigma_{\min} = -29.6\dfrac{F}{bh}$

10-5 $\sigma_{\max} = 14.26\mathrm{MPa}$，$\sigma_{\min} = -18.3\mathrm{MPa}$

10-6 8 倍

10-7 $\sigma_A = 8.83\mathrm{MPa}$，$\sigma_B = 3.83\mathrm{MPa}$，$\sigma_C = -12.2\mathrm{MPa}$，$\sigma_D = -7.17\mathrm{MPa}$

中性轴截矩：$a_y = 15.6\mathrm{mm}$，$a_z = 33.4\mathrm{mm}$

10-8 $\sigma_{\max} = 121\mathrm{MPa}$，超过许用应力 0.75%，故仍可使用

10-9 $P = 788\mathrm{N}$

10-10 $\sigma_{r3} = 58.3\mathrm{MPa} < [\sigma]$，安全

10-11 $d \geqslant 28.8\mathrm{mm}$

10-12 $\sigma_{r3} = 97.5\mathrm{MPa} < [\sigma]$

10-13 （1）$\sigma_1 = 3.11\mathrm{MPa}$，$\sigma_2 = 0$，$\sigma_3 = -0.22\mathrm{MPa}$，$\tau_{\max} = 16.7\mathrm{MPa}$

（2）$\sigma_{r3} = 3.33\mathrm{MPa} < [\sigma]$，安全

10-14 忽略带轮重量，$d \geqslant 48\mathrm{mm}$；考虑带轮重量，$d \geqslant 49.3\mathrm{mm}$

10-15 $\sigma_1 = 768\mathrm{MPa}$，$\sigma_2 = 0$，$\sigma_3 = -434\mathrm{MPa}$

第十一章　能　量　法

11-1 （a）$V_\varepsilon = \dfrac{3F^2 l}{4EA}$；（b）$V_\varepsilon = \dfrac{M_e^2 l}{18EI}$；（c）$V_\varepsilon = \dfrac{\pi F^2 R^3}{8EI}$

11-2 $V_\varepsilon = 60.4 \text{N} \cdot \text{mm}$

11-3 $\omega_C = \dfrac{5Fa^3}{3EI}$（向下）； $\theta_B = \dfrac{4Fa^2}{3EI}$（顺）

11-4 （a）$\Delta_{CV} = \dfrac{2ql^4}{3EI}$（向下）； $\theta_A = -\dfrac{ql^3}{3EI}$（逆）

（b）$\Delta_{CV} = \dfrac{7ql^4}{192EI}$（向下）； $\theta_A = \dfrac{7ql^3}{48EI}$（逆）

11-5 （a）$\omega_B = \dfrac{qa^3}{24EI}(4l-a)$（向下）； $\theta_B = \dfrac{qa^3}{6EI}$（顺）

（b）$\omega_B = \dfrac{5Fl^3}{384EI}$（向下）； $\theta_B = \dfrac{Fl^2}{12EI}$（顺）

11-6 $y_B = \dfrac{FR^3}{2EI}$（向下）； $x_B = 0.356\dfrac{FR^3}{EI}$（向右）； $\theta_B = 0.571\dfrac{FR^2}{EI}$（顺）

11-7 自由端截面的线位移 $= \dfrac{32M_e h^2}{E\pi d^4}$（向前）

自由端截面的转角 $= \dfrac{32M_e l}{G\pi d^4} + \dfrac{64M_e h}{E\pi d^4}$

11-8 $\delta_B = FR^3\left(\dfrac{0.785}{EI} + \dfrac{0.356}{GI_p}\right)$（向下）

11-9 $\Delta_{CV} = \dfrac{11ql^4}{24EI} + \dfrac{ql^4}{2GI_p}$（向下）； $\theta_{C1} = \dfrac{ql^3}{6EI} + \dfrac{ql^3}{2GI_p}$（顺）； $\theta_{C2} = \dfrac{ql^3}{2EI}$（逆）

11-10 （a）$y_A = \dfrac{Fabh}{EI}$（向上）； $x_A = \dfrac{Fbh^2}{2EI}$（向右）； $\theta_C = \dfrac{Fb(b+2h)}{2EI}$（顺）

（b）$y_A = \dfrac{5ql^4}{384EI}$（向下）； $x_B = \dfrac{qhl^3}{12EI}$（向右）

（c）$y_A = \dfrac{Fl^2}{3EI}(l+3h)$（向下）； $x_A = \dfrac{Flh^2}{2EI}$（向右）； $\theta_C = \dfrac{Fl(l+2h)}{2EI}$（顺）

11-11 （a）$x_A = \dfrac{Fhl^2}{8EI_2}$（向左）； $\theta_A = \dfrac{Fl^2}{16EI_2}$（顺）

（b）$x_A = \dfrac{Fh^2}{3E}\left(\dfrac{2h}{I_1} + \dfrac{3l}{I_2}\right)$（向右）； $\theta_A = \dfrac{Fh}{2E}\left(\dfrac{h}{I_1} + \dfrac{l}{I_2}\right)$（逆）

11-12 （a）$\Delta_{DH} = \dfrac{17ma^2}{6EI}$（向右）； $\theta_C = \dfrac{2ma}{3EI}$（顺）

（b）$\Delta_{CV}=\dfrac{7ql^4}{8EI}$（向下）；$\Delta_{CH}=-\dfrac{5ql^4}{12EI}$（向左）

11-13 $x_D=21.1\text{mm}$（向左）；$\theta_D=0.0117\text{rad}$（顺）

11-14 （a）$\delta_{AB}=\dfrac{Fh^2}{3EI}(2h+3a)$（靠近）；$\theta_{AB}=\dfrac{Fh}{EI}(h+a)$

（b）不考虑轴力的影响 $\delta_{AB}=\dfrac{Fl^3}{3EI}$（移开）；$\theta_{AB}=\dfrac{\sqrt{2}Fl^2}{2EI}$

考虑轴力的影响 $\delta_{AB}=\dfrac{Fl^3}{3EI}+\dfrac{Fl}{EA}$（移开）

11-15 （a）$\theta_B=\dfrac{ml}{3EI}$（逆）；$\Delta_{CV}=\dfrac{ml^2}{16EI}$（向下）

（b）$\theta_B=\dfrac{3ql^3}{128EI}$（顺）；$\Delta_{CV}=\dfrac{5ql^4}{168EI}$（向下）

11-16 （a）$\Delta_{AV}=\dfrac{7Fa^3}{2EI}$（向下）；（b）$\Delta_{AV}=\dfrac{9Fa^3}{12EI}$（向下）

第十二章　超静定结构

12-1 （a）三次超静定；（b）一次超静定；（c）三次超静定；（d）一次超静定

12-2 $F_B=\dfrac{7}{4}F$（向上）；$M_A=\dfrac{Fl}{4}$（顺）；$F_A=\dfrac{3}{4}F$（向下）；$\omega_C=\dfrac{5Fl^3}{48EI}$（向下）

12-3 梁内最大正应力 $\sigma_{\max}=156\text{MPa}$；拉杆的正应力 $\sigma=185\text{MPa}$

12-4 （a）$F_{RA}=F_{RB}=\dfrac{ql}{2}$（向上）；$M_A=\dfrac{ql^2}{12}$（逆）；$M_B=\dfrac{ql^2}{12}$（顺）

（b）$F_{RA}=\dfrac{Fb^2(l+2a)}{l^3}$（向上）；$F_{RB}=\dfrac{Fa^2(l+2b)}{l^2}$（向上）

$M_A=\dfrac{Fab^2}{l^2}$（逆）；$M_B=\dfrac{Fa^2b}{l^2}$（顺）；

12-5 （a）$M_{\max}=M_A=\dfrac{5}{8}Fa$

（b）$M_{\max}=M_C=19.8\text{kN}\cdot\text{m}$

12-6 （a）$F_{By}=\dfrac{m}{2l}$（向下）；$F_{Bx}=\dfrac{m}{2l}$（向右）

（b）$F_{Ay}=\dfrac{qa}{16}$（向下）；$F_{Ax}=\dfrac{9qa}{16}$（向右）

（c）$F_{Bx} = \dfrac{Fab}{2h(l+2h/3)}$（向左）

12-7 （a）$F_{NAD} = F_{NBD} = \dfrac{F\cos^2\alpha}{1+2\cos^3\alpha}$（拉）；$F_{NCD} = \dfrac{F}{1+2\cos^3\alpha}$（拉）

（b）$F_{NAD} = \dfrac{F\sin^2\alpha}{1+\cos^3\alpha+\sin^3\alpha}$（拉）；$F_{NBD} = \dfrac{F(1+\cos^3\alpha)}{1+\cos^3\alpha+\sin^3\alpha}$（拉）；

$F_{NCD} = \dfrac{F\sin^2\alpha\cos\alpha}{1+\cos^3\alpha+\sin^3\alpha}$（压）

12-8 B 端反力：$X_1 = \dfrac{7}{16}F$（向上）；$X_2 = \dfrac{1}{4}F$（向左）；$X_3 = \dfrac{Fa}{12}$（逆）

12-9 $M_{\max} = FR\left(\dfrac{R+a}{\pi R+2a}\right)$

12-10 中间截面上：$X_1 = -\dfrac{6}{7}F$

12-11 （a）$M_{\max} = \dfrac{5}{72}ql^2$（水平杆中点）；$F_{Bx} = \dfrac{ql}{12}$（向左）；$F_{By} = \dfrac{ql}{2}$（向上）；

$M_B = \dfrac{ql^2}{36}$（逆）

（b）铰 C 处轴力为 $\dfrac{3F}{8}$（压）；$M_{\max} = \dfrac{Fl}{4}$

12-12 $\omega = 4.86\text{mm}$

12-13 $F_B = \dfrac{13}{20}ql$（向上）；$F_A = \dfrac{13}{30}ql$（向上）；$F_C = \dfrac{1}{10}ql$（向下）；$F_D = \dfrac{1}{60}ql$（向上）

12-14 （a）$F_{RB} = 47.3\text{N}$（向上）；$F_{RA} = 45.7\text{N}$（向上）；

$F_{RC} = 20.86\text{N}$（向上）；$F_{RD} = 5.86\text{N}$（向下）；

$M_B = -39.6\text{N} \cdot \text{m}$；$M_C = -29.3\text{N} \cdot \text{m}$

（b）$F_{RA} = \dfrac{3}{8}F$（向下）；$F_{RB} = \dfrac{11}{8}F$（向上）；$M_A = \dfrac{1}{8}Fl$

（c）$F_{RA} = \dfrac{qa}{2}$（向下）；$F_{RB} = \dfrac{197}{108}qa$（向上）；$F_{RC} = \dfrac{38}{108}qa$（向上）；

$F_{RD} = \dfrac{35}{108}qa$（向上）；$M_B = -qa^2$；$M_C = -\dfrac{1}{36}qa^2$

（d）$F_{RA} = 10.6\text{kN}$（向上）；$F_{RB} = 1\text{kN}$（向上）；$F_{RC} = 13.4\text{kN}$（向上）；

$M_B = 2.4\text{kN} \cdot \text{m}$；$M_C = -11.2\text{kN} \cdot \text{m}$

第十三章　压杆稳定

13-1　$F_{cr}=400\text{kN}$，$\sigma_{cr}=665\text{MPa}$

13-2　（a）两端固定支座压杆的临界力大

　　　　（b）两端铰支和固支压杆的临界力分别是 2.06MN 和 3.2MN

13-3　$F_{cr}=275\text{kN}$

13-4　$n=3.57$，安全

13-5　$n=3.08>n_{st}=3$，安全

13-6　$T_{max}=91.7℃$

13-7　$F=7.5\text{kN}$

13-8　$n=3.27$

13-9　横梁满足强度条件，支柱满足稳定性条件

第十四章　动载荷　交变应力

14-1　工字钢 $\sigma_{dmax}=125\text{MPa}$，吊索 $\sigma=27.9\text{MPa}$

14-2　$\sigma_d=256\text{MPa}$，$\Delta_d=5.81\text{mm}$

14-3　$\sigma_d=31.5\text{MPa}$

14-4　$\sigma_{dmax}=107\text{MPa}$

14-5　（1）$\sigma_d=0.071\text{MPa}$；（2）$\sigma_d=15.4\text{MPa}$；（3）$\sigma_d=3.7\text{MPa}$

14-6　吊索 $\sigma_{dmax}=138.8\text{MPa}$，梁 $\sigma_{dmax}=102.6\text{MPa}$

14-7　有弹簧时 $H=385\text{mm}$，无弹簧时 $H=9.56\text{mm}$

14-8　$\sigma_{max}=-\sigma_{min}=75.5\text{MPa}$，$r=-1$

14-9　100MPa

14-10　$n_\sigma=1.67>n$，安全

14-11　$n_\sigma=1.5>n$，安全

参 考 文 献

1　刘鸿文主编．材料力学(第四版)．北京:高等教育出版社,2004

2　孙训芳等编．材料力学(第三版)．北京:高等教育出版社,1994

3　董秀石主编．材料力学．北京:机械工业出版社,1994

4　苏翼林主编．材料力学．北京:人民教育出版社,1980

5　范钦珊等编．工程力学．北京:高等教育出版社,1989